Neue Normen und Werkstoffe im Betonbau

Mit freundlicher Empfehlung

BetonMarketing Ost GmbH, Teltower Damm 155, 14167 Berlin
Telefon 030 3087778-0, Telefax 030 3087778-8, www.beton.org

Herausgeber
Prof. Dr.-Ing. Klaus Holschemacher, HTWK Leipzig

Neue Normen und Werkstoffe im Betonbau

Fortschritte im Stahlbetonbau
Beiträge aus Praxis und Wissenschaft

Mit Beiträgen von
Dr.-Ing. Jan Červenka • Dr.-Ing Vladimír Červenka
Dr.-Ing. Frank Fingerloos • Dr.-Ing. Johannes Furche
Prof. Dr.-Ing. Klaus Holschemacher
Univ. Prof. Dr.-Ing. Dietmar Hosser
M. Sc. Stefan Käseberg • Dipl.-Ing. (FH) Yvette Klug
Dr.-Ing. Jörg Moersch • M. Sc. Torsten Müller
Prof. Dr.-Ing. habil. Prof. h.c. Ulf Nürnberger
Dr.-Ing. Radomir Pukl • Dr.-Ing. Thomas Richter
Prof. Dr.-Ing. Jürgen Schnell • Prof. Dr.-Ing. Ralf Thiele
Dr. Yuan Wu

Bauwerk

Bibliografische Information Der Deutschen Bibliothek
Die Deutsche Bibliothek verzeichnet diese Publikation in der Deutschen Nationalbibliografie; detaillierte bibliografische Daten sind im Internet über http://dnb.ddb.de abrufbar.

Holschemacher (Hrsg.)
Neue Normen und Werkstoffe im Betonbau

1. Aufl. Berlin: Bauwerk, 2011

ISBN 978-3-89932-306-1

© Bauwerk Verlag GmbH, Berlin 2011
www.bauwerk-verlag.de
info@bauwerk-verlag.de

Alle Rechte, auch das der Übersetzung, vorbehalten.

Ohne ausdrückliche Genehmigung des Verlags ist es auch nicht gestattet, dieses Buch oder Teile daraus auf fotomechanischem Wege (Fotokopie, Mikrokopie) zu vervielfältigen sowie die Einspeicherung und Verarbeitung in elektronischen Systemen vorzunehmen.

Zahlenangaben ohne Gewähr

Druck und Bindung:
Appel & Klinger Druck und Medien GmbH, Schneckenlohe

Vorwort

Die Betonbauweise wird zurzeit vor allem durch die Fortschreibung der normativen Grundlagen, baustoffliche Weiterentwicklungen und neue Überlegungen zum Bauen im Bestand geprägt. Damit sind weitreichende Umstellungen für die in der Bauplanung oder in der Bauausführung beschäftigten Ingenieure verbunden.

Der vorliegende Band enthält die Beiträge zur 9. Tagung Betonbauteile, die am 17. März 2011 unter dem Thema „Neue Normen und Werkstoffe im Betonbau" an der HTWK Leipzig stattgefunden hat. In den insgesamt 12 Beiträgen geben renommierte Autoren zunächst einen Überblick zu den Eurocodes 2 (Betonbau) und 7 (Geotechnik), welche unmittelbar vor der bauaufsichtlichen Einführung stehen. Dabei wird auch auf nichtlineare Berechnungsmethoden eingegangen. Daran anschließend werden Überlegungen zum Sicherheitskonzept beim Bauen im Bestand vorgestellt. In weiteren Vorträgen wird auf Anforderungen an Beton und Betonausgangsstoffe sowie die DAfStb-Richtlinie Stahlfaserbeton eingegangen.

Ein zweiter Schwerpunkt ist aktuellen Entwicklungen auf dem Gebiet der Bewehrungstechnik und deren Umsetzung in der Baupraxis gewidmet. Mit Beiträgen zu Neuerungen bei Betonstahl- und Spannstahlbewehrungen, dem Einsatz nichtrostender Stähle als Bewehrungsmaterial, aktuellen Untersuchungen zur Optimierung von Gitterträgerbewehrungen und zum Einsatz von Kohlefaserverbundwerkstoffen für Verstärkungszwecke wird die Bewehrungstechnik umfassend behandelt.

Mein besonderer Dank gilt den Autoren der einzelnen Beiträge, ohne deren Fachkompetenz und termingerechte Bearbeitung dieser Band nicht möglich gewesen wäre. Dank gebührt weiterhin dem Bauwerk Verlag für die gewohnt gute Zusammenarbeit, sowie meinen Mitarbeitern M.Sc. Torsten Müller, M.Sc. Stefan Käseberg und M.Sc. Hubertus Kieslich, die an der Bearbeitung der Druckvorlagen maßgeblich beteiligt waren.

Leipzig, im März 2011 *Klaus Holschemacher*

Inhaltsverzeichnis

Frank Fingerloos

Übersicht zum neuen Eurocode 2 1

1 Zusammenfassung 1
2 Einführung des Eurocode 2 in Deutschland 2
3 Erprobung des Eurocodes 2 in Pilotprojekten 7
4 Indirekte Begrenzung der Verformungen nach EC2 11
5 Fazit und Ausblick 15

Dietmar Hosser

Heißbemessung nach Eurocode 2 19

1 Einleitung 19
2 Tragwerkseinwirkungen im Brandfall 21
3 Brandschutznachweise für Betontragwerke 24
4 Zusammenfassung 37

Rodomir Pukl, Vladimir Cervenka, Jan Cervenka

Realistische Modellierung von Werkstoffen und nichtlineare Bemessung von Strukturen im Betonbau 41

1 Einleitung 41
2 Rechnersimulation von Strukturen 41
3 Realistische Modellierung von Werkstoffen 44
4 Nichtlineare Bemessung von Strukturen 48
5 Anwendungsbeispiele 52
6 Zusammenfassung 56

Ralf Thiele

Der neue Eurocode 7 61

1   Einleitung 61
2   Aktueller Normenstand EC 7-1 / DIN 1054 62
3   Neues in EC 7-1 und DIN 1054 67
4   Hinweise zu sonstigen anschließenden Normen 77
5   Fazit und Ausblick 80

Jürgen Schnell

Modifizierte Teilsicherheitsbeiwerte zum Nachweis von
Stahlbetonbauteilen im Bestand 81

1   Vorbemerkungen 81
2   Bestimmung charakteristischer Werkstoffkennwerte 82
3   Bemessung von Bestandstragwerken 83

Thomas Richter

Stoffliche und technologische Anforderungen an Beton und
Betonausgangsstoffe - bleibt alles anders? 93

1   Einleitung 93
2   Weiterentwicklungen beim Zement 93
3   Vermeidung schädigender Alkali-Kieselsäure-Reaktion 99
4   Verminderung von Zwangsspannungen 101

Klaus Holschemacher

Bemessung von Stahlfaserbeton nach DAfStb-Richtlinie 105

1   Einführung 105
2   Geltungsbereich 106
3   Sicherheitskonzept 108
4   Festigkeits- und Formänderungskennwerte 110
5   Nachweise in den Grenzzuständen der Tragfähigkeit 114
6   Nachweis der Rissbreitenbeschränkung 118
7   Konstruktions- und Bewehrungsregeln 121
8   Zusammenfassung 121

Torsten Müller, Klaus Holschemacher

Berechnungsbeispiele zur Bemessung von Stahlfaserbeton nach DAfStb-Richtlinie 125

1	Einleitung	125
2	Bemessungsgrundlagen	126
3	Bemessungsbeispiele	127
4	Interaktionsdiagramme für einachsige Biegung	141

Jörg Moersch

Neuerungen bei Beton- und Spannstahlbewehrungen 147

1	Einführung	147
2	Nationale Regelungen	147
3	Europäische Regelungen	157

Ulf Nürnberger, Yuan Wu

Einsatz nichtrostender Stähle als Betonstahl- und Spannstahlbewehrung ... 159

1	Sachverhalt	159
2	Betonstahl	159
3	Spannstahl	179

Johannes Furche, Yvette Klug

Gitterträger als Querkraft- und Verbundbewehrung 191

1	Einleitung	191
2	Nachweis von Verbundfugen	192
3	Offene Fragen	197
4	Versuche an Elementdeckenplatten mit Gitterträgern	200
5	Geplantes Forschungsprojekt	211
6	Zusammenfassung	212

Stefan Käseberg, Klaus Holschemacher
Einsatz von Kohlefaserverbundwerkstoffen im Betonbau 215

1	Einleitung	215
2	Örtliche Verstärkung	217
3	Erhöhung der Biegetragfähigkeit	219
4	Umschnürung von Betondruckgliedern	227
5	Eigene Versuche mit CFK-umschnürten Beton- und Stahlbetondruckgliedern	230
6	Fazit und Ausblick	237

Übersicht zum neuen Eurocode 2

Frank Fingerloos

1 Zusammenfassung

In diesem Beitrag wird der Zeitplan zur Einführung des Eurocode 2 DIN EN 1992 „Bemessung und Konstruktion von Stahlbeton- und Spannbetontragwerken" (EC2) in Deutschland vorgestellt. Insbesondere wird auf die umfangreichen vorbereitenden Untersuchungen eingegangen, die der bauaufsichtlichen Einführung vorangegangen sind. Dazu gehörte u. a. ein Konzept für professionelle und praxistaugliche Normung. Der EC2-1-1 mit Nationalem Anhang wurde dabei von Praktikern im Rahmen des DIBt-Forschungsvorhabens „EC2-Pilotprojekte" erprobt und fortentwickelt. Diese Erprobungsphase wurde gemeinsam von den Verbänden BVPI, DBV und VBI[1] genutzt, um die Praxistauglichkeit und Normenakzeptanz zu verbessern. Zur endgültigen bauaufsichtlichen Einführung stehen die notwendige Literatur sowie getestete Softwarelösungen zur Verfügung.

Die Eurocode-Teile EC2-1-1 (Allgemeine Bemessungsregeln und Regeln für den Hochbau [1]) sowie EC2-1-2 (Brandbemessung [3]) und EC2-3 (Silos und Behälterbauwerke) [5] mit ihren Nationalen Anhängen (NA, [2], [4], [6]) liegen seit Januar 2011 in endgültiger Weißdruck-Fassung vor und dürfen ab sofort parallel zu den bisherigen nationalen Regelwerken in Deutschland angewendet werden. Die endgültige bauaufsichtliche Einführung dieser EC2-Teile durch die deutschen Bundesländer erfolgt dann mit **Stichtag 01.07.2012** [20], [24] unter bauaufsichtlicher Zurückziehung der bisherigen nationalen Normen (z. B. DIN 1045-1).

Der Eurocode 2 für die Betonbrücken EC2-2 [7] folgt mit der Veröffentlichung der endgültigen Fassung der Norm und seines Nationalen Anhangs [8] ca. 1 Jahr später. Die Einführung im Regelungsbereich des BMVBS[2] bzw. der Deutschen Bahn könnte u. U. jedoch auch noch im Jahr 2012 erfolgen.

Überwiegend werden die Regeln von DIN 1045-1 im EC2-1-1 mit NA reproduziert. Als eine der wenigen Abweichungen im EC2-1-1 wird hier die indirekte Begrenzung der Verformungen mit Begrenzung der Biegeschlankheiten vorgestellt.

---

[1] DIBT – Deutsches Institut für Bautechnik
BVPI – Bundesvereinigung der Prüfingenieure für Bautechnik e.V.
DBV – Deutscher Beton- und Bautechnik-Verein E.V.
VBI – Verband Beratender Ingenieure

[2] BMVBS - Bundesministerium für Verkehr, Bau und Stadtentwicklung

Dr.-Ing. Frank Fingerloos, Deutscher Beton- und Bautechnik-Verein E.V.

2 Einführung des Eurocode 2 in Deutschland

2.1 Übersicht Eurocodes

Die neuen zukünftigen Normen für die Tragwerksplanung umfassen 10 Eurocodes (Bild 1), die sich insgesamt in 58 Teile mit über 5000 Seiten gliedern (zzgl. Nationaler Anhänge). Für den Anwender der Eurocodes im Betonbau ist es erforderlich, sich auch mit den wichtigsten zugehörigen und in Bezug genommenen Normen und Eurocode-Teilen zu befassen (Bild 2).

Jeder Eurocode-Teil (DIN EN 199x-y) erhält in der Regel einen zusätzlichen Nationalen Anhang NA. Anders als in der bisherigen Normenpraxis in Deutschland üblich wird der Grundlagenteil des Eurocodes 2 EC2-1-1: „Allgemeine Bemessungsregeln und Regeln für den Hochbau" [1], [2] durch die anderen Normenteile EC2-2: „Betonbrücken" [7], [8] und EC2-3: „Silos und Behälterbauwerke aus Beton" [5], [6] ergänzt. Diese ergänzenden Teilnormen für die Betonbrücken sowie für Silos und Behälterbauwerke enthalten nur noch die spezifischen abweichenden oder zusätzlichen Regeln ihrer Bauart und sind somit nur zusammen mit dem Grundlagenteil anwendbar. Das heißt, dass zukünftig z. B. für die Bemessung von Betonbrücken nach EC2 vier Normenteile beachtet werden müssen: EC2-1-1 [1] mit NA [2] und EC2-2 [7] mit NA [8]. Für die Anwendung in der Praxis ist jedoch eine Zusammenführung dieser Normenteile in einer konsolidierten Fassung vorgesehen.

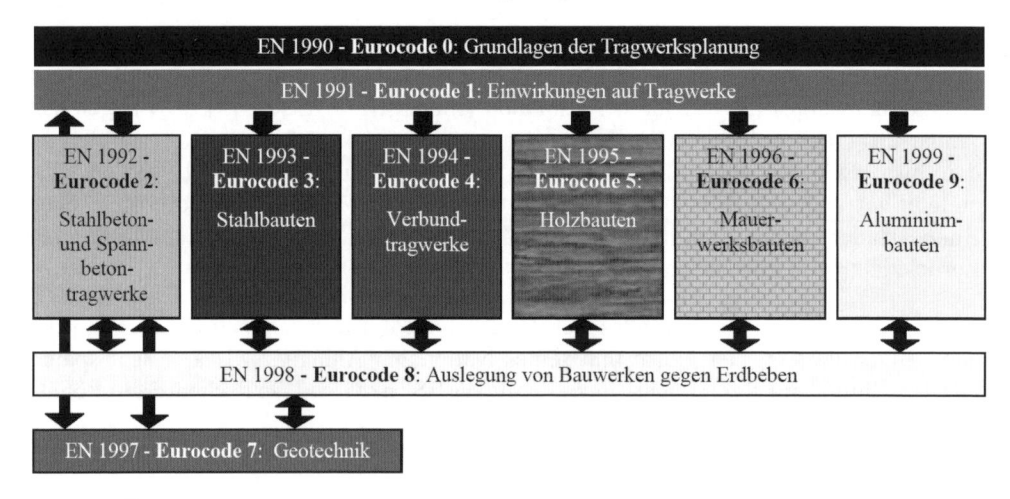

Bild 1: Übersicht – Eurocodes für die Tragwerksplanung

Hilfsweise muss dabei das Mischungsverbot teilweise ausgesetzt werden, wo eine kompatible Normanwendung möglich ist (z. B. Bauausführung für Betonbauwerke weiterhin nach DIN 1045-3 [10], bis DIN EN 13670 [11] mit NA bauaufsichtlich eingeführt sind oder Auflagerung einer Stahlbetondecke nach EC2-1-1 auf eine Mauerwerkswand nach „alter" DIN 1053).

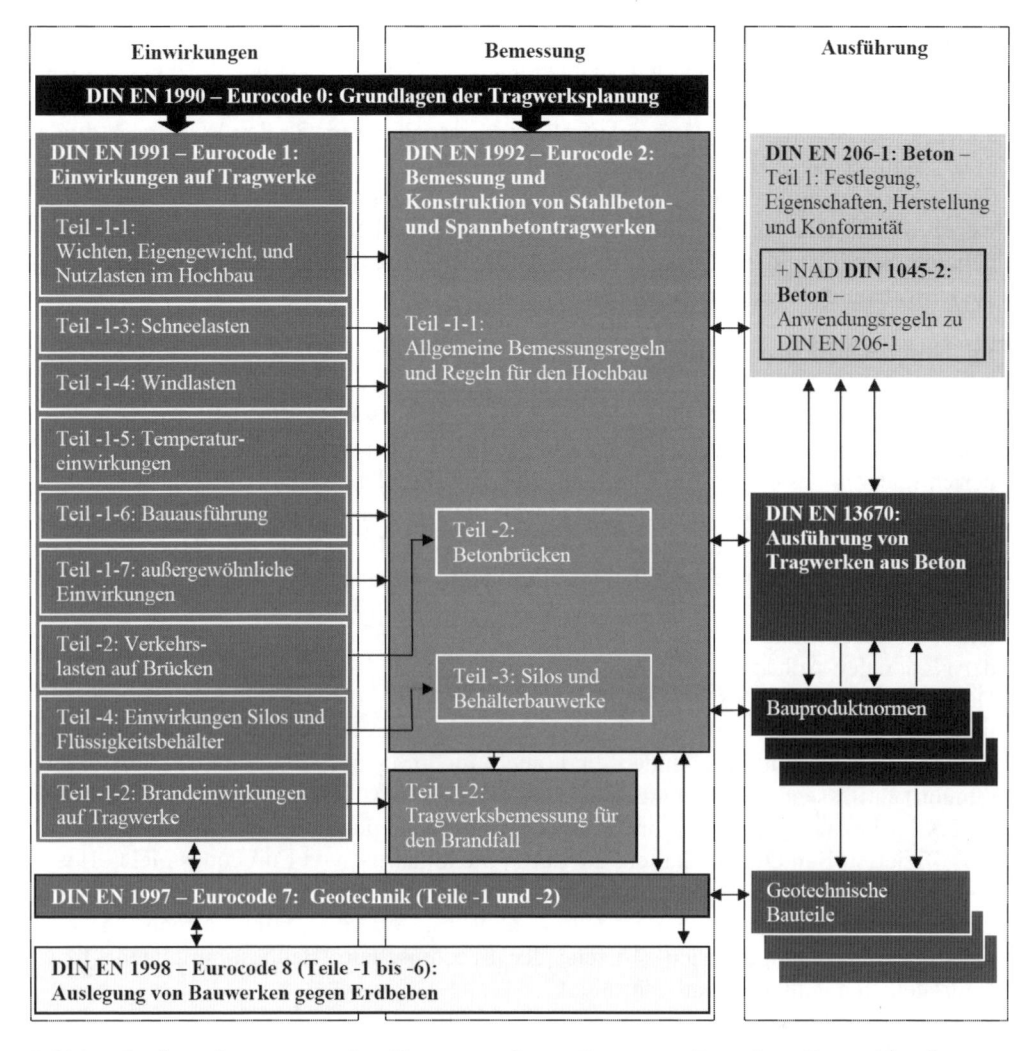

Bild 2: Struktur des europäischen Normenwerks mit Bezug zum Betonbau (Deutschland)

2.2 Zeitplan

Die erste deutsche Ausgabe des „neuen" Eurocodes 2 EC2-1-1 wurde in der Fassung DIN EN 1992-1-1:2005-10 herausgegeben. Diese basiert auf der englischen CEN-Originalausgabe von Dezember 2004. Gleichlautende deutsche Fassungen erschienen in Österreich mit der ÖNORM EN 1992-1-1:2005-11 (zwischenzeitlich in konsolidierter Fassung [21] 2009-07) und in der Schweiz mit der SN EN 1992-1-1:2004.

Bei der Erarbeitung des Nationalen Anhangs zum EC2-1-1 und insbesondere in der von den Verbänden Bundesvereinigung der Prüfingenieure für Bautechnik, Deutscher Beton- und Bautechnik-Verein E.V. und Verband Beratender Ingenieure durchgeführten und vom Deutschen Institut für Bautechnik geförderten Erprobungsphase der

„EC2-Pilotprojekte" (siehe Abschnitt 3) wurde deutlich, dass die deutsche Übersetzung in der Fassung 2005 viele Mängel aufwies. Neben tatsächlichen Übersetzungsfehlern enthielt sie viel Missverständliches. Die ersten Anwendungserfahrungen in anderen europäischen Ländern und die Weiterbearbeitung im für den EC2 zuständigen Subcommittee SC 2 des CEN-Technical Committee TC 250 zeigten darüber hinaus, dass auch der englische Originaltext Defizite und Fehler aufweist, die mit möglichst wenigen, auf das Nötigste beschränkten Druckfehlerberichtigungen (Corrigendum) behoben werden sollten. So sind in der Zwischenzeit ein Corrigendum 1 (2008) und ein Corrigendum 2 (2010) erschienen.

Im Normenausschuss Bauwesen (NABau) wurden die Defizite im englischen und deutschen EC2-1-1-Text zum Anlass genommen, diese vor der bauaufsichtlichen Einführung durch eine Neuausgabe von DIN EN 1992-1-1:2011-01 zu beheben. Hierzu wurde die deutsche Übersetzung überarbeitet und beide Druckfehlerberichtigungen des englischen Originals eingearbeitet. Die Neuübersetzung wurde mit den österreichischen und schweizerischen für die Normung verantwortlichen Kollegen abgestimmt. Die Neuausgabe der deutschen Fassung von EN 1992-1-1 soll in Österreich und der Schweiz zeitnah veröffentlicht werden.

Die Veröffentlichung der Neuausgabe von DIN EN 1992-1-1 [1] und der Weißdrucke der Nationalen Anhänge zu EC2-1-1 [2] und EC2-1-2 [4] sind in Deutschland erfolgt. Das Deutsche Institut für Normung e.V. (DIN) hat die inhaltlich entsprechende nationale DIN 1045-1 [9] im Januar 2011 aus seiner Normenliste zurückgezogen. Wegen der bauartübergreifenden und auch nichttragende Bauarten (z. B. Bekleidungen) umfassenden Regelungen in DIN 4102-4 bzw. DIN 4102-22 werden diese vorerst nicht zurückgezogen, sondern zu „Restnormen" umgearbeitet, die weiterhin die klassifizierten Bauteile beinhalten, die durch die konstruktiven Eurocodes nicht erfasst werden. Die bauaufsichtliche Relevanz von DIN 1045 oder DIN 4102 ist davon zunächst unberührt, da diese davon abhängt, ob die DIN-Normen in den bauaufsichtlich eingeführten Listen der Technischen Baubestimmungen bzw. Bauregellisten enthalten sind oder nicht.

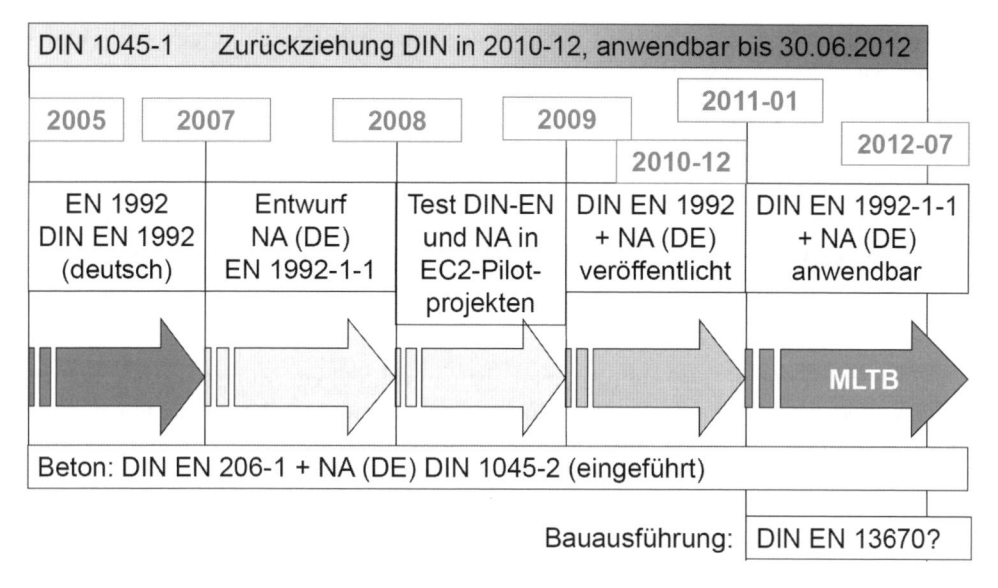

| DIN 1045-1 | Zurückziehung DIN in 2010-12, anwendbar bis 30.06.2012 |

2005	2007	2008	2009	2011-01	2012-07
				2010-12	
EN 1992 DIN EN 1992 (deutsch)	Entwurf NA (DE) EN 1992-1-1	Test DIN-EN und NA in EC2-Pilotprojekten	DIN EN 1992 + NA (DE) veröffentlicht	DIN EN 1992-1-1 + NA (DE) anwendbar	MLTB

Beton: DIN EN 206-1 + NA (DE) DIN 1045-2 (eingeführt)

Bauausführung: DIN EN 13670?

Bild 3: Zeitplan Umsetzung europäische Betonbaunormung in Deutschland

Die bauaufsichtliche Einführung der Eurocodes gemäß § 3 Abs. 3 Satz 1 der Musterbauordnung (MBO) kann nach Auffassung der ARGEBAU-Fachkommission Bautechnik[3] erst dann erfolgen [20], wenn

- das Eurocodegesamtpaket oder vernünftig abgrenz- und anwendbare und möglichst in sich geschlossene Teilpakete vorliegen,
- die dazugehörigen Vergleichsrechnungen und die Anwendungserprobung abgeschlossen sind,
- die entsprechenden Eurocodeteile und insbesondere die dazugehörigen Nationalen Anhänge von bauaufsichtlicher Seite durchgesehen wurden und
- das Notifizierungsverfahren nach der Informationsrichtlinie 98/34/EG absolviert wurde.

Das erste Paket mit EC2-1-1: „Allgemeine Bemessungsregeln und Regeln für den Hochbau" [1], [2] und EC2-1-2: „Tragwerksbemessung für den Brandfall" [3], [4] wird gemeinsam mit den meisten anderen Eurocodes (vermutlich ohne EC6 – Mauerwerk und EC8 - Erdbeben) im Juli 2012 mit Stichtag bauaufsichtlich eingeführt werden (Bild 3). Ab diesem Stichtag werden nur noch die betreffenden Eurocodes als Technische Baubestimmungen gelten und die korrespondierenden nationalen Normen auch aus der Liste der Technischen Baubestimmungen gestrichen werden.

Die Bauaufsicht gestattet darüber hinaus, durch Feststellung der Gleichwertigkeit des ersten Eurocode 2-Paketes mit DIN 1045-1 bzw. DIN 4102-4 / DIN 4102-22 die parallele Anwendung des EC2 ab Anfang 2011. Die bauaufsichtlichen Erläuterungen

---

[3] ARGEBAU: Bauministerkonferenz der für Städtebau, Bau- und Wohnungswesen zuständigen Minister und Senatoren der (deutschen Bundes-)Länder

zur Anwendung der Eurocodes ab 2011 sind in den DIBt-Mitteilungen 6/2010 [24] und auf *www.dibt.de* bzw. *www.bauministerkonferenz.de* veröffentlicht.

Danach ist beim Nachweis des Gesamttragwerks nach den Eurocodes die Bemessung einzelner Bauteile nach verschiedenen Technischen Baubestimmungen nur zulässig, wenn diese einzelnen Bauteile innerhalb des Tragwerkes Teiltragwerke bilden und die Schnittgrößen und Verformungen am Übergang vom Teiltragwerk zum Gesamttragwerk entsprechend der jeweiligen Norm berücksichtigt wurden. Gleiches gilt auch für den Fall, dass das Gesamttragwerk nach den Technischen Baubestimmungen bemessen wird und Teiltragwerke nach den Eurocodes.

Bei Typenprüfungen und allgemeinen bauaufsichtlichen Zulassungen, die auf nationale technische Regeln Bezug nehmen, ist Folgendes zu beachten: Für das von diesen Regeln betroffene Bauteil erfolgt die Bemessung nach den in der Typenprüfung oder Zulassung in Bezug genommenen technischen Regeln. Die Nachweise des Resttragwerks (Grenzzustände der Tragfähigkeit und der Gebrauchstauglichkeit) entsprechend den Eurocodes sind zulässig.

Wird in Technischen Baubestimmungen auf nationale Bemessungsnormen verwiesen, dürfen anstelle dieser auch die Eurocodes unter den hier genannten Bedingungen angewendet werden.

Die E-Anlagen der Liste der Technischen Baubestimmungen sind bei Anwendung der Eurocodes sinngemäß zu beachten.

Die Standsicherheitsnachweise nach den Eurocodes müssen mit denen nach den fortgeltenden Technischen Baubestimmungen vergleichbar sein. Auch darauf erstreckt sich eine nach Bauordnungsrecht erforderliche Prüfung/Bescheinigung durch die Bauaufsichtsbehörde, einen Prüfingenieur/Prüfsachverständigen oder ein Prüfamt für Standsicherheit.

Diese Zeit der Parallelgeltung muss also durch die Produkthersteller genutzt werden, um die allgemeinen bauaufsichtlichen Zulassungen bzw. Europäischen technischen Zulassungen (ETAs) für nicht geregelte Bauprodukte in Bezug auf den EC2 zur Verfügung zu stellen.

Zur Erleichterung der praktischen Anwendung wird in Deutschland von den maßgebenden Verbänden eine „Konsolidierte und kommentierte Fassung von DIN EN 1992-1-1" als Beuth-Kommentar herausgegeben [12], in der die Regelungen des Nationalen Anhangs direkt in Text, Gleichungen, Tabellen und Bildern des EC2-1-1 farbig unterlegt eingearbeitet und alle nicht relevanten EC2-Anmerkungen und nicht zugelassenen Regeln weggelassen werden. Mit entsprechenden Erläuterungen, Hilfsmitteln und Beispielen ergänzt, wird dieses Buch die Einarbeitung in den EC2-1-1 und seine Anwendung deutlich erleichtern. Darüber hinaus wird die Einarbeitung durch die überarbeitete DBV-Beispielsammlung zum Eurocode 2 [13] unterstützt, die einen direkten Vergleich zwischen DIN 1045-1 und EC2-1-1 anhand vollständig durchgerechneter Beispiele gestattet.

Der Eurocode 2 für die Betonbrücken EC2-2 [7] folgt mit der Veröffentlichung der endgültigen Fassung der Norm und des NA [8] ca. 1 Jahr später. Die Einführung im Regelungsbereich des BMVBS bzw. der Deutschen Bahn könnte jedoch auch noch im Jahr 2012 erfolgen. Insoweit gilt DIN-Fachbericht 102 [15] solange weiter, für den ja eine weitgehende Kompatibilität mit dem Eurocode 2 (ENV-Version) in Anspruch genommen wird.

Aktuelle Informationen zur Umsetzung der Eurocodes in Deutschland werden auf der Internetseite *www.eurocode-online.de* veröffentlicht.

3 Erprobung des Eurocodes 2 in Pilotprojekten

3.1 Der deutsche Nationale Anhang zum EC2-1-1

Der deutsche Nationale Anhang (NA) [2] zum Hochbau-Teil EC2-1-1 wurde in einer Arbeitsgruppe des Normenausschusses Bauwesen (NABau) mit dem Ziel erarbeitet, den aktuellen Stand von DIN 1045-1 [9] mit den seit fast 10 Jahren gesammelten Anwendungserfahrungen weitestgehend umzusetzen. Dies erschien sowohl im Hinblick auf die Bauwerkssicherheit als auch auf die Wirtschaftlichkeit der Bauart schon deswegen berechtigt, da DIN 1045-1 die erste europäische Betonbaunorm war, die im Wesentlichen auf der neueren EC2-Fassung beruhte.

Der Nationale Anhang darf eigentlich nur Hinweise zu den Parametern geben, die im Eurocode für nationale Entscheidungen offen gelassen wurden. Diese national festzulegenden Parameter (NDP) gelten für die Tragwerksplanung von Hochbauten und Ingenieurbauten in dem Land, in dem sie erstellt werden. Sie umfassen:

– Zahlenwerte und/oder Klassen, wo die Eurocodes Alternativen eröffnen;
– Zahlenwerte, wo die Eurocodes nur Symbole angeben;
– landesspezifische, geographische und klimatische Daten, z. B. Schneekarten;
– Vorgehensweisen, wenn die Eurocodes mehrere Verfahren zur Wahl anbieten;
– Vorschriften zur Verwendung der informativen Anhänge;
– Verweise zur Anwendung des Eurocodes, soweit sie diese ergänzen und nicht widersprechen.

Die 121 in [1] zugelassenen nationalen Festlegungen schienen für den Abgleich mit DIN 1045-1 ausreichend. Bei der Bearbeitung des EC2 ließen sich vier Fälle unterscheiden:

– Eine DIN 1045 Regelung zu einem Thema existiert, im EC2 gibt es hierzu eine **identische** Regel.
– Eine DIN 1045 Regelung zu einem Thema existiert, im EC2 gibt es hierzu eine **abweichende** Regel.
– Eine DIN 1045 Regelung zu einem Thema existiert, im EC2 gibt es hierzu **keine** Regel.
– Eine EC2 Regelung zu einem Thema existiert, in DIN 1045 gibt es hierzu **keine** Regel.

Die Überprüfung und Einschätzung der verschiedenen Fälle führte teilweise zu Forschungsbedarf und zur Notwendigkeit von Vergleichsrechnungen hinsichtlich ihrer Sicherheit und Brauchbarkeit. Es stellte sich schnell heraus, dass über die 121 national erlaubten Festlegungen hinaus ergänzende Regeln und Hinweise aus deutscher Sicht erforderlich werden. In der Arbeitsgruppe des NABau für den NA wurde daher die Möglichkeit „Verweise zur Anwendung des Eurocodes, soweit sie diesen ergänzen und nicht widersprechen" aufzunehmen, sehr großzügig genutzt und ausgelegt. Soweit Sicherheitsdefizite erkannt wurden, mussten sogar Ergänzungen oder Änderungen vorgenommen werden, die dem Eurocode 2 zum Teil widersprechen.

Über die national festzulegenden Parameter (National Determined Parameter **NDP**) hinaus enthält der Nationale Anhang deshalb ca. 300 ergänzende nicht widersprechende Angaben zur Anwendung von DIN EN 1992-1-1 (Non-contradictory Complementary Information **NCI**). Weitere Erläuterungen und Hinweise, die über den angemessenen Inhalt einer Norm hinausgehen, werden in einem DAfStb-Heft 600 [23] aufgenommen, welches im NA an mehreren Stellen in Bezug genommen wird.

Bild 4 verdeutlicht im Vergleich mit dem österreichischen Nationalen Anhang [22], dass im deutschen NA [2] wesentlich mehr Änderungen gegenüber den Vorschlägen im Original-EC2-1-1 [1] vorgenommen wurden.

Eine überschlägige Einschätzung ergab, dass dadurch DIN 1045-1 zu ca. 80 % im EC2-1-1 [1] mit Nationalem Anhang [2] umgesetzt werden konnte. Beispiele für vollständige Abweichungen der EC2-1-1-Regeln von den bisher in DIN 1045-1 festgelegten sind das Nachweiskonzept für Durchstanzen oder die Aufnahme von Gründungsbauteilen aus Beton.

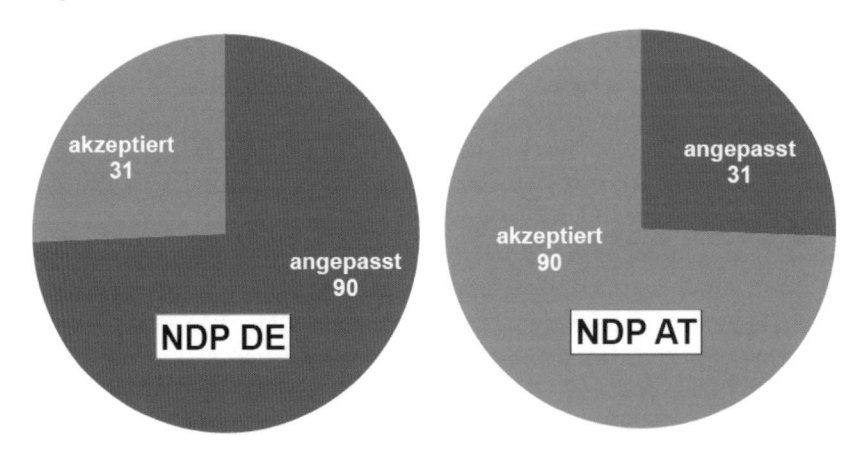

Bild 4: Vergleich der NDP-Bearbeitung zwischen Deutschland (DE) und Österreich (AT)

3.2 Das Forschungsvorhaben „EC2-Pilotprojekte"

In einem vom Deutschen Institut für Bautechnik (DIBt) mitgetragenen Forschungsvorhaben „EC2-Pilotprojekte" wurde während einer Erprobungsphase seit Ende 2007 bis zum Jahresende 2009 der EC2-1-1 mit seinem Nationalem Anhang an typischen Hochbauprojekten erprobt. Das Hauptziel bestand darin, dass die praktisch tätigen Tragwerksplaner und Prüfingenieure mit der Umstellung wesentlich weniger Schwierigkeiten haben sollen als 2001 mit DIN 1045-1. Die hohe Zahl der Auslegungsfragen und die kurzfristigen Berichtigungen zu einer eingeführten Norm sollen diesmal reduziert bzw. vermieden werden. Darüber hinaus soll die notwendige Sekundärliteratur zum bauaufsichtlichen Einführungstermin zur Verfügung stehen.

Die Bearbeitung des Nationalen Anhangs von EC2-1-1 sollte ein Beispiel für professionelle und praxisgerechte Normung werden. Hierfür haben die hauptsächlich betroffenen Verbände Deutscher Beton- und Bautechnik-Verein E.V. (DBV), Bundesvereinigung der Prüfingenieure für Bautechnik e. V. (BVPI) und Verband Beratender Ingenieure (VBI) eine **Arbeitsgemeinschaft** gebildet. Die Koordination des gesamten Forschungsvorhabens erfolgte durch den DBV. Das Projekt wurde von mehreren Ingenieurbüros durchgeführt (siehe Tabelle 1), die der BVPI bzw. dem VBI angehören. Bei der Auswahl der Ingenieurbüros wurde in Bezug auf Mitarbeiteranzahl und Umsatz auf eine Mischung zwischen großen und kleineren Büros geachtet. Die meisten Büros sind sowohl als Aufsteller als auch als Prüfingenieure tätig. Dadurch wurde eine entsprechende Meinungsvielfalt und ein divergierender Erfahrungshorizont sichergestellt, was eine allgemeingültigere Bewertung der EC2-Ergebnisse erwarten ließ.

An der Erprobungsphase des EC2 beteiligten sich darüber hinaus einige Softwarehersteller (siehe Tabelle 2), die parallel ihre Bemessungssoftware entwickelt und gemeinsam mit den Ingenieurbüros getestet haben.

Als Pilotprojekte wurden 12 typische, tatsächlich realisierte Bauvorhaben des Hochbaus verschiedener Größe mit einer vorhandenen, voll durchgearbeiteten und geprüften Genehmigungs- bzw. Ausführungsplanung nach DIN 1045-1 ausgewählt, die noch einmal weitgehend nach EC2 bemessen wurden. Das **Konzept** sah vor, dabei die Ergebnisse unter der Voraussetzung zu vergleichen, dass die Bemessung nach DIN 1045-1 den anerkannten Stand der Technik darstellt. Aus den Abweichungen von den DIN-Ergebnissen sollten dann entsprechende Schlussfolgerungen gezogen und erforderlichenfalls normative Korrekturen vorgenommen werden (auch Verbesserungen gegenüber DIN 1045-1). Gleichzeitig wurde die Verständlichkeit und Handhabbarkeit des EC2 durch Praktiker bewertet.

Den Abschluss des DIBt-Forschungsvorhabens „EC2-Pilotprojekte" dokumentiert ein Bericht mit Verbesserungsvorschlägen für den NA und für den EC2 [16]. Die praktische Handhabbarkeit des EC2 wurde dabei verbessert und die Software der beteiligten Hersteller ist so weit entwickelt, dass sie effektiv und wirtschaftlich einsetzbar ist. Die Spiegelung der EC2-Ergebnisse an denen nach DIN 1045-1 lieferte Indizien für die Sicherheit und Wirtschaftlichkeit des neuen Regelwerks. Im

Schlussbericht [16] wurden die Ergebnisse aller Projekte aufbereitet und zusammengefasst. Darüber hinaus sind eine Reihe von Hintergrunderläuterungen zum Eurocode 2 erschienen ([17], [18], [19]), die zu großen Teilen auf Arbeitsergebnissen aus der Erprobungsphase beruhen.

Durch die Einbindung breiterer technisch interessierter Kreise in diese Erprobungsphase der Norm wird eine deutlich bessere Akzeptanz in der Praxis erwartet. Die systematische Herangehensweise und das Einfließen der praktischen Erfahrungen mit der Normanwendung von DIN 1045-1 seit dem Jahre 2002 stärkt die Substanz des deutschen Nationalen Anhangs und kann die internationale Wettbewerbsfähigkeit unterstützen.

Tabelle 1: Beteiligte Ingenieurbüros

Ingenieurbüro	Ort
BfB Büro für Baukonstruktionen	Karlsruhe
Eisfeld Ingenieure	Kassel
Harrer Ingenieure	Karlsruhe
Ingenieurbüro Dr. Jahnke	Zwickau
Ingenieurbüro Dr. Lammel	Regensburg
Ingenieurgruppe Bauen	Karlsruhe
Jäger Ingenieure GmbH	Radebeul
Krebs und Kiefer	Darmstadt
Leonhardt, Andrä und Partner	Berlin
Suess Staller Schmitt	Gräfelfing
WTM Engineers	Hamburg

Tabelle 2: Beteiligte Softwarehersteller

Softwarefirma	Ort
CSI Computer Service GmbH	Dortmund
DICAD Systeme GmbH	Köln
Dlubal Software GmbH	Tiefenbach
Friedrich + Lochner GmbH	Stuttgart
Heil Software	Kulmbach
InfoGraph GmbH	Aachen
RIB Software AG	Stuttgart
SOFiSTiK AG	Oberschleißheim
VOGELSANG Systemhaus im Bauwesen	Neureichenau

Folgende Arbeitsschritte führten zur Erreichung dieser Ziele:

- Systematischer Vergleich von Bemessungsergebnissen nach DIN 1045-1 und EC2 an typischen Bauteilen mit praktisch vorkommenden Parametern (Stichproben),
- Überprüfung der Sicherheit der Bemessungsergebnisse,
- Überprüfung der Bewehrungs- und Konstruktionsregeln,
- Überprüfung und Verbesserung der praktischen Handhabbarkeit des EC2 (verständ-lichere Formulierungen, zusätzliche Erläuterungen),
- Beantwortung vieler Auslegungsfragen und Einarbeitung in den NA,
- Erarbeitung von Daten und Hintergrundmaterial für Sekundärliteratur,
- Test und Überarbeitung der Bemessungssoftware auf EC2-Regeln,
- Abschätzung wirtschaftlicher Folgen des EC2-1-1.

Die Ergebnisse der Erprobungsphase haben die Voraussetzungen geschaffen, den EC2 mit einem Stichtag ohne Übergangszeit bauaufsichtlich einzuführen und seine Anwendung schon ab 2011 parallel zu DIN 1045-1 bauaufsichtlich zuzulassen [24]. Sie werden in Sekundärliteratur (DBV-Beispielsammlung zu EC2 [13], DAfStb-Heft 600 [23] zu EC2, Kommentierte und konsolidierte Fassung des EC2 [12]) einfließen, die dann im Jahre 2011 zur Verfügung stehen.

4 Indirekte Begrenzung der Verformungen nach EC2

Die Anforderungen an die Verformungsbegrenzung sind in DIN 1045-1 und EC2-1-1 mit NA fast identisch (Tabelle 3). Die Ausnahme Kragträger mit Durchhang $\leq l/100$ wird im EC2-1-1/NA wieder aus DIN 1045-1 identisch übernommen.

Tabelle 3: *Grenzwerte der Verformungen nach DIN 1045-1 und EC2-1-1 + NA*

	Nachweis	DIN 1045-1	EC2-1-1 + NA	Grenzwert	Einwirkungs-kombination
1	Durchhang Endzustand	11.3.1 (8)	7.4.1 (2)	$\leq l/250$	quasi-ständig
2	Durchhang Endzustand Kragträger $\leq l/250$ mit $l = 2{,}5$fache Kraglänge			$\leq l/100$	
3	Überhöhung Bauzustand			$\leq l/250$	
4	Durchbiegung nach Einbau verformungsempfindlicher Ausbauteile			$\leq l/500$	

Kleinere Unterschiede entstehen durch die z. T. unterschiedliche Definition der Stützweiten. Im EC2-1-1 fehlt die Festlegung der Stützweite für den „freien" Kragträger, die mit Bild 5.4 f) im EC2-1-1/NA zu 5.3.2.2 (1) ergänzt wurde.

Die zulässigen Biegeschlankheiten im EC2-1-1 wurden aus einer Parameterstudie an Einfeldträgern abgeleitet (Platten und Balken mit Rechteckquerschnitten).

In Tabelle 4 werden die Ersatzstützweiten l_i verglichen, die beim vereinfachten Nachweis mit zulässigen Biegeschlankheiten die (elastische) Einspannung bzw. die Durchlaufwirkung verschiedener statischer Systeme berücksichtigen. Die Umrechnungsfaktoren α nach DIN 1045-1 und $1/K$ nach EC2-1-1 sind vergleichbar. Die Ersatzstützweiten werden im EC2-1-1 z. T. etwas konservativer angenommen.

Die Biegeschlankheitsgrenzen werden im EC2-1-1 mit den Gleichungen (7.16a) für gering und mäßig bewehrte und mit (7.16b) für hochbewehrte Bauteile (ggf. mit Druckbewehrung) ermittelt:

$$\frac{l}{d} = K \cdot \left[11 + 1{,}5\sqrt{f_{ck}}\,\frac{\rho_0}{\rho} + 3{,}2\sqrt{f_{ck}} \cdot \sqrt{\left(\frac{\rho_0}{\rho} - 1\right)^3} \right] \quad \text{wenn } \rho \leq \rho_0 \quad \text{EC2-1-1, (7.16a)}$$

$$\frac{l}{d} = K \cdot \left[11 + 1{,}5\sqrt{f_{ck}}\,\frac{\rho_0}{\rho - \rho'} + \frac{1}{12}\sqrt{f_{ck}} \cdot \sqrt{\frac{\rho'}{\rho_0}} \right] \quad \text{wenn } \rho > \rho_0 \quad \text{EC2-1-1, (7.16b)}$$

Tabelle 4: Ersatzstützweiten nach DIN 1045-1 und EC2-1-1

Statisches System	DIN 1045-1, 11.3.2 (3) $\alpha = l_i / l_{eff}$	EC2-1-1, 7.4.2, Tab. 7.4 $1/K = l_i / l_{eff}$
1 — l_{eff} (gelenkig-gelenkig)	1,00	1 / 1,0 = **1,00**
2 — l_{eff} (gelenkig-eingespannt)	0,80	1 / 1,3 = **0,77** (− 4 %)
3 — l_{eff} (beidseitig eingespannt)	0,60	1 / 1,5 = **0,67** (+ 11 %)
4 — Stütze mit l_{eff}: Innenfeld ≤ C25/30: 0,70; Randfeld ≤ C25/30: 0,90; Innenfeld ≥ C30/37: 0,60; Randfeld ≥ C30/37: 0,80		1 / 1,2 = **0,83** (+ 19 %) / (− 7 %) / (+ 39 %) / (+ 4 %)
5 — Kragarm l_{eff}	2,40	1 / 0,4 = **2,50** (+ 4 %)

Die Unterscheidung erfolgt mit einem von der Betonfestigkeit abhängigen Referenzbewehrungsgrad ρ_0, der in Bild 5 grafisch aufgetragen ist. Die Längsbewehrungsgrade für Decken im üblichen Hochbau liegen i. d. R. unter 0,40 %, so dass für viele übliche Fälle nur Gleichung (7.16a) ausgewertet werden muss.

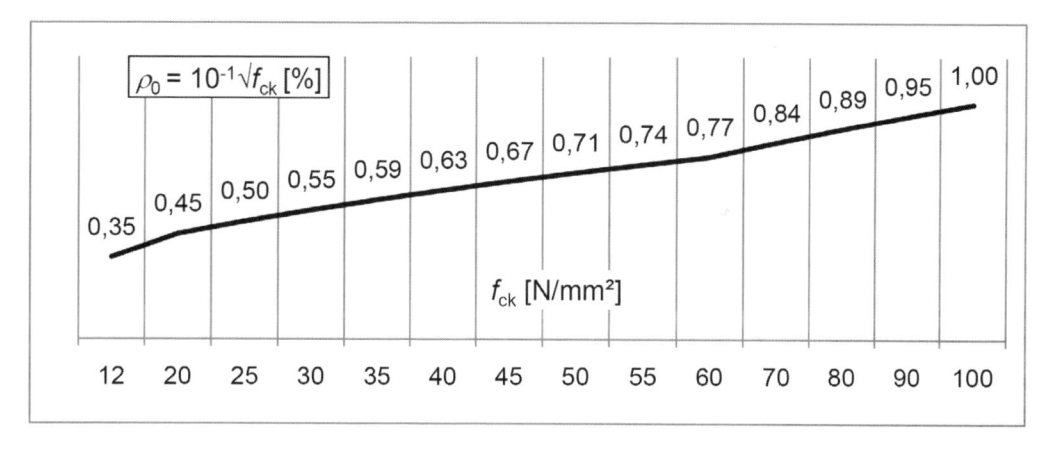

Bild 5: Referenzbewehrungsgrad ρ_0

Im Vergleich mit DIN 1045-1 lässt sich für die Biegeschlankheitsbegrenzung nach EC2-1-1 feststellen:

Die Ermittlung der Biegeschlankheitsgrenzwerte ist aufwändiger. Dafür werden maßgebende Parameter wie Betonfestigkeit und Längsbewehrungsgrad berücksichtigt und sie gelten auch für Balkenquerschnitte.

Die mögliche Vergrößerung des vorhandenen Bewehrungsgrades gegenüber dem erforderlichen darf mit einem Erhöhungsfaktor:

$$310 \text{ N/mm}^2 / \sigma_s = A_{s,prov} / A_{s,req} \qquad \text{EC2-1-1, (7.17)}$$

für die zulässigen Biegeschlankheiten vorgenommen werden. Der Spannungswert σ_s = 310 N/mm² für den Gebrauchszustand setzt voraus, dass die erforderliche Bewehrung ρ mit dem Bemessungswert 435 N/mm² unter 1,4-fachen charakteristischen Einwirkungen berechnet wurde (435 / 1,4 = 310). Wird die Betonstahlspannung (Dehnung) reduziert, ergeben sich geringere Durchbiegungen. Insoweit besteht eine Erschwernis bei der Anwendung des EC2-1-1 darin, dass ggf. Nutzhöhe und erforderliche Bewehrung iterativ aufeinander abgestimmt werden müssen.

Im Bild 6 sind die Biegeschlankheiten für die Begrenzung des Durchhangs auf $l/250$ für verschiedene Betonfestigkeiten und Bewehrungsgrade aufgetragen.

Daraus lassen sich folgende **Schlussfolgerungen** ziehen:

Die zulässigen Biegeschlankheiten nach EC2-1-1 werden kleiner (d. h. konservativer), wenn der erforderliche Längsbewehrungsgrad ρ und damit die Belastung größer wird. Sie werden größer, wenn die Betonfestigkeit und damit die Biegesteifigkeit größer werden. Diese Einflüsse werden in DIN 1045-1 nicht berücksichtigt.

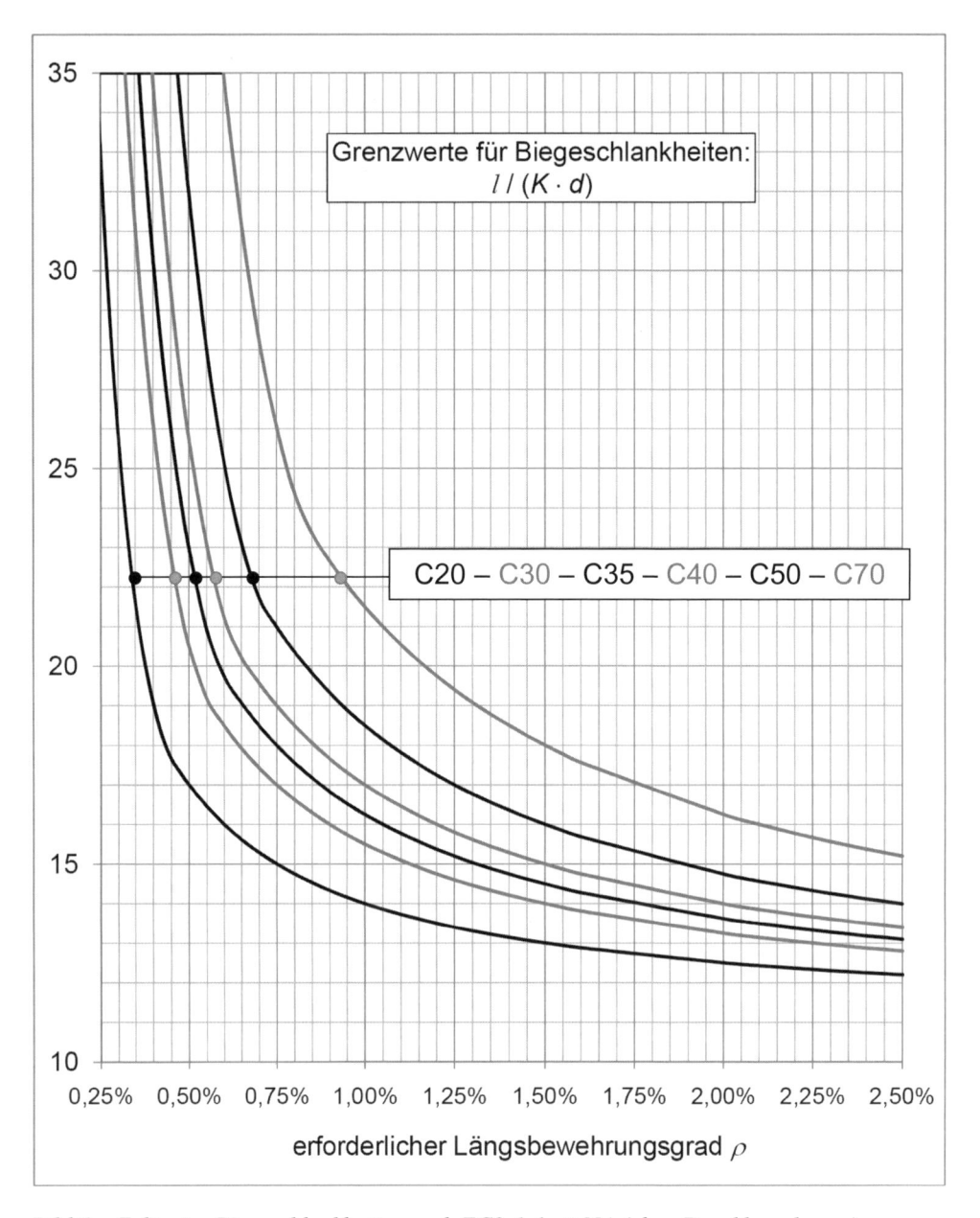

Bild 6: Zulässige Biegeschlankheiten nach EC2-1-1 mit NA (ohne Druckbewehrung)

Bei Bauteilen aus normalfestem Beton und mit Bewehrungsgraden $\rho > 0{,}25\,\%$ (C20/25) bis $\rho > 0{,}50\,\%$ (C50/60) sind die EC2-1-1-Biegeschlankheiten konservativer und führen zu gegenüber DIN 1045-1 größeren erforderlichen Deckendicken (Bild 6).

Bei geringer bewehrten Bauteilen können die Biegeschlankheitsgrenzen nach EC2-1-1 auch sehr hohe Werte annehmen ($l/d \gg 35$). Um konstruktiv unsinnige und unterdimensionierte Bauteildicken auszuschließen, werden im EC2-1-1/NA zu 7.4.2 (2) die Biegeschlankheitsgrenzen aus DIN 1045-1 als obere Grenzwerte wieder aufgenommen. Die Biegeschlankheiten nach Gleichung (7.16) sollten danach auf $l/d \leq K \cdot 35$ und bei Bauteilen, die verformungsempfindliche Ausbauelemente beeinträchtigen können, auf $l/d \leq K^2 \cdot 150/l$ begrenzt werden.

Die Grenzbewehrungsgrade ρ_{lim}, bei denen die maximal zugelassene Biegeschlankheit $l/d = K \cdot 35$ überschritten wird, betragen z. B. ρ_{lim} = 0,24 % (C20/25); 0,32 % (C30/37); 0,40 % (C40/50), 0,47 % (C50/60) (siehe Bild 6). Für Deckenquerschnitte mit $\rho_{erf} > \rho_{lim}$ sind nunmehr strengere Biegeschlankheitsgrenzen nach EC2-1-1 einzuhalten.

Im Rahmen der Vergleichsrechnungen für die EC2-Pilotprojekte [8] wurde stichprobenartig untersucht, welche Folgen die Biegeschlankheitsgrenzen des EC2-1-1 auf die nach DIN 1045-1 geplanten Nutzhöhen haben werden.

Dabei konnte für 10 von 32 untersuchten **Decken**positionen (≈ 30 %) der Biegeschlankheitsnachweis nach EC2-1-1 nicht mehr erbracht werden. Bei 3 von 30 verglichenen **Balken**positionen (≈ 10 %) ergaben sich nach EC2-1-1 größere erforderliche Nutzhöhen gegenüber den nach DIN 1045-1 geplanten.

Für den Nachweis dieser Bauteile gibt es die Alternativen
- die Bauteildicken zu vergrößern,
- die Betonfestigkeitsklasse bzw. den Längsbewehrungsgrad zu vergrößern,
- den Nachweis mit einer „genaueren" Durchbiegungsberechnung zu führen.

5 Fazit und Ausblick

Die Entwicklung des Eurocode-Programms begann aufgrund politischer Entscheidungen vor über 30 Jahren. Wesentlicher Vorteil dieses Prozesses ist auf jeden Fall der Beitrag zur Fortentwicklung der europäischen Integration und Zusammenarbeit. Diese politische Entscheidung wird auch von den Ingenieuren nicht mehr in Frage gestellt. Es kommt nunmehr darauf an, diesen Prozess mit seinen Konsequenzen selbst im Sinne der praktisch tätigen Ingenieure zu gestalten und nicht wie so vieles aus Brüssel über sich ergehen zu lassen.

Ausgehend vom gesamten Eurocode-Programm für die zukünftige Tragwerksplanung wurde am Beispiel des Eurocode 2 für Stahlbeton- und Spannbetontragwerke ein Konzept erläutert, wie professionelle und praxistaugliche Normung umgesetzt werden könnte. Der Eurocode 2, Teil 1-1 mit Nationalem Anhang wurde von Praktikern im Rahmen des DIBt-Forschungsvorhabens „EC2-Pilotprojekte" unter Einbeziehung von Softwareherstellern erprobt und verbessert. Diese Erprobungsphase wurde gemeinsam von den Verbänden BVPI, DBV und VBI genutzt, um die Praxistauglichkeit und Normenakzeptanz zu verbessern. Zur bauaufsichtlichen Einführung werden die notwendige Sekundärliteratur sowie getestete Softwarelösungen zur Verfügung stehen.

Dies war eine wesentliche Voraussetzung zur bauaufsichtlichen Einführung in Deutschland.

Man muss aber konstatieren, dass die intensive Bearbeitung durch die betroffenen Praktiker, die in ihren Ingenieurbüros die Eurocodes zukünftig unter Termin- und Kostendruck umsetzen müssen, deutlich zu spät begonnen hat. So konnte der Gestaltungsspielraum Nationaler Anhang nur noch dazu genutzt werden, an den Symptomen zu therapieren ohne grundlegende Verbesserungen im Hinblick auf die Vereinfachung, Anwendbarkeit und Praxisbezogenheit des im Verlauf der vergangenen 15 Jahre entstandenen EC2 erreichen zu können. Der oftmals beklagten Zunahme des Regelungsumfangs konnte so nicht begegnet werden. Im Gegenteil führt der wohl in Europa umfangreichste Nationale Anhang Deutschlands zu noch mehr Normseiten. Dieser Umfang war jedoch aufgrund von Sicherheitsdefiziten im EC2 (insbesondere beim Durchstanzen, siehe [18]) und von Auslegungsbedarf aus deutscher Sicht unvermeidlich.

In Zukunft gilt es jedoch, frühzeitiger und mit größerem Engagement schon am Originalstandard unter Einbringung des Praxisbezuges mitzuarbeiten. Derzeit wird schon mit der Bearbeitung der nächsten Eurocode-Generation (2015+) begonnen. Wir sind uns mit den österreichischen in der Normung tätigen Kollegen völlig einig, zukünftig in enger Abstimmung gemeinsam im für den Eurocode 2 zuständigen Komitee CEN TC 250 / SC 2 zu agieren. Dazu gehören abgestimmte Positionen und Dokumente, die auch gemeinsam vorgetragen und verteidigt werden. Es geht vorrangig darum, auch die europäischen Fachkollegen und insbesondere die Wissenschaftler von der Notwendigkeit und der Vorgehensweise der Normenvereinfachung des Eurocode 2 zu überzeugen. Vielleicht gelingt es uns ja ähnlich wie bei der redaktionellen Überarbeitung der bisherigen deutschen Fassungen von EN 1992-1-1 und EN 1992-3 die zukünftigen Nationalen Anhänge zwischen Deutschland und Österreich oder sogar der Schweiz mit zunehmender Übereinstimmung abzugleichen und die NDPs zu reduzieren.

Literatur

[1] DIN EN 1992-1-1: 2011-01: Eurocode 2: Bemessung und Konstruktion von Stahlbeton- und Spannbetontragwerken – Teil 1-1: Allgemeine Bemessungsregeln und Regeln für den Hochbau.

[2] DIN EN 1992-1-1/NA: 2011-01: Nationaler Anhang - National festgelegte Parameter – Eurocode 2: Bemessung und Konstruktion von Stahlbeton- und Spannbetontragwerken – Teil 1-1: Allgemeine Bemessungsregeln und Regeln für den Hochbau.

[3] DIN EN 1992-1-2: 2010-12: Eurocode 2: Bemessung und Konstruktion von Stahlbeton- und Spannbetontragwerken – Teil 1-2: Allgemeine Regeln - Tragwerksbemessung für den Brandfall.

[4] DIN EN 1992-1-2/NA: 2010-12: Nationaler Anhang – National festgelegte Parameter – Eurocode 2: Bemessung und Konstruktion von Stahlbeton- und Spannbetontragwerken – Teil 1-2: Allgemeine Regeln - Tragwerksbemessung für den Brandfall.

[5] DIN EN 1992-3: 2010-12: Eurocode 2: Bemessung und Konstruktion von Stahlbeton- und Spannbetontragwerken – Teil 3: Silos und Behälterbauwerke aus Beton.

[6] DIN EN 1992-3/NA: 2010-12: Nationaler Anhang – National festgelegte Parameter – Eurocode 2: Bemessung und Konstruktion von Stahlbeton- und Spannbetontragwerken – Teil 3: Silos und Behälterbauwerke aus Beton.

[7] DIN EN 1992-2: 2010-12: Eurocode 2: Bemessung und Konstruktion von Stahlbeton- und Spannbetontragwerken – Teil 2: Betonbrücken – Bemessungs- und Konstruktionsregeln.

[8] E DIN EN 1992-2/NA: (*Entwurf in Vorbereitung*) Nationaler Anhang – National festgelegte Parameter – Eurocode 2: Bemessung und Konstruktion von Stahlbeton- und Spannbetontragwerken – Teil 2: Betonbrücken – Bemessungs- und Konstruktionsregeln.

[9] DIN 1045-1: 2008-08: Tragwerke aus Beton, Stahlbeton und Spannbeton – Teil 1: Bemessung und Konstruktion.

[10] DIN 1045-3: 2008-08: Tragwerke aus Beton, Stahlbeton und Spannbeton – Teil 3: Bauausführung.

[11] DIN EN 13670: 2011-03: Ausführung von Tragwerken aus Beton.

[12] Fingerloos, F.: Der Eurocode 2 für Deutschland - DIN EN 1992-1-1 Bemessung und Konstruktion von Stahlbeton- und Spannbetontragwerken - Teil 1-1: Allgemeine Bemessungsregeln und Regeln für den Hochbau - Kommentierte und konsolidierte Fassung. Hrsg.: BVPI, DAfStb, DBV, ISB, VBI. Berlin: Beuth-Verlag und Verlag Ernst & Sohn, 2011.

[13] Beispiele zur Bemessung nach Eurocode 2 (DIN EN 1992-1-1). Band 1: Hochbau. Hrsg.: DBV. Berlin: Ernst & Sohn, 2011.

[14] Zilch, K,; Zehetmaier, G.: Bemessung im konstruktiven Betonbau – Nach DIN 1045-1 (Fassung 2008) und EN 1992-1-1 (Eurocode 2). Heidelberg: Springer Verlag, 2. neu bearbeitete und erweiterte Auflage 2010.

[15] DIN-Fachbericht 102: 2009-03: Betonbrücken.

[16] Fingerloos, F. (Hrsg.): Überprüfung und Überarbeitung des Nationalen Anhangs (DE) für DIN EN 1992-1-1 (Eurocode 2). Abschlussbericht des DIBt-Forschungsvorhabens ZP 52-5- 7.278.2-1317/09: Eurocode 2 Hochbau – Pilotprojekte. Februar 2010.

[17] Der Eurocode 2 für Deutschland – Gemeinschaftstagung: BVPI, DAfStb, DBV, DIBt, DIN-Akademie, ISB, VBI (Tagungsband): Hrsg.: DBV. Berlin: Beuth und Ernst & Sohn, 2010.

[18] Hegger, J.; Walraven, J. C.; Häusler, F. Zum Durchstanzen von Flachdecken nach Eurocode 2. Beton- und Stahlbetonbau 105 (2010), Heft 4, S. 206-215.

[19] Fingerloos, F.: Der Eurocode 2 für Deutschland – Hintergründe und Erläuterungen. Beton- und Stahlbetonbau 105 (2010)
- Teil 1: Einführung in den Nationalen Anhang. Heft 6, S. 342-348,
- Teil 2: Grundlagen, Dauerhaftigkeit, Material. Heft 7, S. 406-420,
- Teil 3: Begrenzung Spannungen, Rissbreiten, Verformungen. Heft 8, S. 486-495,
- Teil 4: Bewehrungs- und Konstruktionsregeln. Heft 9, S. 562-571.

[20] Bauaufsichtliche Einführung der Eurocodes. Schreiben von Dr.-Ing. Wolfgang Schubert, Vorsitzender der ARGEBAU-Fachkommission Bautechnik an BVPI, Ländervereinigung der Prüfingenieure, Bundesingenieurkammer und Ingenieurekammern der Länder, Bauindustrieverbände vom 25.08.2010. Download: *www.betonverein.de* → Fachthemen

[21] ÖNORM EN 1992-1-1: 2009-07: Eurocode 2: Bemessung und Konstruktion von Stahlbeton- und Spannbetontragwerken - Teil 1-1: Allgemeine Bemessungsregeln und Regeln für den Hochbau (konsolidierte Fassung).

[22] ÖNORM B 1992-1-1: 2007-02: Nationale Festlegungen zur ÖNORM EN 1992-1-1, nationale Erläuterungen und nationale Ergänzungen.

[23] DAfStb-Heft 600: Erläuterungen zu Eurocode 2 (DIN EN 1992-1-1). 2011 (*in Vorbereitung*).

[24] Fachkommission Bautechnik der Bauministerkonferenz: Erläuterungen zur Anwendung der Eurocodes vor ihrer Bekanntmachung als Technische Baubestimmungen. DIBt-Mitteilungen Heft 6, 2010. Berlin: Ernst & Sohn, S. 252-257.

Heißbemessung nach Eurocode 2

Dietmar Hosser

1 Einleitung

Im Dezember 2010 wurden die meisten Eurocode-Normen für die „kalte" Bemessung und für die „Heißbemessung" nochmals als sog. konsolidierte Fassungen veröffentlicht. Gleichzeitig sind die für die Anwendung in Deutschland erforderlichen Nationalen Anhänge als Weißdrucke erschienen. Die Brandschutzteile (Teile 1-2) der Eurocodes 1 bis 6 und 9 sowie die zugehörigen Nationalen Anhänge sind in Tabelle 1 mit den aktuellen Ausgaben zusammengestellt. Für Eurocode 6 (Mauerwerk) wurden noch keine konsolidierte Fassung und kein Nationaler Anhang erstellt.

Die Eurocode-Normen sollen ab Juli 2012 ausschließlich angewendet werden. Das betrifft die Brandschutzbemessung von Bauteilen aus Beton, Stahl, Verbund, Holz und Aluminium. Es ist also höchste Zeit für Tragwerksplaner, Brandschutzingenieure, Bauaufsichtsbehörden und Brandschutzdienststellen, sich intensiver mit den Eurocode-Brandschutzteilen zu befassen und Erfahrungen mit den darin genormten Bemessungsverfahren zu sammeln. Dieser Beitrag in Anlehnung an [1] soll helfen, die Möglichkeiten und Grenzen der neuen Nachweise kennenzulernen.

Zunächst wird in Abschnitt 2 zusammenfassend auf die in DIN EN 1991-1-2 (im Folgenden auch kurz: EC 1-1-2) [2] und dem zugehörigen Nationalen Anhang (auch kurz: EC 1-1-2/NA) [3] geregelten thermischen und mechanischen Einwirkungen eingegangen. Anschließend werden die brandschutztechnischen Nachweisverfahren für Betontragwerke nach DIN EN 1992-1-2 (kurz: EC 2-1-2) [4] und dem Nationalen Anhang (kurz: EC 2-1-2/NA) [5] vorgestellt, die Rechengrundlagen und wesentlichen Annahmen erläutert und die Anwendungsbereiche und –grenzen aufgezeigt.

Die Brandschutzteile der Eurocodes sehen grundsätzlich brandschutztechnische Nachweisverfahren auf drei Stufen vor:
- mittels tabellarischer Daten (Nachweisstufe 1),
- mittels vereinfachter Rechenverfahren (Nachweisstufe 2) und
- mittels allgemeiner Rechenverfahren (Nachweisstufe 3).

Die Nachweisverfahren mittels tabellarischer Daten (Abschnitt 5 von EC 2-1-2 bzw. Abschnitt 3.5 dieses Beitrages) beschränken sich in der Regel darauf, die Querschnittsabmessungen des zu untersuchenden Bauteils (und z. B. bei Betonbauteilen den Achsabstand der Bewehrung) mit Werten zu vergleichen, die nach Brandversuchsergebnissen zum Erreichen der vorgesehenen Feuerwiderstandsdauer erforderlich sind. Sie entsprechen den Bemessungstabellen in DIN 4102-4 [6] und DIN 4102-22 [7].

Univ. Prof. Dr.-Ing. Dietmar Hosser, TU Braunschweig, iBMB

Tabelle 1   Eurocode-Brandschutzteile und Nationale Anhänge

Normbezeichnung	Titel
DIN EN 1991-1-2 :2010-12	Eurocode 1: Einwirkungen auf Tragwerke – Teil 1-2: Allgemeine Einwirkungen; Brandeinwirkungen auf Tragwerke
DIN EN 1991-1-2/NA :2010-12	Nationaler Anhang – National festgelegte Parameter – Eurocode 1 – Einwirkungen auf Tragwerke – Teil 1-2: Allgemeine Einwirkungen – Brandeinwirkungen auf Tragwerke
DIN EN 1992-1-2 :2010-12	Eurocode 2: Bemessung und Konstruktion von Stahlbeton- und Spannbetontragwerken – Teil 1-2: Allgemeine Regeln – Tragwerksbemessung für den Brandfall
DIN EN 1992-1-2/NA :2010-12	Nationaler Anhang – National festgelegte Parameter – Eurocode 2: Bemessung und Konstruktion von Stahlbeton- und Spannbetontragwerken – Teil 1-2: Allgemeine Regeln –Tragwerksbemessung für den Brandfall
DIN EN 1993-1-2 :2010-12	Eurocode 3: Bemessung und Konstruktion von Stahlbauten – Teil 1-2: Allgemeine Regeln – Tragwerksbemessung für den Brandfall
DIN EN 1993-1-2/NA :2010-12	Nationaler Anhang – National festgelegte Parameter – Eurocode 3: Bemessung und Konstruktion von Stahlbauten – Teil 1-2: Allgemeine Regeln – Tragwerksbemessung für den Brandfall
DIN EN 1994-1-2 :2010-12	Eurocode 4: Bemessung und Konstruktion von Verbundtragwerken aus Stahl und Beton –Teil 1-2: Allgemeine Regeln – Tragwerksbemessung für den Brandfall
DIN EN 1994-1-2/NA :2010-12	Nationaler Anhang – National festgelegte Parameter – Eurocode 4: Bemessung und Konstruktion von Verbundtragwerken aus Stahl und Beton – Teil 1-2: Allgemeine Regeln –Tragwerksbemessung für den Brandfall
DIN EN 1995-1-2 :2010-12	Eurocode 5: Bemessung und Konstruktion von Holzbauten – Teil 1-2: Allgemeine Regeln – Tragwerksbemessung für den Brandfall
DIN EN 1995-1-2/NA :2010-12	Nationaler Anhang – National festgelegte Parameter – Eurocode 5: Bemessung und Konstruktion von Holzbauten – Teil 1-2: Allgemeine Regeln – Tragwerksbemessung für den Brandfall
DIN EN 1996-1-2 :2006-10 *)	Eurocode 6: Bemessung und Konstruktion von Mauerwerksbauten – Teil 1-2: Allgemeine Regeln – Tragwerksbemessung für den Brandfall
DIN EN 1996-1-2/NA : ... *)	Nationaler Anhang – National festgelegte Parameter – Eurocode 6 – Bemessung und Konstruktion von Mauerwerksbauten – Teil 1-2: Allgemeine Regeln; Tragwerksbemessung für den Brandfall
DIN EN 1999-1-2 :2010-12	Eurocode 9: Bemessung und Konstruktion von Aluminiumtragwerken — Teil 1-2: Tragwerksbemessung für den Brandfall
DIN EN 1999-1-2/NA :2011-2 **)	Nationaler Anhang – National festgelegte Parameter – Eurocode 9: Bemessung und Konstruktion von Aluminiumtragwerken – Teil 1-2: Tragwerksbemessung für den Brandfall
*) zurückgestellt	**) in Vorbereitung

Mit den vereinfachten Rechenverfahren (Abschnitt 4.2 von EC 2-1-2 bzw. Abschnitt 3.3 dieses Beitrages) wird in der Regel nachgewiesen, dass von einem Bauteil die im Brandfall maßgebenden Lasteinwirkungen nach Ablauf einer vorgeschriebenen Branddauer (Feuerwiderstandsdauer des Bauteils) aufgenommen werden können. Dafür werden u. a. Vereinfachungen bei der Ermittlung der Bauteiltemperaturen und der Beschreibung des Versagenszustandes im Brandfall getroffen.

Mit den allgemeinen Rechenverfahren (Abschnitt 4.3 von EC 2-1-2 bzw. Abschnitt 3.4 dieses Beitrages) können für eine vorgegebene Branddauer das tatsächliche Trag- und Verformungsverhalten der Bauteile berechnet und Lösungen für folgende Fragestellungen des konstruktiven Brandschutzes bereitgestellt werden:

– Gleichgewichts- und Verformungszustand eines Einzelbauteils zu beliebigen Zeitpunkten t bei vorgegebener Temperaturzeitkurve in der Bauteilumgebung, Belastung und Lagerung;
– Tragfähigkeit eines Einzelbauteils (z. B. $N_{R,fi,d}$, $M_{R,fi,d}$) bei einer vorgegebenen Temperaturzeitkurve in der Bauteilumgebung nach einer bestimmten Brandeinwirkungsdauer;
– Gleichgewichts- und Verformungszustand eines Gesamt- oder Teiltragwerks aus mehreren Bauteilen bei lokaler Brandbeanspruchung, wobei sowohl nominelle Temperaturzeitkurven als auch natürliche Brandverläufe simuliert werden können.

Die in EC 2-1-2 beschriebenen Nachweisverfahren basieren zum großen Teil auf Rechengrundlagen für normalfesten Beton mit überwiegend quarzithaltiger Gesteinskörnung. Abweichungen und zusätzliche Anforderungen bei Anwendung von hochfestem Beton werden in einem separaten Kapitel 6 behandelt (Abschnitt 3.6 dieses Beitrages).

2 Tragwerkseinwirkungen im Brandfall

2.1 Allgemeines

Der EC 1-1-2 regelt die Rechengrundlagen zur Ermittlung der Temperatur- und Lasteinwirkungen im Brandfall. Er ist wie folgt gegliedert:

1. Allgemeines
2. Verfahren zur Tragwerksbemessung im Brandfall
3. Thermische Einwirkungen für die Temperaturberechnung
4. Mechanische Einwirkungen für die Tragfähigkeitsberechnung
   Informative Anhänge A bis G

In Abschnitt 2 wird ausgeführt, dass der Brandfall als außergewöhnliches Ereignis (accidental situation) anzusehen ist, das nicht mit anderen, davon unabhängigen außergewöhnlichen Ereignissen überlagert werden muss. Auch zeit- und lastabhängige Einflüsse auf das Tragverhalten, die vor Auftreten des Brandfalls wirksam werden, müssen nicht berücksichtigt werden. Bei der brandschutztechnischen Bemessung ist es in der Regel nicht erforderlich, die Abkühlphase des Brandes zu berücksichtigen.

2.2 Thermische Einwirkungen

Die thermischen Einwirkungen auf Bauteile werden in Abhängigkeit von der (Heißgas-) Temperatur θ_g in der Bauteilumgebung als Netto-Wärmestrom vorgegeben, der aus einem konvektiven Anteil und einem radiativen Anteil besteht.

Für die brandschutztechnische Bemessung werden drei verschiedene nominelle Temperaturzeitkurven zur Beschreibung der Heißgastemperatur θ_g in Abhängigkeit der Branddauer t [min] formelmäßig angegeben. Die nominellen Temperaturzeitkurven sind in Bild 2 dargestellt.

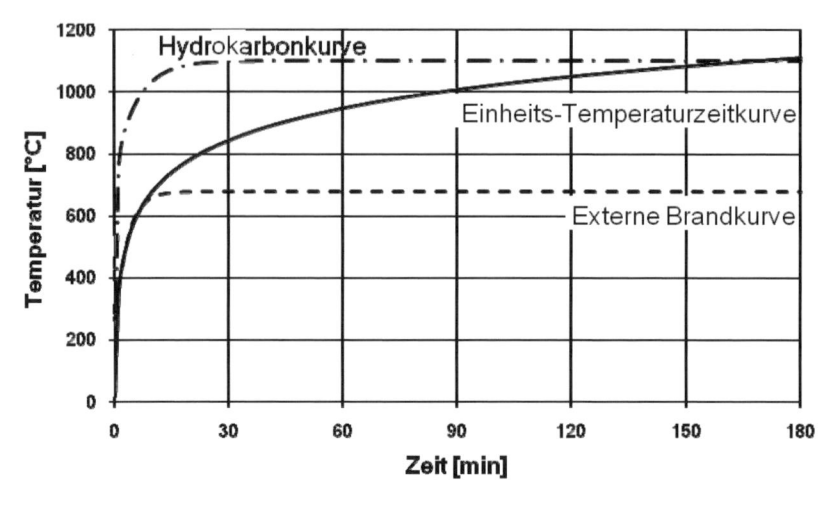

Bild 1   Nominelle Temperaturzeitkurven nach Eurocode 1 Teil 1-2

Im Nationalen Anhang [3] wird festgelegt, dass

- für die zu erbringenden brandschutztechnischen Nachweise bei Tragwerken im Hochbau in der Regel die Einheits-Temperaturzeitkurve anzuwenden ist,
- zum Nachweis des Raumabschlusses bei nichttragenden Außenwänden und aufgesetzten Brüstungen als Brandbeanspruchung von außen die Außenbrandkurve und von innen die Einheitstemperaturzeitkurve angesetzt werden darf,
- für Tragwerksteile von Hochbauten, die ganz vor der Fassade des Gebäudes liegen, ebenfalls die Außenbrandkurve angesetzt werden darf, sofern nicht die thermischen Einwirkungen nach Anhang B ermittelt werden,
- die Hydrokarbon-Brandkurve für Hochbauten mit üblichen Mischbrandlasten nicht anzuwenden ist.

Neben der Beschreibung der thermischen Beanspruchung der Bauteile im Brandraum durch nominelle Temperaturzeitkurven bietet der EC 1-1-2 verschiedene Naturbrandmodelle an, die in informativen Anhängen näher beschrieben werden:

a) Vereinfachte Brandmodelle

- für Vollbrände in Brandräumen (Anhang A)
- für außenliegende Bauteile (Anhang B)
- für lokale Brände (Anhang C)

b) Allgemeine Brandmodelle (Anhang D)
- Ein-Zonen-Modelle
- Zwei-Zonen-Modelle
- Feldmodelle

Auf die Naturbrandmodelle kann hier nicht eingegangen werden; nähere Informationen hierzu finden sich z. B. in [8].

2.3 Mechanische Einwirkungen

Der EC 1 Teil 1-2 unterscheidet zwischen direkten und indirekten Einwirkungen. Indirekte Einwirkungen infolge Brandbeanspruchung sind Kräfte und Momente, die durch thermische Ausdehnungen, Verformungen und Verkrümmungen hervorgerufen werden. Sie müssen nicht berücksichtigt werden, wenn sie das Tragverhalten nur geringfügig beeinflussen und/oder durch entsprechende Ausbildung der Auflager aufgenommen werden können. Außerdem brauchen sie bei der brandschutztechnischen Bemessung von Einzelbauteilen nicht gesondert verfolgt zu werden. Für die Ermittlung der indirekten Einwirkungen sind die thermischen und mechanischen Materialkennwerte aus den baustoffbezogenen Eurocodes zu benutzen.

Als direkte Einwirkungen werden die bei der Bemessung für Normaltemperatur berücksichtigten Lasten (Eigengewicht, Wind, Schnee usw.) bezeichnet. Die maßgebenden Werte der Einwirkungen sind den jeweiligen Teilen der DIN EN 1991 bzw. den zugehörigen Nationalen Anhängen zu entnehmen, wo auch allgemeine Regeln zur Berücksichtigung von Schnee- und Windlasten sowie Lasten infolge Betrieb (z. B. Horizontalkräfte infolge Kranbewegung) gegeben werden. Eine Verringerung der Belastung durch Abbrand wird nicht berücksichtigt.

Bei der Kombination der direkten Einwirkungen darf berücksichtigt werden, dass es sich um eine außergewöhnliche Bemessungssituation handelt. Die maßgebliche Beanspruchung $E_{fi,d,t}$ während der Brandeinwirkung ergibt sich (in allgemeiner Schreibweise) zu

$$E_{fi,d,t} = \Sigma \gamma_{GA} \cdot G_k + \psi_{fi} \cdot Q_{k,1} + \Sigma \psi_{2,i} \cdot Q_{k,i} + \Sigma \mathbf{A}_d(t) \tag{1}$$

mit

G_k charakteristischer Wert der ständigen Einwirkungen

$Q_{k,1}$ charakteristischer Wert der dominierenden veränderlichen Einwirkung

$Q_{k,i}$ charakteristischer Wert weiterer veränderlicher Einwirkungen

$A_d(t)$ Bemessungswert der indirekten Einwirkungen

γ_{GA} Teilsicherheitsbeiwert für ständige Einwirkungen (= 1,0)

ψ_{fi} Kombinationsbeiwerte für die maßgebende veränderliche Einwirkung ($\psi_{2,1}$ bzw. $\psi_{1,1}$)

$\psi_{2,i}$ Kombinationsbeiwerte für weitere veränderliche Einwirkungen.

Im Nationalen Anhang [3] wird geregelt, dass für $\psi_{fi} \cdot Q_{k,1}$ grundsätzlich die quasiständige Größe $\psi_{2,1} \cdot Q_{k,1}$, bei Bauteilen, deren führende veränderliche Einwirkung der

Wind ist, jedoch die häufige Größe $\psi_{1,1} \cdot Q_{k,1}$ zu verwenden ist. Die Kombinationsbeiwerte sind DIN EN 1990 bzw. den zugehörigen Nationalen Anhang zu entnehmen.

Als Vereinfachung dürfen die Einwirkungen während der Brandbeanspruchung direkt aus den Einwirkungen bei Normaltemperatur abgeleitet werden:

$$E_{fi,d,t} = \eta_{fi} \cdot E_d \tag{2}$$

mit

E_d Bemessungswert der Einwirkungen mit Berücksichtigung der Teilsicherheitsbeiwerte γ_G für ständige und γ_Q für veränderliche Einwirkungen

$$\eta_{fi} = (\gamma_{GA} + \psi_{fi} \cdot \xi) / (\gamma_G + \gamma_Q \cdot \xi) \tag{3}$$

Reduktionsfaktor, abhängig vom Verhältnis der dominierenden veränderlichen Einwirkung zur ständigen Einwirkung $\xi = Q_{k,1}/G_k$.

Analog zu Gl. (2) wird für die brandschutztechnische Bemessung mittels tabellarischer Daten folgendes Lastniveau zu Grunde gelegt:

$$E_{fi,d,t} = \eta_{fi} \cdot R_d \tag{4}$$

mit

R_d Bemessungswert des Bauteilwiderstands nach Teil 1 des jeweiligen Eurocodes

Ohne näheren Nachweis darf für Bauweisen mit höherem Eigengewichtsanteil (Beton und Verbund) der Reduktionsfaktor $\eta_{fi} = 0{,}7$ angenommen werden, bei geringerem Eigengewichtsanteil (Stahl und Holz) genügt $\eta_{fi} = 0{,}65$.

3 Brandschutznachweise für Betontragwerke

3.1 Allgemeines

Der EC 2-1-2 regelt die Brandschutzbemessung von Bauteilen und Tragwerken aus Stahlbeton und Spannbeton, wobei schwerpunktmäßig normalfester Beton, aber ergänzend auch hochfester Beton betrachtet wird. Es werden Nachweisverfahren auf allen drei Stufen angeboten. Auf die für Deutschland neuen vereinfachten und allgemeinen Rechenverfahren soll hier etwas näher eingegangen werden, auf die Nachweise mit Tabellen nur zusammenfassend.

Der EC 2-1-2 ist grob wie folgt gegliedert:

1. Allgemeines
2. Grundlagen der Bemessung
3. Materialeigenschaften
4. Bemessungsverfahren
5. Tabellarische Daten
6. Hochfester Beton

Informative Anhänge A bis E

3.2 Materialeigenschaften

Grundlage der brandschutztechnischen Bauteil- und Tragwerksanalyse sind die temperaturabhängigen Materialeigenschaften, die in Abschnitt 3 geregelt sind. Für die numerische Beschreibung der temperaturabhängigen Spannungs-Dehnungs-Beziehungen und der thermischen Dehnungen werden Gleichungen angegeben. Eingangswerte für die Berechnung der temperaturabhängigen Spannungs-Dehnungs-Beziehungen sind die charakteristischen Werte der maßgebenden Festigkeiten bei Normaltemperatur f_{ck} und f_{yk} sowie beim Spannstahl wegen des Fehlens einer ausgeprägten Streckgrenze der Wert $0{,}9 \cdot f_{pk}$ (vgl. DIN EN 1992-1-1). Exemplarisch sind in Bild 2 die temperaturabhängigen Spannungs-Dehnungs-Linien von Normalbeton mit vorwiegend quarzithaltiger Gesteinskörnung dargestellt.

Zum Trag- und Verformungsverhalten von brandbeanspruchten Bauteilen und Tragwerken tragen auch ganz wesentlich die thermischen Dehnungen bei. Bild 3 zeigt im Vergleich die thermischen Dehnungen für Beton, Betonstahl sowie Spannstahl.

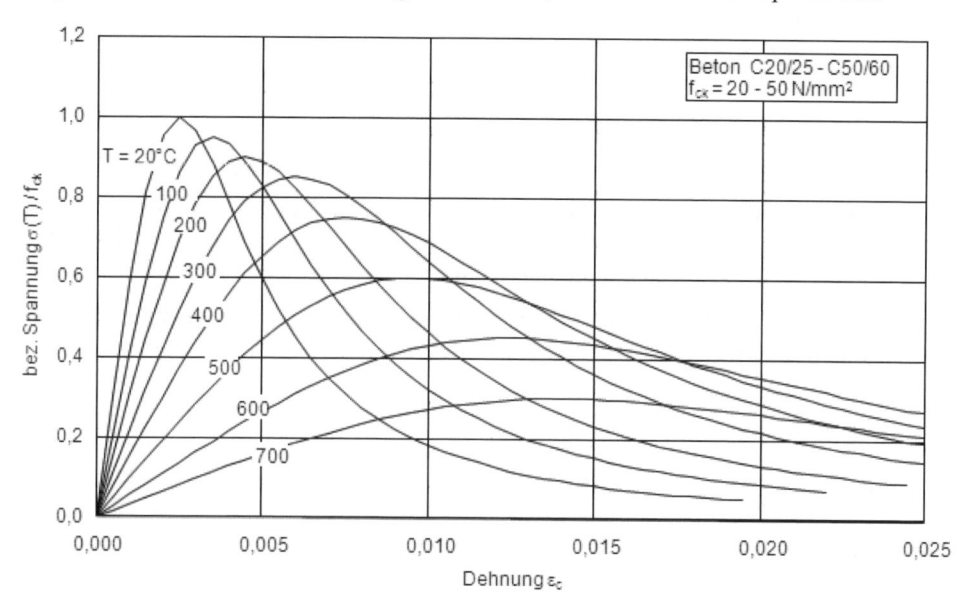

Bild 2   Rechenwerte der Spannungs-Dehnungs-Beziehung von Beton C20/25 bis C50/60

Maßgebend für die Ermittlung der Bauteiltemperaturen in der thermischen Analyse sind die spezifische Wärme c_p, die Wärmeleitfähigkeit λ und die Dichte ρ, die mehr oder weniger stark von der Bauteiltemperatur abhängig sind. Bei der spezifischen Wärme c_p wird im Temperaturbereich von 100 – 200 °C Porenwasser verdampft; die dafür verbrauchte Wärmeenergie kann näherungsweise durch eine Erhöhung der spezifischen Wärme berücksichtigt werden, die von der relativen Feuchtigkeit des Betons abhängig ist. Für die Anwendung in Deutschland wird gemäß Nationalem Anhang eine relative Feuchte von 2 % zugrunde gelegt [5].

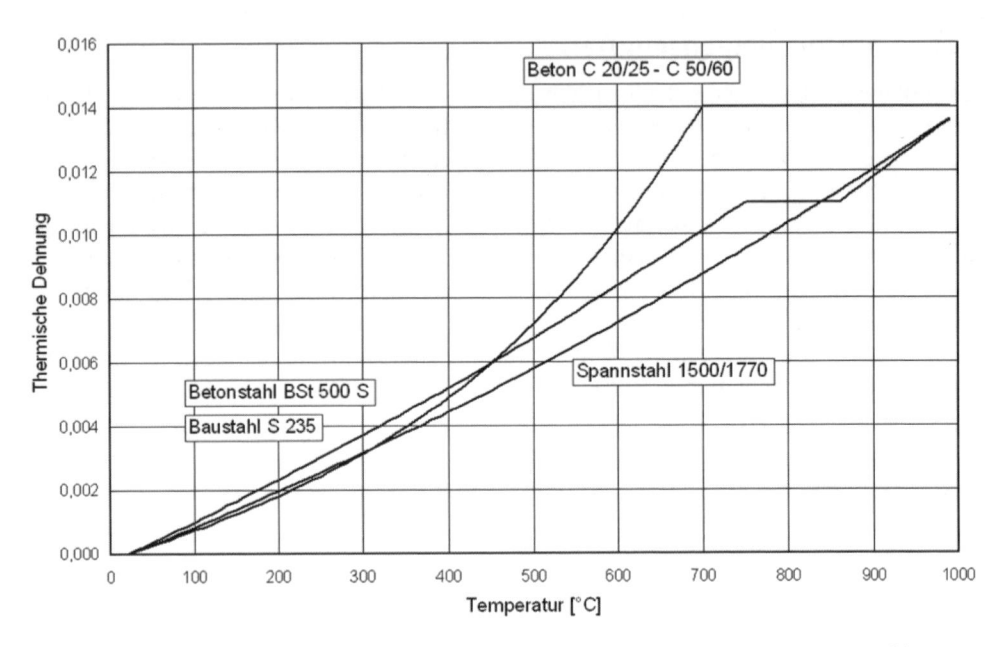

Bild 3   Thermische Dehnungen von Beton, Betonstahl und Baustahl sowie Spannstahl

Für die Wärmeleitfähigkeit λ wird in EC 2-1-2 eine Bandbreite definiert, wobei der obere und der untere Grenzwert formelmäßig beschrieben werden. Nach dem Nationalen Anhang ist in Deutschland die obere Grenzfunktion zu verwenden.

Die für die Anwendung in Deutschland maßgebenden temperaturabhängigen thermischen Materialkennwerte für Beton sind in Bild 4 zusammengestellt.

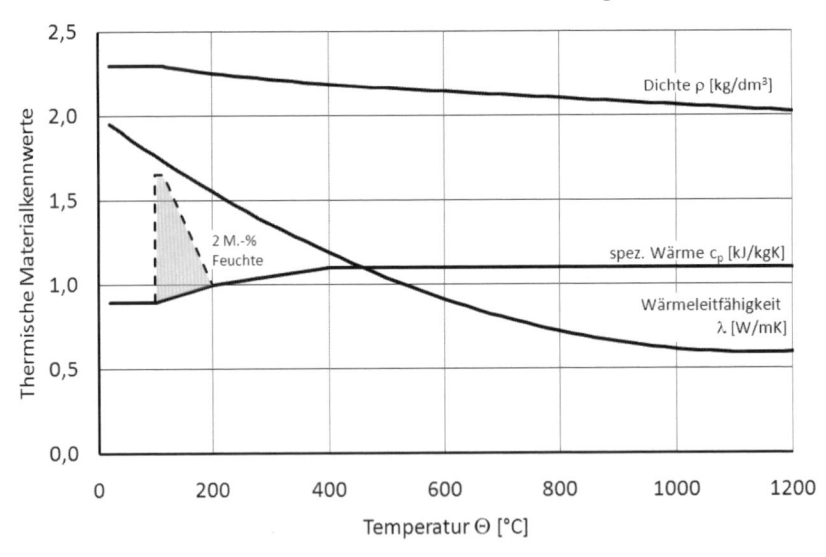

Bild 4   Rechenwerte der temperaturabhängigen thermischen Materialeigenschaften von Beton

3.3 Vereinfachte Rechenverfahren

Die in EC 2-1-2 [4] enthaltenen vereinfachten Rechenverfahren beschreiben die Verringerung der Tragfähigkeit von Bauteilen unter Brandbeanspruchung näherungsweise durch die temperaturabhängige Verkleinerung des Betonquerschnittes und die temperaturbedingte Reduzierung der Materialfestigkeiten. Die Verringerung des Betonquerschnitts berücksichtigt, dass die äußeren, dem Brand direkt ausgesetzten Betonbereiche zermürbt werden und nicht mehr mittragen. Der Tragfähigkeitsnachweis wird mit dem Restquerschnitt (Beton und Bewehrung) analog zum Nachweis für Normaltemperatur nach EC 2-1-1 [9] geführt, allerdings werden die Festigkeiten von Beton und Bewehrungsstahl temperaturabhängig mit Reduktionsfaktoren $k_c(\theta)$ bzw. $k_s(\theta)$ abgemindert.

Zur Ermittlung der Querschnittstemperaturen von Wänden und Platten, Balken und Stützen mit üblichen Querschnittsformen bei Brandbeanspruchung nach der Einheits-Temperaturzeitkurve werden im informativen Anhang A Diagramme mit Temperaturprofilen angeboten. Der reduzierte Betonquerschnitt und die temperaturabhängige Abminderung der Betonfestigkeit können mit vereinfachten Verfahren im informativen Anhang B bestimmt werden.

Von den beiden angebotenen Verfahren, der „500 °C Isothermen-Methode" (Anhang B.1) und der „Zonenmethode" (Anhang B.2) darf in Deutschland nur letztere für überwiegend auf Biegung beanspruchte Bauteile angewendet werden. Für Bauteile, die überwiegend auf Druck beansprucht werden, darf diese Methode nur mit zusätzlichen Annahmen angewendet werden [5].

Bei dem Verfahren nach Anhang B.2 müssen im Einzelnen folgende Bemessungsschritte durchgeführt werden:

– Berechnung der temperaturabhängigen Verkleinerung des Betonquerschnitts um das Maß a_z mit Hilfe der in EC 2-1-2 angegebenen Gleichungen oder Diagramme (vgl. Bild 5).
– Ermittlung des temperaturabhängigen Reduktionsfaktors für Beton $k_c(\theta_M)$ (Bild 6)
– Ermittlung des temperaturabhängigen Reduktionsfaktors für Bewehrungsstahl $k_s(\theta)$ (Bild 7) in Abhängigkeit von der Temperatur an der jeweiligen Stelle des Querschnitts (vgl. Bild 8).
– Nachweis der Tragfähigkeit des Bauteils $R_{fi,d,t}$ mit dem Restquerschnitt analog zum Nachweis für Normaltemperatur nach EC 2-1-1 [9] für die maßgebenden Lasteinwirkungen $E_{fi,d,t}$ nach EC 1-1-2 [2] (Bild 9).

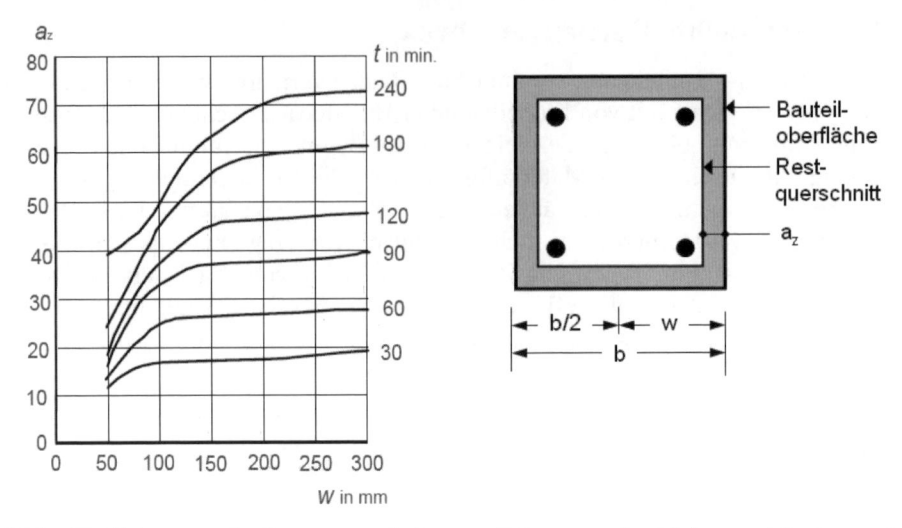

Bild 5   *Verkleinerung des Betonquerschnitts von Stützen um das Maß a_z und Restquerschnitt einer 4-seitig brandbeanspruchten Stahlbetonstütze*

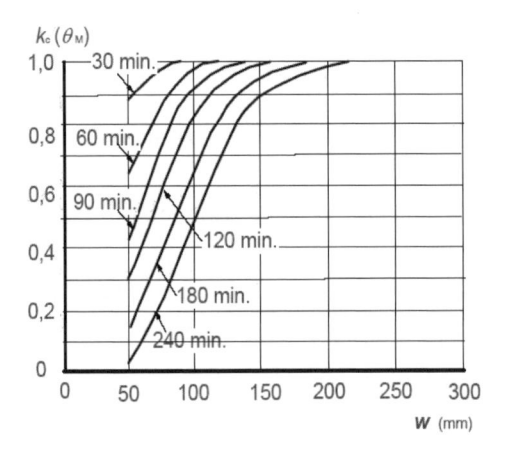

Bild 6   *Temperaturabhängige Reduktionsfaktoren für die charakteristische Druckfestigkeit von Beton $k_c(\theta_M)$*

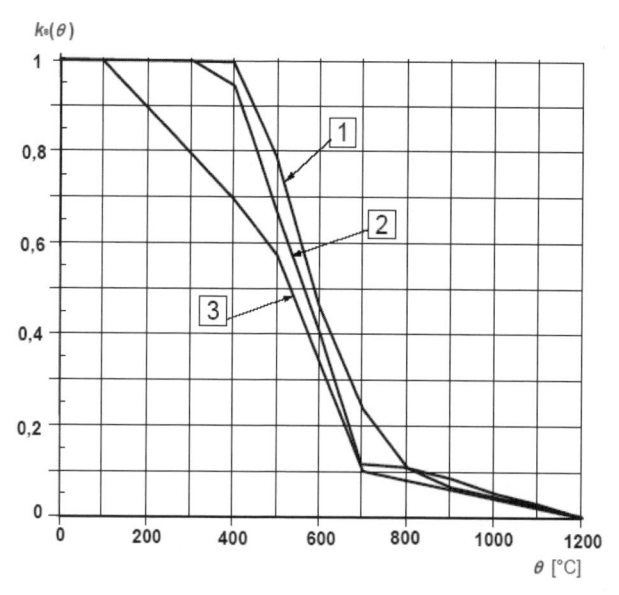

Bild 7 Temperaturabhängige Reduktionsfaktoren für die charakteristische Festigkeit von Zug- und Druckbewehrung $k_s(\theta)$ (naturharter (Kurve 1) und kalt verformter (Kurve 2) Betonstahl mit $\varepsilon_{s,fi} \geq 2\%$ und mit $\varepsilon_{s,fi} < 2\%$ (Kurve 3))

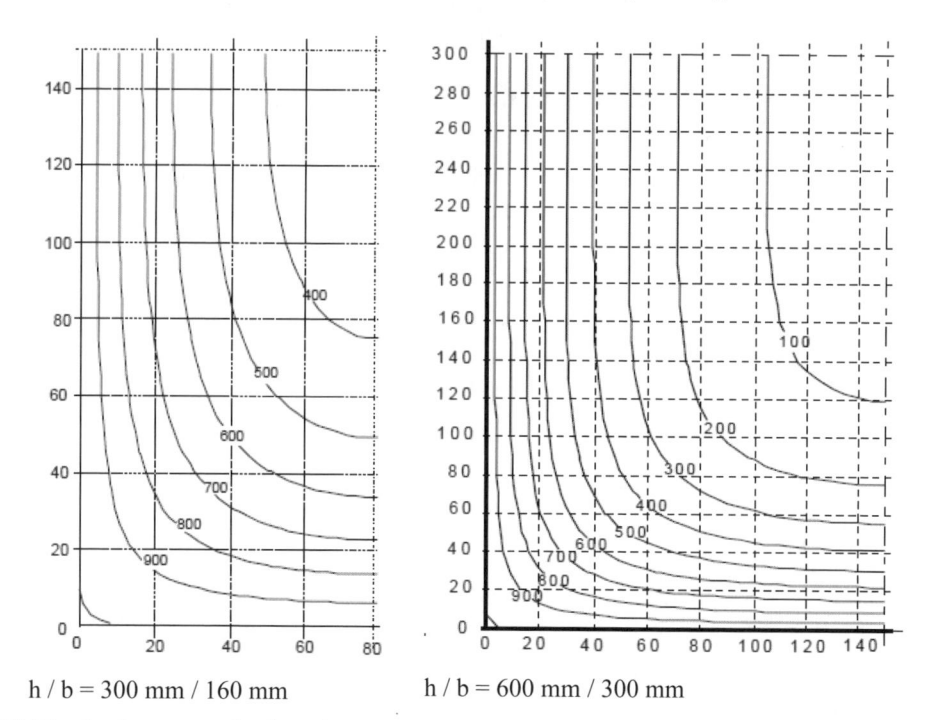

h / b = 300 mm / 160 mm   h / b = 600 mm / 300 mm

Bild 8 Isothermenverläufe in dreiseitig brandbeanspruchten Balkenquerschnitten nach 90 Minuten Normbrandbeanspruchung (aus EC 2-1-2, Anhang A)

$$F_{c,fi,d}(t) = y' \cdot b' \cdot k_c(\theta_{c,M}) \cdot f_{ck}$$

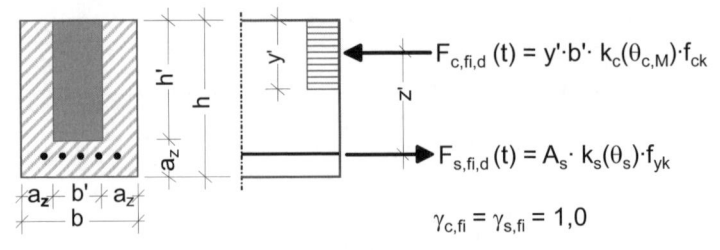

$$F_{s,fi,d}(t) = A_s \cdot k_s(\theta_s) \cdot f_{yk}$$

$$\gamma_{c,fi} = \gamma_{s,fi} = 1,0$$

Nachweisgleichung: $M_{R,fi,d}(t) = F_{s,fi,d}(t) \cdot z' \geq M_{E,fi,d}$

Bild 9   Prinzip der Tragfähigkeitsberechnung mit brandreduziertem Betonquerschnitt und temperaturabhängig reduzierten Festigkeiten am Beispiel der Biegemomententragfähigkeit eines Stahlbeton-Rechteckquerschnitts

Der informative Anhang C von EC 2-1-2 mit einem tabellarischen Nachweis für schlanke Stützen darf in Deutschland nicht angewendet werden. Er wird ersetzt durch den Anhang AA zum Nationalen Anhang [5] mit einem aus Parameterstudien mit dem allgemeinen Rechenverfahren in [10], [11] abgeleiteten vereinfachen Bemessungsverfahren für Kragstützen (siehe Abschnitt 3.7).

Im Anhang E wird ein vereinfachtes Verfahren für statisch bestimmt gelagerte oder durchlaufende Balken und Platten beschrieben, bei dem die temperaturabhängige Reduktion der Stahlfestigkeit für das widerstehende Biegemoment maßgebend ist. Dieses Verfahren darf in Deutschland angewendet werden.

3.4   Allgemeine Rechenverfahren

Ausgehend von dem nach EC 1-1-2 ermittelten Zeitverlauf der Heißgastemperatur θ_g, (siehe Abschnitt 2.2) werden die thermischen Einwirkungen auf Bauteile vereinfacht als Wärmestromdichte berechnet. In einer thermischen Analyse wird dann die Temperaturverteilung in Bauteilen bestimmt, wobei die Differentialgleichung von Fourier für die instationäre Wärmeleitung in Festkörpern numerisch mit einem FE-Programm gelöst wird:

$$\frac{\delta \theta}{\delta t} = a \cdot \left(\frac{\delta^2 \theta}{\delta x^2} + \frac{\delta^2 \theta}{\delta y^2} + \frac{\delta^2 \theta}{\delta z^2} \right) \tag{5}$$

mit

θ Temperatur [K]

t Zeit [s]

$$a = \frac{\lambda}{\rho \cdot c_p} = \text{Temperaturleitzahl } [m^2/s] \tag{6}$$

λ Wärmeleitfähigkeit [W/(mK)]

ρ Rohdichte [kg/m^3]

c_p spezifische Wärme [J/(kgK)]

x, y, z Raumkoordinaten [m]

In die Berechnung der Temperaturverteilung gehen die Kennwerte für die thermischen Materialeigenschaften λ, c_p und ρ als charakteristische Werte (z. B. Bild 4 für Beton) mit dem Teilsicherheitsbeiwert $\gamma_{M,fi} = 1{,}0$ ein.

Als Ergebnisse derartiger Berechnungen für typische Querschnitte von Platten, Balken und Stützen aus Stahl- oder Spannbeton sind in Anhang A von EC 2-1-2 Temperaturprofile (mit Isothermen) dargestellt, aus denen die Temperaturen im Querschnitt bei Brandbeanspruchung nach Einheits-Temperaturzeitkurve für ausgewählte Branddauern abgelesen werden können.

Ausgehend von der Temperaturverteilung im Bauteilquerschnitt wird im nächsten Schritt die mechanische Analyse des Bauteils, in der Regel als Querschnittsanalyse, oder des Tragwerks, als Analyse des Systemverhaltens, durchgeführt. Dabei werden die temperaturabhängigen Baustoffeigenschaften (Festigkeit, Elastizitätsmodul, thermische Dehnung) aus Abschnitt 3 von EC 2-1-2 (z. B. Bild 2 und 3) berücksichtigt.

In der Querschnittsanalyse wird beispielsweise die plastische Tragfähigkeit eines Bauteilquerschnitts berechnet und mit der betreffenden Schnittgröße aus den im Brandfall maßgebenden mechanischen Einwirkungen verglichen. Bei der Systemanalyse wird das Trag- und Verformungsverhalten unter Brandeinwirkung berechnet. Typische Anwendungen sind statisch unbestimmte Systeme wie Rahmentragwerke und Durchlaufträger oder schlanke Druckglieder, bei denen die Tragfähigkeit oder die Beanspruchung durch die Bauteilverformungen beeinflusst wird.

Im Nationalen Anhang [5] wird festgelegt, dass allgemeine Rechenverfahren zur brandschutztechnischen Bewertung von Tragwerken oder Teiltragwerken angewendet werden dürfen. Die dazu verwendeten Rechenprogramme müssen validiert sind, z. B. durch Berechnung der im Anhang CC des Nationalen Anhangs zu DIN EN 1991-1-2 angegebenen Validierungsbeispiele unter Einhaltung zulässiger Toleranzen.

3.5 Tabellarische Daten

Die Bemessungstabellen in Abschnitt 5 von EC 2-1-2 entsprechen weitgehend den bekannten Tabellen in DIN 4102-4 [6] und DIN 4102-22 [7] und sind ganz ähnlich aufgebaut. Deshalb wird hier auf eine ausführliche Darstellung verzichtet und lediglich ein kurzer Überblick gegeben.

In den Bemessungstabellen sind in Abhängigkeit der Feuerwiderstandsklasse Mindestwerte für die Querschnittsabmessungen und Mindestachsabstände der Bewehrung angegeben. Für Stahlbetonstützen und belastete Stahlbetonwände geht außerdem der Lastausnutzungsfaktor ein.

Der EC 2-1-2 enthält Bemessungstabellen für

– Stützen mit Rechteck- oder Kreisquerschnitt bei ein- und mehrseitiger Brandbeanspruchung,
– nichttragende und tragende Wände,
– Balken mit Rechteck- und I-Querschnitt bei drei- oder vierseitiger Brandbeanspruchung sowie
– einachsig oder zweiachsig gespannte Platten, Durchlaufplatten, Flachdecken und Rippendecken.

Bei Einhaltung der tabellierten Mindestforderungen gilt hinsichtlich der Tragfähigkeit (Kriterium R):

$$E_{d,fi,t} / R_{d,fi} \leq 1,0 \tag{7}$$

mit

$E_{d,fi,t}$ Bemessungswert der Schnittgrößen beim Brand,

$R_{d,fi}$ Bemessungswert der Tragfähigkeit (Widerstand) beim Brand.

Exemplarisch zeigt Tabelle 2 die Mindestabmessungen für Stahlbetonstützen mit Rechteck- oder Kreisquerschnitt (entspricht Tabelle 5.2a in EC 2-1-2). Diese Tabelle ist nur für Stützen in horizontal ausgesteiften Hochbauten anwendbar.

Tabelle 2 Mindestquerschnittsabmessungen und Achsabstände von Stützen mit Rechteck- oder Kreisquerschnitt (entspricht Tabelle 5.2a in EC 2-1-2)

Feuerwider-standsklasse	Mindestmaße (mm) Stützenbreite b_{min}/ Achsabstand a			
	brandbeansprucht auf mehr als einer Seite			brandbeansprucht auf einer Seite
	$\mu_{fi} = 0,2$	$\mu_{fi} = 0,5$	$\mu_{fi} = 0,7$	$\mu_{fi} = 0,7$
1	2	3	4	5
R 30	200/25	200/25	200/32 300/27	155/25
R 60	200/25	200/36 300/31	250/46 350/40	155/25
R 90	200/31 300/25	300/45 400/38	350/53 450/40**	155/25
R 120	250/40 350/35	350/45** 450/40**	350/57** 450/51**	175/35
R 180	350/45**	350/63**	450/70**	230/55
R 240	350/61**	450/75**	–	295/70

** Mindestens 8 Stäbe; bei vorgespannten Stützen ist die Vergrößerung des Achsabstandes nach 4.2.2 (4) zu beachten.

ANMERKUNG: Tabelle 5.2a berücksichtigt den empfohlenen Wert für $\alpha_{cc} = 1,0$

In der Regel wurde bei der Ermittlung der Tabellenwerte die volle Lastausnutzung der Querschnitte bei Normaltemperatur vorausgesetzt und die aufnehmbare Schnittgröße im Brandfall $E_{d,fi,ti}$ aus der Tragfähigkeit bei Normaltemperatur R_d durch Reduktion mit dem Faktor $\eta_{fi} = 0,7$ ermittelt. Unter diesen Umständen beträgt die kritische Temperatur von Betonstahl $\theta_{cr} = 500\,°C$. Hierfür gelten die in den Bemessungstabellen für Balken und Platten angegebenen Mindestachsabstände der Zugbewehrung.

Wenn ein Querschnitt nicht voll ausgelastet ist, kann die kritische Temperatur der Bewehrung in Abhängigkeit von der Lastausnutzung aus dem Bild 10 (= Bild 5.1 in EC 2-1-2) abgelesen werden. Dabei entspricht $k_s(\theta_{cr})$ dem Verhältnis von Stahlspannung $\sigma_{s,fi}$ aufgrund der Einwirkungen im Brandfall zur Streckgrenze $f_y(20\ °C)$ bei Normaltemperatur:

$$k_s(\theta_{cr}) = \frac{E_{d,fi}}{E_d \cdot \gamma_s} \cdot \frac{A_{s,req}}{A_{s,prov}} \qquad (8)$$

mit

γ_s Teilsicherheitsbeiwert für die Bewehrung ($\gamma_s = 1,15$ nach EC 2-1-1, Abschnitt 2),

$A_{s,req}$ erforderliche Bewehrungsfläche für den Grenzzustand der Tragfähigkeit

$A_{s,prov}$ vorhandene Bewehrungsfläche,

$E_{d,fi}/E_d$ Verhältnis der Einwirkungen im Brandfall und bei Normaltemperatur.

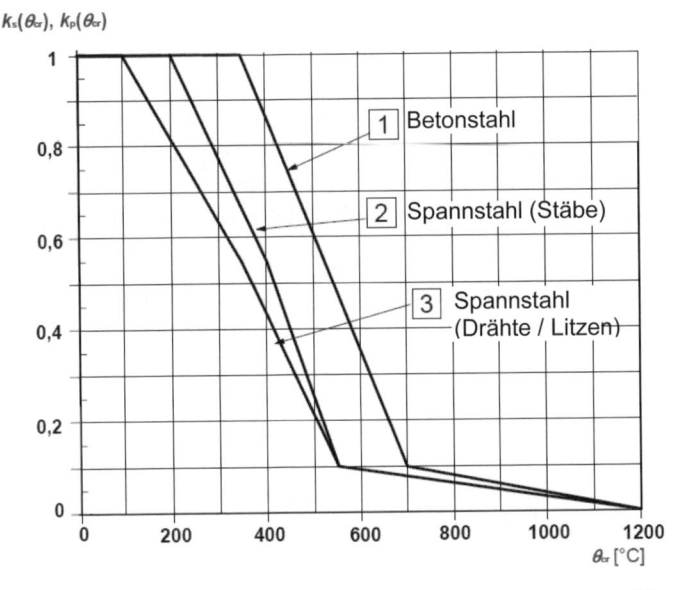

Bild 10 Bemessungskurven für die kritische Temperatur von Betonstahl und Spannstahl θ_{cr} als Funktion des Beiwerts $k_s(\theta_{cr}) = \sigma_{s,fi}/f_{yk}(20\ °C)$ oder $k_p(\theta_{cr}) = \sigma_{p,fi}/f_{pk}(20\ °C)$

In Abhängigkeit von der kritischen Temperatur θ_{cr} kann dann der aus der Bemessungstabelle abgelesene Achsabstand a der Bewehrung mit Gl. (9) (entspricht Gl. (5.3) in EC 2-1-2) korrigiert werden:

$$\Delta a = 0,1\ (500 - \theta_{cr}) \quad (mm) \qquad (9)$$

Für Spannstahl gelten die Gleichungen (8) und (9) sinngemäß, wobei jedoch anstelle von 500 °C die kritische Temperatur bei voller Lastausnutzung mit $\theta_{cr} = 400\ °C$ bei Spannstäben bzw. $\theta_{cr} = 350\ °C$ bei Spannlitzen anzusetzen ist.

3.6 Hochfester Beton

Beim Nachweis von Bauteilen aus hochfestem Beton dürfen nach Abschnitt 6 von EC 2-1-2 grundsätzlich die Bemessungsverfahren für normalfesten Beton benutzt werden. Bei den vereinfachten Rechenverfahren sind jedoch abweichende Annahmen für die temperaturabhängige Abnahme der Druckfestigkeit hochfester Betone und bei den tabellarischen Daten sind vergrößerte Mindestmaße zugrunde zu legen. Außerdem sind besondere Vorkehrungen zur Vermeidung zerstörender Betonabplatzungen zu treffen. Die entsprechenden Empfehlungen gelten nur für eine Brandbeanspruchung gemäß der Einheits-Temperaturzeitkurve.

Die Festigkeitsreduzierung $f_{c,\theta}/f_{ck}$ für hohe Temperaturen wird tabellarisch angegeben, wobei für den Beton 3 Klassen unterschieden werden:

- Klasse 1 für Beton C55/67 und C60/75,
- Klasse 2 für Beton C70/85 und C80/95,
- Klasse 3 für Beton C90/105.

In Bild 11 sind die temperaturabhängigen Reduktionsfaktoren $k_c(\theta)$ für die 3 Klassen des hochfesten Betons und des normalfesten Betons grafisch gegenüber gestellt.

Aus Brandversuchen ist bekannt, dass hochfeste Betone aufgrund ihres dichteren Gefüges in stärkerem Maße zu Abplatzungen neigen, die bereits in einer frühen Phase des Brandes explosionsartig auftreten und bis auf die tragende Bewehrung reichen können. Um die Betonabplatzungen der Ausdehnung und Tiefe nach zu begrenzen, sind besondere Vorkehrungen zu treffen, wobei 4 Methoden alternativ möglich sind:

- Methode A: Ein Bewehrungsnetz mit einer nominellen Betondeckung von 15 mm einbauen. Dieses Bewehrungsnetz sollte Stäbe mit einen Durchmesser von ≥ 2 mm und eine Maschengröße von ≤ 50 mm x 50 mm haben. Die nominelle Betondeckung zur Hauptbewehrung sollte ≥ 40 mm betragen.
- Methode B: Einen Beton verwenden, bei dem erwiesenermaßen (durch Erfahrung oder Versuche) unter Brandbeanspruchung keine Abplatzungen erfolgen.
- Methode C: Schutzschichten verwenden, bei denen erwiesenermaßen keine Betonabplatzungen unter Brandbeanspruchung erfolgen.
- Methode D: In die Betonmischung mehr als 2 kg/m^3 einfaserige Polypropylenfasern zugeben. Nach dem Nationalen Anhang ist der Anteil an Polypropylenfasern auf den Wasserzementwert w/z zu beziehen. Für w/z $\leq 0{,}24$ sind 4 kg/m^3 Polypropylenfasern und für w/z $\geq 0{,}28$ sind 2 kg/m^3 Polypropylenfasern in die Betonmischung zu geben. Zwischenwerte dürfen linear interpoliert werden.

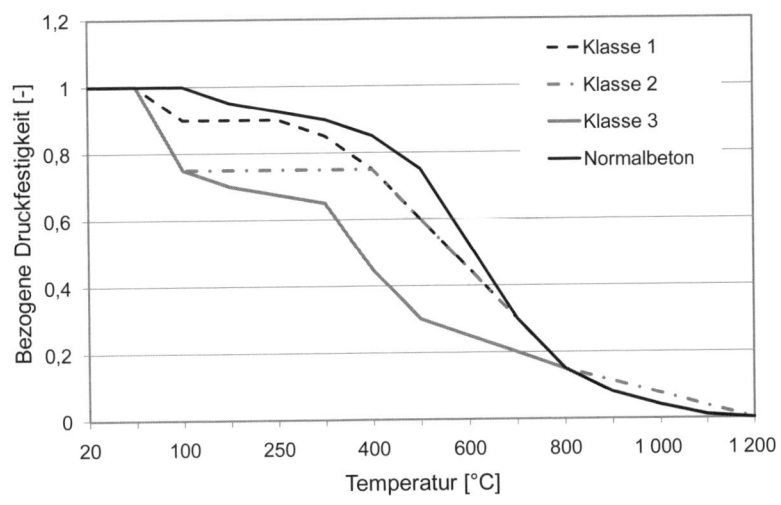

Bild 11 Temperaturabhängige Reduktionsfaktoren für die charakteristische Druckfestigkeit von Normalbeton und hochfesten Betonen Klasse 1 bis 3

3.7 Vereinfachter Nachweis für Kragstützen

Als Ersatz für den Anhang C von EC 2-1-2 [4] mit einem tabellarischen Nachweis für knickgefährdete Stahlbetonstützen stellt der Nationale Anhang [5] im Anhang AA ein „Vereinfachtes Verfahren zum Nachweis der Feuerwiderstandsklasse R 90 von Stahlbeton-Kragstützen aus Normalbeton" zur Verfügung, bei dem die Bemessung mit Hilfe von Diagrammen durchgeführt werden kann. Durch eine Erweiterung des Anwendungsbereichs auf Randbedingungen, die von den Vorgaben in den Standarddiagrammen abweichen, kann ein relativ großes Spektrum praxisrelevanter Anwendungsfälle abgedeckt werden.

Das vereinfachte Nachweisverfahren gilt für Stahlbeton-Kragstützen mit ein-, drei- oder vierseitiger Brandbeanspruchung nach der Einheits-Temperaturzeitkurve und folgenden statisch-konstruktiven Randbedingungen:

- Normalbeton nach DIN EN 206-1 mit überwiegend quarzithaltiger Gesteinskörnung und der Festigkeitsklasse zwischen C20/25 und C50/60,
- einlagige Bewehrung aus warmgewalztem Betonstahl B500 nach DIN 488-1 und EC2-1-2, Tab. 3.2 a (Klasse N),
- bezogene Knicklänge $10 \leq l_0/h \leq 50$ (mit l_0 nach EC 2-1-1, 5.8.3.2),
- bezogene Lastausmitte $0 \leq e_1/h \leq 1,5$ (dabei ist $e_1 = e_0 + e_i$ mit e_i nach EC 2-1-1, 5.2),
- Mindestquerschnittsabmessung 300 mm $\leq h_{min} \leq$ 800 mm,
- geometrischer Bewehrungsgrad 1% $\leq \rho \leq$ 8 %,
- bezogener Achsabstand der Längsbewehrung $0,05 \leq a/h \leq 0,15$.

Zur Einstufung der Stahlbeton-Kragstützen in die Feuerwiderstandsklasse R 90 muss nachgewiesen werden, dass der Bemessungswert der vorhandenen Normalkraft $N_{E,fi,d}$ nicht größer ist als der Bemessungswert der Traglast nach 90 min Brandbeanspruchung $N_{R,fi,d,90}$

$$N_{E,fi,d} \leq N_{R,fi,d,90} \tag{10}$$

Der Nachweis erfolgt mit Hilfe von 4 sog. Standarddiagrammen für unterschiedliche Querschnittsabmessungen $h = 300$ mm, $h = 450$ mm, $h = 600$ mm und $h = 800$ mm. Für die bezogene Lastausmitte e_1/h und die bezogene Er-satzlänge im Brandfall $l_{0,fi}/h$ kann in der rechten Diagrammhälfte der Bemessungswert der bezogenen Stützentraglast abgelesen werden:

$$\nu_{R,fi,d,90} = N_{R,fi,d,90} / (A_c \cdot f_{cd}) \tag{11}$$

Für den Nachweis der Einspannung in der Unterkonstruktion oder im Stützenfundament kann in der linken Diagrammhälfte das bezogene Gesamtmoment am Stützenfuß im Grenzzustand der Tragfähigkeit entnommen werden:

$$\mu_{tot,fi,d,90} = M_{tot,fi,d,90} / (A_c \cdot h \cdot f_{cd}) \tag{12}$$

mit

A_c Gesamtfläche des Betonquerschnitts,

h Gesamthöhe des Betonquerschnitts,

f_{cd} Bemessungswert der einaxialen Druckfestigkeit des Betons bei Normaltemperatur.

Die Diagramme wurden mit der Rohdichte $\rho = 2400$ kg/m³ und der Betonfeuchte $k = 3$ M.-% berechnet. Die Bewehrungsstäbe wurden auf Durchmesser ≤ 28 mm begrenzt.

Exemplarisch ist in Bild 12 das Standarddiagramm für einen Querschnitt mit $h = 450$ mm gezeigt.

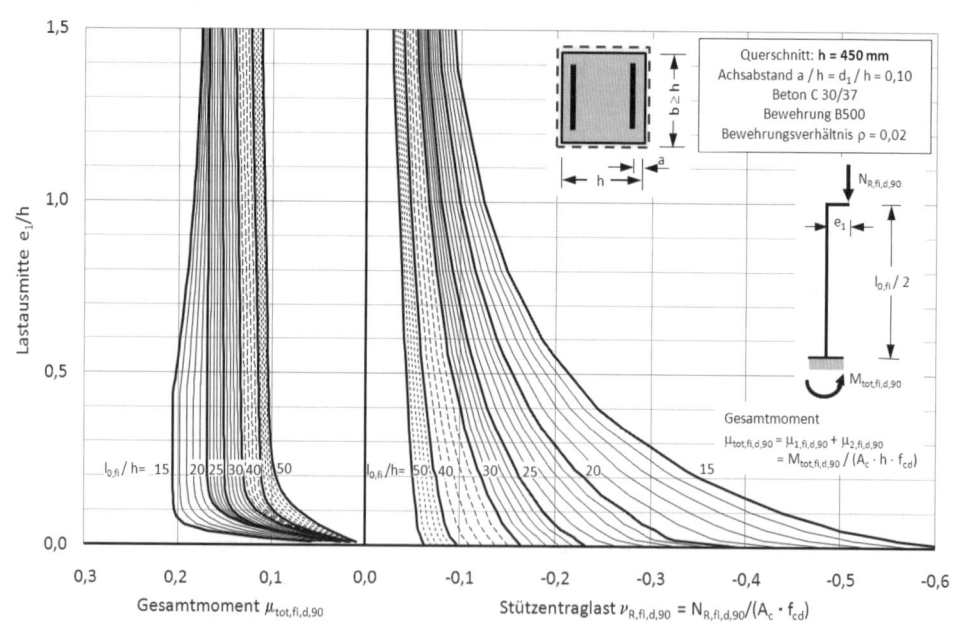

Bild 12   Diagramm zur Ermittlung des Bemessungswerts der Stützentraglast $N_{R,fi,d,90}$ und des Gesamtmoments $M_{tot,fi,d,90}$ für einen Querschnitt mit $h = 450$ mm

Die Diagramme gelten für 4-seitig brandbeanspruchte Stahlbeton-Kragstützen mit Mindestquerschnittsabmessung h = [300 mm, 450 mm, 600 mm und 800 mm], dem bezogenen Achsabstand der Längsbewehrung a/h = 0,10, der Betonfestigkeitsklasse C30/37 und dem geometrischen Bewehrungsverhältnis ρ = 2 %. Für abweichende Brandbeanspruchung und Stützenparameter können die aus den Diagrammen abgelesenen bezogenen Traglasten und Einspannmomente näherungsweise mit Beiwerten korrigiert werden:

$$v_{R,fi,d,90} = k_{fi} \cdot k_a \cdot k_C \cdot k_\rho \cdot X_{R90} \tag{13}$$

$$v_{tot,fi,d,90} = k_{fi} \cdot k_a \cdot k_C \cdot k_\rho \cdot X_{tot,90} \tag{14}$$

mit

k_{fi} Beiwert zur Berücksichtigung der Brandbeanspruchung

k_a Beiwert zur Berücksichtigung des Achsabstandes

k_C Beiwert zur Berücksichtigung der Betonfestigkeitsklasse

k_ρ Beiwert zur Berücksichtigung des Bewehrungsverhältnisses

$X_{R,90}$ $v_{R,fi,d,90}$ aus Diagramm abgelesen

$X_{tot,90}$ $\mu_{tot,fi,d,90}$ aus Diagramm abgelesen.

Die Beiwerte wurden in [11] aus umfangreichen Parameterstudien mit dem allgemeinen Rechenverfahren als lineare oder bilineare Näherungsfunktionen abgeleitet, die durchweg auf der sicheren Seite liegende Bemessungen ergeben.

4 Zusammenfassung

Dieser Beitrag ist als Einführung in die brandschutztechnische Bemessung von Betontragwerken nach Eurocode 2 Teil 1-2 gedacht. Der Schwerpunkt liegt dabei auf den rechnerischen Nachweisverfahren, die in der traditionellen deutschen Brandschutznorm DIN 4102 Teil 4 und Teil 22 nicht enthalten sind.

Vorab werden in Abschnitt 2 die Vorgaben in Eurocode 1 Teil 1-2 für die Ermittlung der Brandeinwirkungen und der mechanischen Einwirkungen im Brandfall zusammenfassend wiedergegeben.

Im Abschnitt 3 werden die drei alternativen Verfahren für die Bemessung von Bauteilen und Tragwerken aus Stahlbeton und Spannbeton für die Einwirkungen im Brandfall erläutert. Wesentliche Grundlage sind die temperaturabhängigen Änderungen der Festigkeits- und Verformungseigenschaften sowie der thermischen und physikalischen Eigenschaften von Beton, Betonstahl und Spannstahl. Die vereinfachten Rechenverfahren berücksichtigen näherungsweise die Verringerung der Tragfähigkeit von Bauteilen durch eine temperaturabhängige Verkleinerung des Betonquerschnittes und eine temperaturbedingte Reduzierung der Materialfestigkeiten. Diese sog. Zonenmethode ist für überwiegend auf Biegung beanspruchte Querschnitte geeignet, für überwiegend auf Druck beanspruchte Bauteile darf sie nur mit zusätzlichen Annahmen angewendet werden.

Bei den allgemeinen Rechenverfahren sind in einer thermischen Analyse die Temperaturen im Betonquerschnitt und in der Bewehrung als Funktion der über die Branddauer veränderlichen Raumtemperatur zu berechnen. Ausgehend von der Bernoulli-Hypothese, werden dann in der mechanischen Analyse die spannungserzeugenden Dehnungen der Baustoffe unter Berücksichtigung der thermischen Dehnungen ermittelt und damit die Spannungsanteile aus den temperaturabhängigen Spannungs-Dehnungs-Linien bestimmt. Daraus werden die aufnehmbaren Schnittgrößen berechnet und iterativ mit den Schnittgrößen infolge der mechanischen Einwirkungen ins Gleichgewicht gesetzt. Die sehr aufwändigen numerischen Berechnungen werden mit Rechenprogrammen durchgeführt, die für den betreffenden Anwendungsbereich validiert sein müssen; hierfür enthält der Nationale Anhang zu EC 1-1-2 in einem Anhang CC eine Reihe von Validierungsbeispielen.

Auf die Nachweise mittels tabellarischer Daten, die den Bemessungstabellen in DIN 4102-4 und DIN 4102-22 entsprechen, wird nur kurz eingegangen. Die in den Tabellen angegebenen Mindestabmessungen und Mindestachsabstände wurden unter der Voraussetzung einer vollen Lastausnutzung bei Normaltemperatur ermittelt. Bei geringerer Lastausnutzung darf z. B. der Mindestachsabstand der Bewehrung vermindert werden.

Der EC 2-1-2 enthält auch Regelungen für Bauteile aus hochfestem Beton. Grundsätzlich dürfen dafür die Bemessungsverfahren für normalfesten Beton benutzt werden. Allerdings sind eine stärkere temperaturabhängige Festigkeitsreduktion der hochfesten Betone und vergrößerte Mindestabmessungen zugrunde zu legen. Außerdem sind besondere Vorkehrungen zur Vermeidung zerstörender Betonabplatzungen zu treffen.

Abschließend wird das vereinfachte Verfahren zum Nachweis der Feuerwiderstandsklasse R 90 von Stahlbeton-Kragstützen aus Normalbeton vorgestellt, das im Anhang AA des Nationalen Anhangs zum EC 2-1-2 als Ersatz für den in Deutschland nicht anwendbaren Anhang C des EC 2-1-2 zur Verfügung gestellt wird.

Literatur

[1] Hosser, D.: Brandschutzbemessung nach den Eurocodes - Vorgaben für die Anwendung in Deutschland. In: Hosser, D. (Hrsg.): Braunschweiger Brandschutz-Tage '09, Tagungsband. Institut für Baustoffe, Massivbau und Brandschutz, TU Braunschweig, Heft 208, Braunschweig, 2009, ISBN 978-3-89288-191-9.

[2] DIN EN 1991-1-2:2010-12 – Eurocode 1: Einwirkungen auf Tragwerke – Teil 1-2: Allgemeine Einwirkungen, Brandeinwirkungen auf Tragwerke; Deutsche Fassung EN 1991-1-2:2002 + AC:2009.

[3] DIN EN 1991-1-2/NA:2010-12 – Nationaler Anhang – National festgelegte Parameter – Eurocode 1: Einwirkungen auf Tragwerke – Teil 1.2: Allgemeine Einwirkungen –Brandeinwirkungen auf Tragwerke.

[4] DIN EN 1992-1-2:2010-12 – Eurocode 2: Bemessung und Konstruktion von Stahlbeton- und Spannbetontragwerken – Teil 1-2: Allgemeine Regeln –

Tragwerksbemessung für den Brandfall; Deutsche Fassung EN 1992-1-2:2004 + AC:2008.

[5] DIN EN 1992-1-2/NA:2010-12 – Nationaler Anhang – National festgelegte Parameter – Eurocode 2: Bemessung und Konstruktion von Stahlbeton- und Spannbetontragwerken – Teil 1-2: Allgemeine Regeln – Tragwerksbemessung für den Brandfall.

[6] DIN 4102-4:1994-03 - Brandverhalten von Baustoffen und Bauteilen – Teil 4: Zusammenstellung und Anwendung klassifizierter Baustoffe, Bauteile und Sonderbauteile.

[7] DIN 4102-22:2004-11: Brandverhalten von Baustoffen und Bauteilen; Teil 22: Anwendungsnorm zu DIN 4102-4.

[8] Hosser, D. (Hrsg.): Leitfaden Ingenieurmethoden des Brandschutzes. Technischer Bericht vfdb TB 04-01, 2. Auflage Mai 2009. Altenberge, Braunschweig: vfdb, 2009.

[9] DIN EN 1992-1-1:2010-12 - Eurocode 2: Bemessung und Konstruktion von Stahlbeton- und Spannbetontragwerken – Teil 1-1: Allgemeine Bemessungsregeln für den Hochbau; Deutsche Fassung EN 1992-1-1:2002-10 + AC:2009.

[10] Richter, E.: Brandschutzbemessung von schlanken Stahlbetonstützen - Vergleich DIN 4102 Teil 4 und Teil 22 mit Eurocode 2 Teil 1-2. In: Braunschweiger Brandschutz-Tage '07, 26. und 27. September 2007 in Braunschweig; Tagungsband. Institut für Baustoffe, Massivbau und Brandschutz, Heft 199, Braunschweig, 2007, ISBN 978-3-89288-181-0.

[11] Hosser, D., Richter, E., Hollmann, D.: Entwicklung eines vereinfachten Rechenverfahrens zum Nachweis des konstruktiven Brandschutzes bei Stahlbeton-Kragstützen. Schlussbericht zum DAfStb-Sonderforschungsvorhaben S 008. Institut für Baustoffe, Massivbau und Brandschutz, Braunschweig, November 2008.

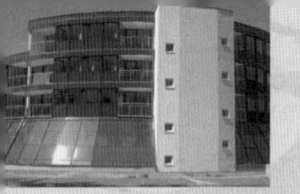

Ing.-Software Dlubal GmbH
Software für Statik
und Dynamik

Statik, die Spaß macht...

RFEM

Das 3D-FEM-Programm

- ➔ FEM für Stahlbeton, Stahl, Holz, Glas etc.
- ➔ Balken, Platten, Schalen und Volumenelemente
- ➔ Rotationsschalen
- ➔ Durchdringungen beliebiger Flächen
- ➔ Orthotrope Materialien
- ➔ Lineare, nichtlineare und Seilberechnungen
- ➔ Unterzüge und Rippen
- ➔ Nichtlineare elastische Bettungen und Auflager
- ➔ Spannungsanalyse
- ➔ Stahlbetonbemessung
- ➔ Rissbreitennachweise
- ➔ Durchbiegung im gerissenen Zustand
- ➔ Brandschutznachweise

RSTAB

Das 3D-Stabwerksprogramm

- ➔ Für Stabwerke aus Stahlbeton, Stahl und Holz
- ➔ Nichtlineare Berechnung be großen Verschiebungen
- ➔ Dynamische Analyse
- ➔ Erweiterte Stabilitätsanalyse für Knicken und Beulen
- ➔ Verbindungen
- ➔ Querschnittswerte
- ➔ Elastische und plastische Nachweise
- ➔ Internationale Bemessungsnormen (Eurocodes, DIN, AISC, BS, SIA, IS)
- ➔ Bauphasen
- ➔ Gittermast-Berechnungen
- ➔ CAD-Integration

Kostenlose Demo-/Viewerversion auf www.dlubal.de

Ingenieur-Software Dlubal

Ing.-Software Dlubal GmbH
Am Zellweg 2
D-93464 Tiefenbach
Tel.: +49 (0) 9673 9203 0
Fax: +49 (0) 9673 9203 51
www.dlubal.de
info@dlubal.com

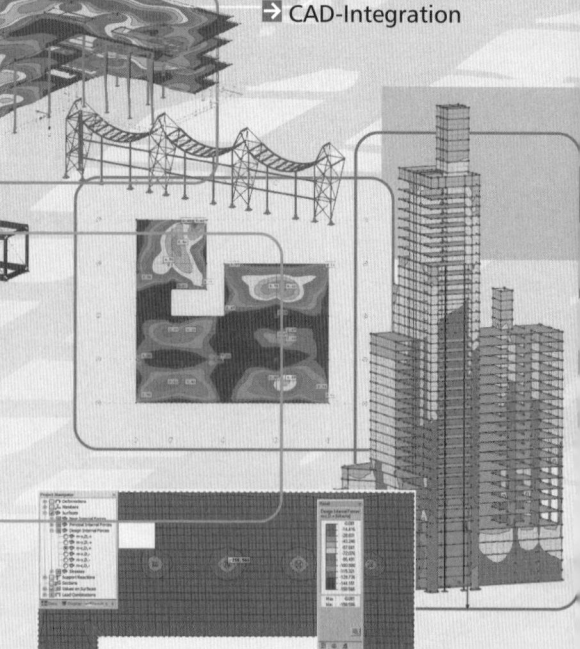

Realistische Modellierung von Werkstoffen und nichtlineare Bemessung von Strukturen im Betonbau

Radomír Pukl, Vladimír Červenka, Jan Červenka

1 Einleitung

Die rechnerische Simulation von Beton- und Stahlbetonstrukturen ist ein leistungsfähiges Werkzeug, das in den letzten Jahren immer mehr, nicht nur im Forschungsbereich, sondern auch bei der Bemessung von Strukturen angewendet wird. In der Praxis trifft man oft auf schwierige Probleme, die nicht mit den üblichen technischen Hilfsmitteln wie Normen oder Handbüchern zu lösen sind. Das hängt oft auch mit der Einführung von neuartigen Technologien und Werkstoffen, wie z.B. hochleistungsfähiger Faserbetone oder spezieller Bewehrungsmaterialien zusammen, die noch nicht vollständig in den Normen geregelt sind. Die nichtlineare Computersimulation ermöglicht eine detaillierte Untersuchung des Strukturverhaltens unter Belastungen und anderen Einwirkungen in allen Gebrauchs- und Grenzzuständen unter Berücksichtigung der realen Werkstoffsarbeitsgesetze. Die nichtlineare Analyse eröffnet die Möglichkeit einer realistischen Berechnung der Strukturtragfähigkeit und der Gebrauchstauglichkeit, sowie der Bestimmung von Versagensmechanismen und Nachbruchverhalten der Struktur. Deshalb kann die Computersimulation die Ingenieure bei der Untersuchung und Beurteilung existierender wie auch bei der Planung neuer Bauten sehr gut unterstützen. Für die Bestimmung der Tragwerkssicherheit bieten sich mehrere Methoden an – von der Anwendung der üblichen Teilsicherheitsfaktoren über das Konzept der globalen Sicherheit bis zu einer stochastischen Berechnung der Strukturzuverlässigkeit.

2 Rechnersimulation von Strukturen

Für die wirklichkeitsnahe Computersimulation von Beton-, Stahlbeton- und Spannbetonbauten wurde ein Programm namens „ATENA" entwickelt, das auf der nichtlinearen Methode der Finiten Elemente basiert. Das Programm besteht aus einem Berechnungskern, der für die nichtlineare numerische Analyse des Strukturmodells sorgt und einer anwenderfreundlichen Schnittstelle, die eine effektive Kommunikation

---

*Dr.-Ing. Radomír Pukl, Dr.-Ing. Vladimír Červenka, Dr.-Ing. Jan Červenka,
Červenka Consulting GmbH, Prag, Tschechische Republik*

zwischen Programmkern und Benutzer gewährleistet. In dem Berechnungskern werden besonders die Technologie der Finiten Elemente, nichtlineare Lösungsverfahren und die nichtlinearen Materialmodelle behandelt (Bild 1).

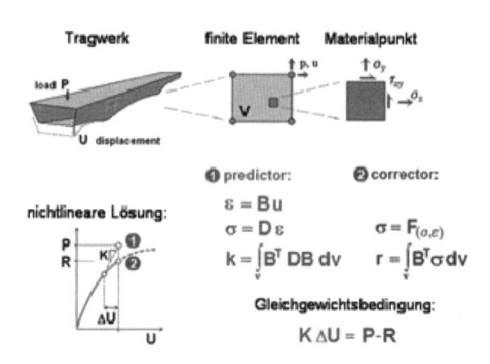

Bild 1: ATENA Berechnungskern-Technologie - nichtlineare Methode der Finiten Elemente

2.1 Finite Elemente

In ATENA werden isoparametrische Finite Elemente angewendet, alternativ mit linearem oder quadratischem Ansatz. Für das Materialvolumen sind es prismatische Elemente, drei- oder vierkantige Pyramiden bzw. quadratische oder dreieckige Elemente in zweidimensionalen Modellen. Für eine effektive Modellierung von Platten und Scheiben stehen besondere geschichtete Elemente zur Verfügung. Bewehrungsstäbe sind als Stabelemente ohne Biegesteifigkeit modelliert. Die Bewehrung kann durch ein Verbundgesetz mit dem umgebenden Beton verbunden werden. Externe Vorspannkabel kann man als freiliegende Bewehrung mit Ankern und Zwischenknoten (Deviatoren) eingeben. Alle diese Bewehrungsarten können vorgespannt werden. Alternativ kann man die Bewehrung verschmiert durch eine Bewehrungszahl in verschiedenen Richtungen definieren. Teile des Modells kann man durch Kontaktelemente mit definierten Eigenschaften verbinden, das Gesamtmodell kann man zur Umgebung durch besondere Federelemente mit eingebauter Kontaktfunktion befestigen.

2.2 Nichtlineare Lösungsverfahren

Die nichtlineare Lösung des Strukturverhaltens unter Belastung wird stufenweise in Lastschritten durchgeführt. In jedem Lastschritt wird das Gleichgewicht iterativ erreicht. Dabei werden die unausgewogenen Restkräfte minimiert und durch ein energetisches Kriterium nach eingegebener Toleranz kontrolliert. Für die iterative Berechnung steht in ATENA alternativ ein Newton-Raphson Verfahren oder die Bogenlängen-Methode zur Verfügung. Eine Beschleunigung des Iterationsprozesses kann durch die Line Search Methode erzielt werden. Die Funktionsparameter der einzelnen Lösungsmethoden kann man in der Eingabe den eigenen Anforderungen entsprechend einstellen. Die Newton-Raphson Methode ist besonders gut zum

Erreichen bestimmter Lastniveaus geeignet. Das Nachbruchverhalten kann man mit dieser Methode durch weggesteuerte Belastung (vorgegebene Verformungen) untersuchen. Bei Belastung der Struktur durch Kräfte ist für die Analyse von Höchstlast und Nachbruchverhalten die Bogenlänge-Methode (Bild 2, links) anzuwenden.

2.3 Grafische Benutzeroberfläche

Die ATENA Benutzeroberfläche berücksichtigt alle Besonderheiten des Stahlbetons, wie z.B. diskrete Bewehrung oder Risse. Es bietet (siehe Bild 2, rechts) eine übersichtliche und anwenderfreundliche Modellierung von komplexen Strukturen, automatische FE Vernetzung, realistische Darstellung der Rissbilder im Beton, Rissbreitenberechnung, graphische Auswertung der Bewehrungsspannungen und Bewehrungsfließen.

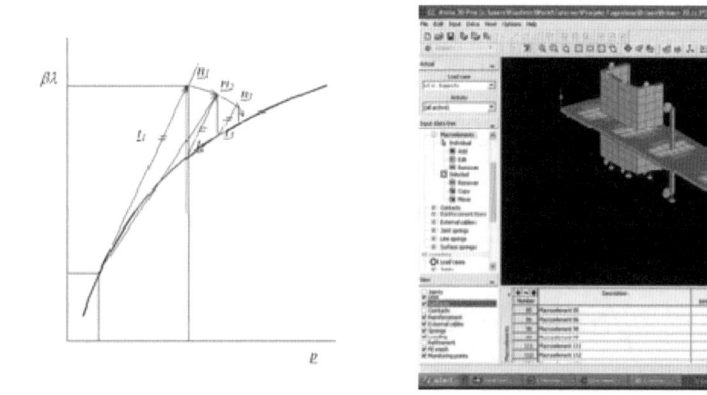

Bild 2: links: Schema der Bogenlängen-Lösungsmethode, rechts: CAD-artige Arbeitsumgebung für Modelleingabe in ATENA Engineering 3D

Die Echtzeitgrafik zeigt die wichtigsten Ergebnisse schon bei der Berechnung während der nichtlinearen Analyse des Strukturmodels: Abbildung der verformten Struktur, Risswachstum usw. Die neu entwickelte Programmversion „ATENA Science" ermöglicht auch eine fortgeschrittene Kriech- und Schwindanalyse der Betonkonstruktionen, eine thermische Analyse, eine Berechnung der Feuerbeanspruchung des Betons und des Strukturfeuerwiderstandes oder eine dynamische Strukturanalyse und Eigenwertanalyse mit dem Einfluss von Rissbildung und Materialschädigung. Die Eingabe erweiterter Material- und Modellparameter sowie die Modellierung von geometrisch komplexen Strukturen ist hier durch einen externen fortgeschrittenen FE-Modeller namens „GiD" unterstützt.

2.4 Anwendungsbereiche

Ingenieure nutzen ATENA zur Beurteilung der Gebrauchszustände und der Tragfähigkeit von Strukturen, Bestimmung von Versagensarten und des Nachbruchverhaltens der Struktur. Die Anwendungsbereiche von ATENA liegen im Verkehrsbau (Brückenbauten), Tiefbau (Tunnelbauten), Hochbau, in der

Kraftwerksindustrie und auf vielen anderen Gebieten. Man kann die gesamten Strukturen modellieren und das Bauwerk auf globale Sicherheit überprüfen oder die Konstruktions- und Bewehrungsdetails lokal untersuchen. Deshalb eignet sich ATENA besonders gut zur Beurteilung existierender Bauwerke unter wechselnden Einwirkungen, zur Optimierung geplanter Strukturverstärkungen oder zur Analyse der Ursachen bei Schadensfällen. Bei der Planung neuer Bauten kann man ATENA für ein besseres Verständnis der Strukturwirkung, eine globale Sicherheitsbeurteilung, aber auch für die Optimierung der Bewehrung (besonders z.B. bei Fertigteilen) und die Analyse der kritischen Strukturdetails einsetzen.

3 Realistische Modellierung von Werkstoffen

Der Hauptbestandteil des ATENA-Berechnungskerns sind wirklichkeitsnahe Materialmodelle (Bild 3, links). Die Modellierung ist ursprünglich auf die Baustoffe Beton und Stahlbeton orientiert. Die Materialmodelle für Beton decken die Rissbildung unter Zugbeanspruchung sowie die Schädigungsprozesse im Druckbereich ab und basieren auf der orthotropischen Schadenstheorie sowie der betonspezifischen Plastizitätstheorie.

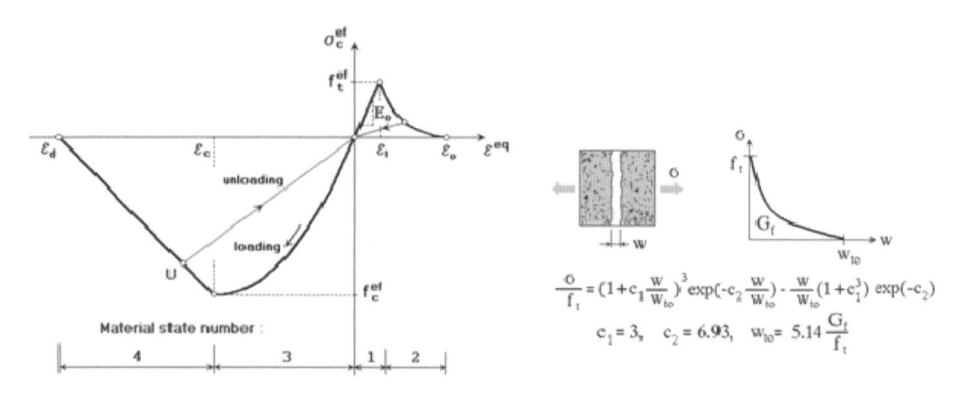

Bild 3: links: Nichtlineares Betonverhalten im Zug und Druck, schematisch dargestellt, rechts: Hordijksche Entfestigungsfunktion für Beton im Zug, Bruchenergie G_f

Für Beton unter Zug wird die nichtlineare Bruchmechanik angewendet. Auf das Bruchenergetische Verfahren gestützt, sind die Risse als verschmierte Schädigung (Dehnungen) modelliert. Dadurch wird es möglich, die Methoden der Kontinuumsmechanik auch für das geschädigte Material anzuwenden. Für eine objektive Analyse, die vom Finite Element Netz unabhängig ist, wird die sogenannte Rissbandmethode eingesetzt. Das Materialgesetz weist eine Entfestigung nach Erreichen der Höchstzugspannung auf. Der abfallende Ast ist mit einer exponentiellen Funktion nach Hordijk beschrieben (Bild 3, rechts). Das Betonverhalten im Druckbereich ist mit Hilfe der Plastizitätstheorie mit einer nicht assoziierten Fließregel und Entfestigung dargestellt (Bild 4, links). Das Materialvolumen kann sich unter plastischen Verformungen ändern. Ein weiterer wichtiger Effekt ist die sogenannte Umschnürung – die Betondruckfestigkeit ist vom dreidimensionalen Spannungszustand abhängig. Durch Querdruckspannungen kann die Betonfestigkeit wesentlich ansteigen (Bild 4, rechts). Die in ATENA angewandten Materialmodelle können alle diese Einflüsse erfolgreich nachbilden. Weiterhin gibt es mehrere besondere Materialmodelle für spezielle Anwendungen: die zeitabhängigen Materialmodelle kann man für die Berechnung der Betonerhärtung verwenden, die temperaturabhängigen Modelle sind für die Berechnung von Brandbelastungen und der Resttragfähigkeit der Struktur nach einem Brand nutzbar.

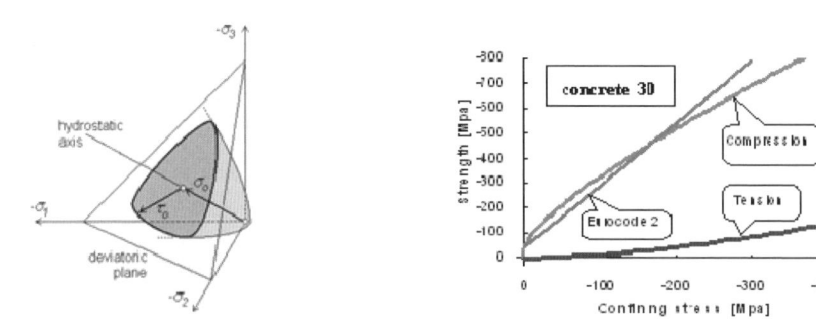

Bild 4: links: Schematische Darstellung der Plastizitätsfunktion für Beton im Druckbereich, rechts: Umschnürungseffekt für Beton unter mehrachsigem Druck (Wachstum der Betondruckfestigkeit)

Besondere Materialmodelle sind für die Bewehrung verfügbar. Bei der Stabbewehrung wie auch bei der verschmierten Bewehrung kann man zwischen einem elastischen, elastisch-plastischen und versteifenden Materialgesetz wählen. Es steht ebenfalls eine Auswahl verschiedener Verbundgesetze (z.B. nach CEB-fib Model Code 1990, siehe Bild 5 links) zur Verfügung. Der Anwender kann auch eigene spezifische Verbundmodelle (in Form des gemessenen Verbundgesetzes) für spezielle Bewehrungsarten definieren.

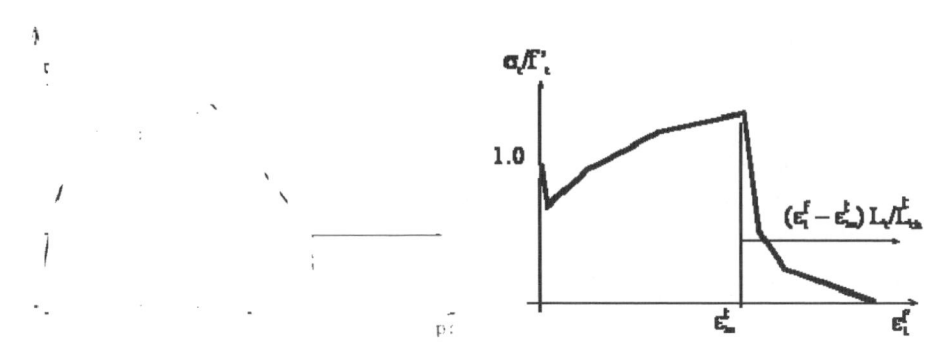

Bild 5: links: Verbundgesetz nach CEB-fib Model Code 1990, rechts: Anwenderdefinierbare Entfestigungsfunktion für Spezialbeton im Zug

3.1 Spezielle Materialmodelle

Die Hauptmaterialmodelle in ATENA sind für die Modellierung von normalem Beton entwickelt und optimal angepasst. Mit geeigneten Materialparametern kann man diese Modelle auch für die Berechnung von besonderen Betonarten, wie z.B. hochfester Betone, erfolgreich ansetzen. In manchen Fällen ist es aber realistischer, auch die Formen der Arbeitsdiagramme anzupassen. Deshalb gibt es auch eine Materialmodellvariante mit benutzerdefinierten Funktionen – die Formen der Arbeitsdiagramme kann man bei diesen Modellen eingeben und vorschreiben (Bild 5, rechts). Das Arbeitsdiagramm kann man einfach von den gemessenen Werten ableiten und ggf. für die Objektivität der Ergebnisse durch eine vorgegebene Rissbandbreite skalieren. Für Faserbetone, die ein wesentlich unterschiedliches Zugverhalten mit hoher Duktilität aufweisen, stehen in ATENA Engineering 2D speziell entwickelte vordefinierte Materialmodelle zur Verfügung (Bild 6).

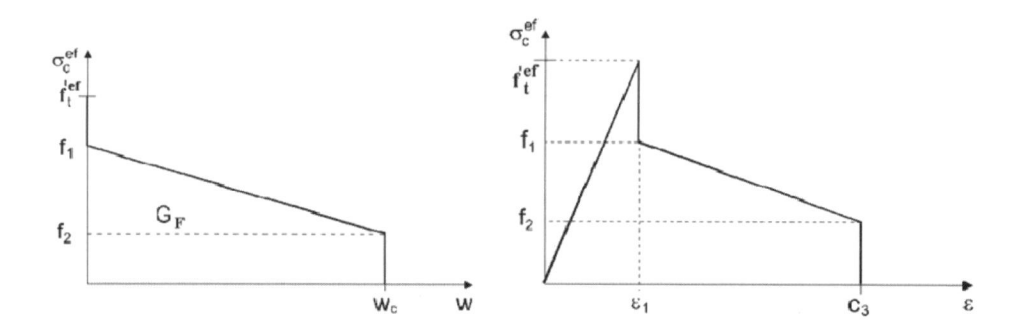

Bild 6: Entfestigungsfunktionen für Faserbeton im Zug, links: bruchenergiebasiert, rechts: dehnungsbasiert

Der höhere Bruchenergiewert ist für eine realistischere Simulation des Materialverhaltens durch eine besser geeignete Form des Arbeitsdiagramms ergänzt. Da die gesamte Bruchenergie beim Materialtesten oft schwierig zu bestimmen ist, gibt es hier auch eine Variante, die auf den lokalen Zugdehnungen basiert (Bild 6 rechts). In der ATENA Science gibt es noch ein speziell entwickeltes Materialmodell für die Simulation von sogenannten ECC Materialarten (Engineered Cementitious Composites, auch als SHCC – Strain Hardening Cementitious Composites oder HPFRCC bezeichnet), dass die Materialparameter (insbesondere Schubeigenschaften im Rissbereich) abhängig von der eingegebenen Faserart und dem Faserinhalt automatisch bestimmen und berücksichtigen kann.

3.2 Variabilität der Materialeigenschaften

Die Materialparameter für die nichtlinearen Berechnungen sind allgemein durch Unsicherheiten und Streuungen belastet. Bei einigen Materialarten, wie z.B. bei Faserbetonen, kann die Streuung der Materialeigenschaften sehr hoch sein. Das sollte man bei realistischen Berechnungen entsprechend berücksichtigen. Die fortgeschrittenen Programmsysteme SARA und RLACS erlauben die Einbeziehung von Unsicherheiten in die numerische Modellierung von Strukturen. Es sind Werkzeuge für die Zuverlässigkeitsbewertung von Strukturen, die die nichtlineare ATENA Analyse mit stochastischen Methoden (Statistik-Paket FReET) integrieren, um die nichtlineare FE Analyse zu randomisieren und statistisch auszuwerten. Eine Anwendung vom speziellen Typ der numerischen probabilistischen Simulation (Latin Hypercube Sampling, LHS) ermöglicht es, mit einer akzeptablen Anzahl an Simulationen realistische Ergebnisse zu erzielen. Im Ergebnis der stochastischen Simulationen erhält man u.a. die statistische Antwortfunktion einer bestimmten Problemstellung von Strukturverhalten, z.B. Strukturtragsicherheit, Rissbreite oder Durchbiegung. Weitere Werkzeuge in dem SARA System ermöglichen eine Beschreibung der Degradationsprozesse, wie Chlorideindringen, Betonkarbonatisierung oder Korrosionsfortschritt in der Stahlbewehrung, was zu einer rationellen Lebensdaueranalyse und Beurteilung der Dauerhaftigkeit von Strukturen beitragen kann.

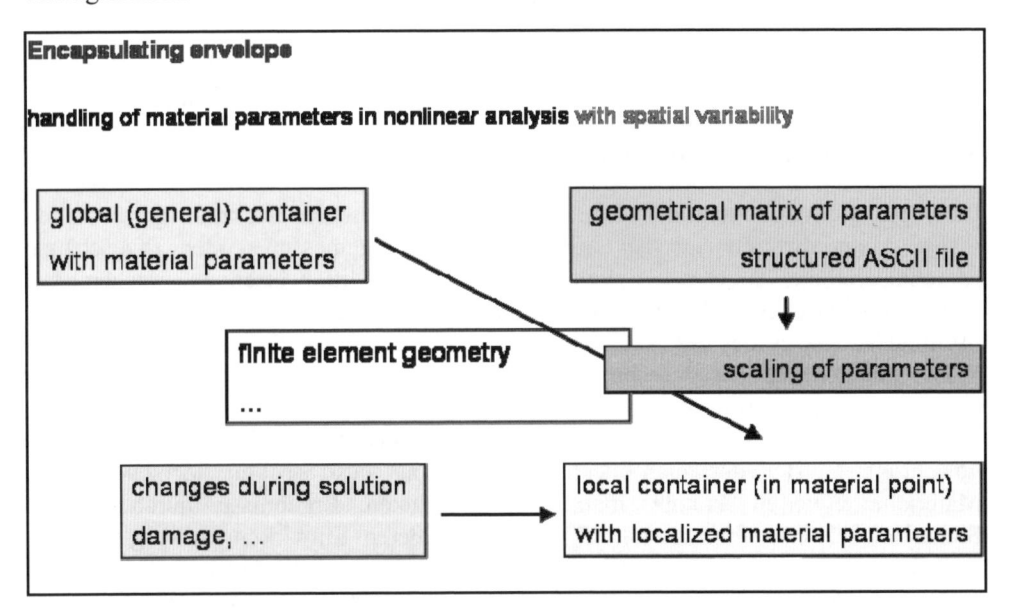

Bild 7: Materialumschlag für die Behandlung der zufälligen Felder in ATENA

Die Variabilität der Materialeigenschaften ist standardmäßig zwischen einzelnen Simulationen verstreut (Methode der zufälligen Variablen). Eine realistischere Modellierung der Variabilität von Materialien kann durch sogenannte „zufällige Felder" erreicht werden, wo die Materialeigenschaften in jeder Simulation räumlich variieren. Diese hoch entwickelte und wissenschaftlich begründete Methode wird ebenfalls in SARA und RLACS angeboten und ist für eine realistische Modellierung von Faserbetonstrukturen, aber auch für Konstruktionen aus normalen Betonarten (z.B. für eine bessere Risslokalisierung) sehr gut geeignet. Ein Schema zum

„Materialumschlag", der die Behandlung der zufälligen Felder in ATENA gewährleistet, ist in Bild 7 dargestellt.

4 Nichtlineare Bemessung von Strukturen

Die Bemessung von Strukturen aufgrund der Ergebnisse der nichtlinearen Analyse ist keine einfache Aufgabe. Man kann hier aus mehreren Berechnungskonzepten wählen, die verschiedene Vor- und Nachteile aufweisen. Es handelt sich um die realistische Computersimulation, die mit dem globalen Sicherheitskonzept kombiniert ist, das Grenzzustandskonzept mit Teilsicherheitsbeiwerten nach heutigen Normenverfahren, bei der in den nichtlinearen Berechnungen die Normenwerte angewendet werden, eine stochastische Zuverlässigkeitsanalyse, die auf der randomisierten nichtlinearen Analyse basiert oder eine neu vorgeschlagene „ECOV-Methode", die die Variabilität des Strukturwiderstandes und damit die globale Struktursicherheit aus wenigen nichtlinearen Berechnungen bestimmt.

Die Auswertung und Darstellung der Ergebnisse der nichtlinearen Finiten Elemente Analyse sollte ebenfalls in einer für die Bemessung geeigneten Form erfolgen.

4.1 Mittelwerte und globale Sicherheit

Eine optimale Anwendung der nichtlinearen Modellierung der Strukturen geht von den realen Materialwerten aus. In diesem Fall sind gemessene oder abgeschätzte Materialparameter angesetzt, die den (statistischen) Mittelwerten entsprechen. Mit einem solchen Ansatz kann man erfolgreich das reale Verhalten von Strukturen nachbilden, wie es bei der Nachrechnung von existierenden Bauten (Vergleich mit Feldmessungen), bei der Berechnung von Verstärkungen oder bei der Simulation von Experimenten erwünscht ist. Für die Bemessung von neuen Strukturen muss man aber dazu noch eine ausreichende Sicherheit des Entwurfs nach Normvorschriften gewährleisten. Bei der nichtlinearen Berechnung des Strukturwiderstandes mit Materialmittelwerten könnte man die errechneten Ergebnisse durch globale Sicherheitsbeiwerte abmindern und dann mit äußeren Einwirkungen vergleichen – diese Methode ist z.B. in dem neuen Model Code 2010 von *fib* empfohlen. Leider sind die globalen Sicherheitsbeiwerte von der Strukturart, seiner statischen Unbestimmtheit und weiteren Bedingungen abhängig, und bisher stehen geeignete Werte für die allgemeinen Strukturkonstellationen kaum zur Verfügung. Die ersten Ansätze des globalen Sicherheitskonzepts sind nacheinander in den nationalen sowie internationalen Normen (wie z.B. Eurocode 2) berücksichtigt und eingearbeitet.

Die globale Sicherheit der Struktur kann man trotzdem durch Vergleich des (nichtlinear) berechneten Widerstandes mit der Belastung immer bestimmen. Das ist besonders bei der Begutachtung der existierenden Bauwerke (ggf. mit Verstärkung) wichtig und hilfreich.

4.2 Normen und Teilsicherheitsbeiwerte

Alternativ kann man die nichtlineare Berechnung mit den Materialwerten, die aus den Normen übernommen sind, durchführen. Dabei ist aber zu beachten, dass man in einer solchen nichtlinearen Analyse nicht mit dem wirklichen Material arbeitet, sondern mit einem anderen (schwächeren) Material gerechnet wird (charakteristische Normenwerte repräsentieren einen 5%-Quantil), was viele unerwünschte Effekte bringen kann. Bei der Berechnung der Tragfähigkeit sind die Materialparameter weiterhin durch Teilsicherheitsbeiwerte reduziert. Die einzelnen Materialwerte sind dabei nicht konsistent, sondern ganz unterschiedlich abgemindert. Deshalb sind dann die Ergebnisse auch nicht konsistent und das Strukturverhalten sowie die Versagensart können dadurch stark beeinflusst werden.

Trotz dieser Nachteile ist ein solches Verfahren ganz pragmatisch – die gezielt erreichten Berechnungsergebnisse kann man mit den Normenvorschriften und -werten einfach vergleichen und damit bei der Bemessung von Strukturen direkt anwenden.

4.3 Stochastische Zuverlässigkeitsanalyse

Eine optimale Lösung für die Bestimmung der Strukturzuverlässigkeit stellt die probabilistische Analyse des Bauwerks dar, die auf einer nichtlinearen Computersimulation der Struktur basiert. Die Unsicherheiten und Zufälligkeiten der Eingangsgrößen werden als Zufallsgrößen modelliert und mithilfe der Verteilungsdichtefunktionen (VDF) beschrieben. Daraus generierte Sätze der Eingangsgrößen werden für mehrfache Berechnungen verwendet. Die ausgewählten Ergebnisse (Strukturantwort) aus all diesen Stichproben sind dann stochastisch bearbeitet und ausgewertet und die Struktursicherheit oder das Versagensrisiko ist ermittelt.

Die Werkzeuge für die nichtlineare stochastische Analyse stehen zur Verfügung (z.B. die oben erwähnten Programmpakete SARA und RLACS). Als Nachteil kann man hier größere Anforderungen an Umfang und Qualität der Eingabeparameter (stochastische Daten oder Angaben) und eine vergleichbar hohe Berechnungsaufwendigkeit (mehrfache Berechnungen mit den einzelnen Stichprobensätzen) betrachten.

4.4 Die ECOV-Methode

Um den Umfang der notwendigen nichtlinearen Berechnungen für die realistische Analyse der globalen Struktursicherheit zu reduzieren, haben die Autoren (V. Červenka) eine neue Methode für Auswertung des globalen Sicherheitsfaktors – die ECOV-Methode (**E**stimation of **C**oefficient **O**f **V**ariation for Resistance) – vorgeschlagen. Die Methode basiert auf einer wissenschaftlich begründeten Abschätzung des Variationskoeffizienten der Verteilungsdichtefunktion des Strukturwiderstandes V_R. Das kann unter Berücksichtigung einiger naturgetreuer Annahmen (lognormale Form der Verteilungsdichtefunktion des Strukturwiderstandes) aus den mittleren (R_m) und charakteristischen (R_k) Werten des Strukturwiderstandes ausgewertet werden:

$$V_R = 1 / 1{,}65 \cdot \ln (R_m / R_k) \tag{1}$$

Es wird empfohlen, diese erforderlichen Widerstandswerte aus den Ergebnissen der nichtlinearen Berechnungen mit Eingabe von Materialmittelwerten [$R_m = r(f_m, ...)$] und charakteristischen Materialwerten [$R_k = r(f_k, ...)$] abzuleiten; es sind also nur noch zwei nichtlineare Simulationen für die Zuverlässigkeitsanalyse notwendig. Der globale Sicherheitskoeffizient γ_R wird dann aus dem so gewonnenen Variationskoeffizient der Verteilungsdichtefunktion des Strukturwiderstandes V_R und der benötigten Struktursicherheit (Sicherheitsindex β) berechnet:

$$\gamma_R = \exp (\alpha_R \cdot \beta \cdot V_R) \tag{2}$$

Der Koeffizient α_R ist ein Sensitivitätsfaktor für die Zuverlässigkeit des Widerstands, nach Eurocode 2 EN 1991-1 $\alpha_R = 0{,}8$. Für die üblicherweise angenommene Versagenswahrscheinlichkeit von 10^{-6} ist der Sicherheitsindex $\beta = 4{,}7$; dann:

$$\gamma_R \cong \exp (-3{,}76 \cdot V_R) \tag{3}$$

Der Bemessungswiderstand R_d wird dann aus dem mittleren Widerstand R_m, der aus der nichtlinearen Berechnung mit Materialmittelwerten stammt, als

$$R_d = R_m / \gamma_R \tag{4}$$

berechnet.

4.5 Sicherheitskonzept und Eingabeparameter

Entsprechend den erwarteten Ergebnissen oder dem gewählten Sicherheitskonzept soll man die passenden Eingabeparametersätze wählen: Mittelwerte, charakteristische Werte oder Bemessungswerte. Mit den Mittelwerten sollte man rechnen, wenn die Ergebnisse mit dem realen Strukturverhalten (z.B. bei Experimenten oder Feldmessungen) zu vergleichen sind. Eine Bemessung aufgrund der Ergebnisse aus Berechnungen mit den Mittelwerten kann man mit Hilfe der globalen Sicherheitsfaktoren durchführen. Die charakteristischen Festigkeitswerte sind nach der Norm für das Material garantiert und repräsentieren einen 5%-Qantil der statistischen Verteilungsdichtefunktion der Materialfestigkeit. Solche Werte sind für die Normberechnung der Gebrauchstauglichkeit geeignet. Die Bemessungswerte sind durch die Teilsicherheitsfaktoren abgemindert. Sie sind für die Normberechnung der Tragfähigkeit anzusetzen.

Man kann vordefinierte Werte entsprechend des Eurocodes aus einem Katalog nach der Betongüte auswählen oder die Materialparameter automatisch aus der eingegebenen Würfeldruckfestigkeit generieren und dann nach Wunsch ggf. anpassen. Es besteht auch die Möglichkeit, die einzelnen Parameter direkt individuell einzugeben, was besonders bei neuartigen Werkstoffen hilfreich ist.

4.6 Ergebnisse der Bemessung

Bei der Auswertung der Ergebnisse der nichtlinearen Analyse kann man die benutzerfreundlichen graphischen Oberflächen von ATENA gut nutzen. Viele Resultate kann man überblicklich graphisch darstellen und ablesen sowie entsprechend dem zu beurteilenden Grenzzustand – Tragfähigkeit oder Gebrauchstauglichkeit – anwenden. Neben den FE-üblichen farbigen Darstellungen der Resultate (Bild 9 rechts, Bild 10 links, Bild 11 rechts) können auch Rissbilder mit einzelnen diskreten Rissen dargestellt werden (schwarze Linien in Bilder 9 links, 10 links, 12). Eine Information über Rissbreite und Restspannung ist möglich, man kann Schnittdiagramme erzeugen (Bild 9 rechts unten), den Verlauf der Querschnittskräfte an der Struktur darstellen (Bild 8 rechts) oder durch die Wahl der wichtigsten Modellparameter (sogenannte Monitore) ein Last-Verformungs-Diagramm des Strukturverhaltens während des Belastungsprozesses in grafischer Form zeigen.

Wegen der Gestaltung der nichtlinearen Materialmodelle ist es automatisch garantiert, dass die Spannungen die Materialfestigkeit nicht überschreiten können. Falls die Spannung zu hoch ist, kommt es zu einer Materialschädigung und Spannungsumverteilung. Damit ist die Hauptanforderung der Normen bei der Überprüfung der Strukturtragfähigkeit, d.h. Vermeidung der exzessiven Spannungen in kritischen Querschnitten, automatisch erfüllt. Das kann man ggf. einfach durch eine Diagrammgrafik in den Querschnitten dokumentieren und nachweisen. Man sollte also für die Tragfähigkeit hauptsächlich die generelle Strukturstabilität bei Höchstlast mit ausreichend guter Konvergenz der Lösung beweisen. Zusätzlich kann man auch durch die nichtlineare Analyse die Versagensart der Struktur nachvollziehen – duktil oder spröde, und dementsprechend die benötigte Struktursicherheit anpassen.

Im Vergleich mit den Normverfahren unterstützt ATENA 2D Engineering auch die Möglichkeit einer automatischen Berechnung der Querschnittskräfte bei solchen Strukturen, bei denen dies zweckmäßig ist. Man kann (bezogen auf eine vordefinierte Neutralachse) die Biegemomente, Normal- und Querkräfte auswerten und graphisch darstellen (siehe Bild 8 rechts). Das bietet die Gelegenheit für eine direkte Gegenüberstellung des klassischen Entwurfs nach Norm und der aus der nichtlinearen Analyse gewonnenen Ergebnisse und es können ggf. die Vorteile, die durch die realistische Modellierung entstehen, einfach beurteilt werden.

Bei der Bewertung der Gebrauchstauglichkeit kann man einfach die Strukturverformungen auf viele Arten, graphisch wie auch numerisch, darstellen und mit den Normvorschriften vergleichen. Man kann z.B. durch geeignete Monitore in dem Strukturmodel die maximale Durchbiegung an der gesamten Struktur während des Belastungsprozesses überwachen.

Beim Betrachten der Risse kann man nicht nur das gesamte Rissbild darstellen, sondern auch die einzelnen Rissbreiten und Rissrestspannungen graphisch anzeigen (Bild 9 links), Rissbreiten graphisch per Linienstärke unterscheiden, unbedeutend enge Risse ausfiltrieren oder durch einen Monitor die Entwicklung der maximalen Risse an der Struktur verfolgen.

Die Echtzeitgrafik zeigt das Last-Verformungs-Diagramm und die wichtigsten Ergebnisse an dem Strukturmodell sogar schon bei der Berechnung während der nichtlinearen Analyse des Modells.

5 Anwendungsbeispiele

In Folgenden werden mehrere praktische ATENA Anwendungen aus den Fachbereichen Tunnelbau, Hochbau und Brückenbau vorgestellt. Die Strukturen sind aus Beton, Stahlbeton, Spannbeton und Faserbeton gebaut. Es handelt sich um einen Entwurf eines unbewehrten Betongewölbes, eine Optimierung einer Stahlbetontragplatte in administrativen Gebäuden, die globale Sicherheit einer vorgespannten Brücke und eine Berechnung einer Gleistragplatte aus Faserbeton.

5.1 Entwurf der unbewehrten Betongewölbe

Zwei parallele Eisenbahntunnel unter dem Berg Vítkov wurden als ein Bestandteil der sogenannten „neuen Eisenbahnverbindung" in Prag gebaut (Bild 8, links). Die Innenschale der Tunnel wurde, je nach geologischen Bedingungen, teilweise aus bewehrtem und teilweise aus unbewehrtem Beton hergestellt. Für die Bemessung der unbewehrten Gewölbe gibt es in der Tschechei keine Normenvorschriften oder lineare Programmwerkzeuge. Deshalb wurde die nichtlineare Bemessung mit Hilfe einer nichtlinearen Analyse mit dem Programm ATENA durchgeführt. Für ein konsistentes Verfahren wurde auch für die Bemessung der bewehrten Betonschale die nichtlineare Modellierung angewendet. Die Planung der Struktur wurde in einer engen Zusammenarbeit zwischen der Firma SUDOP Praha und Červenka Consulting ausgearbeitet.

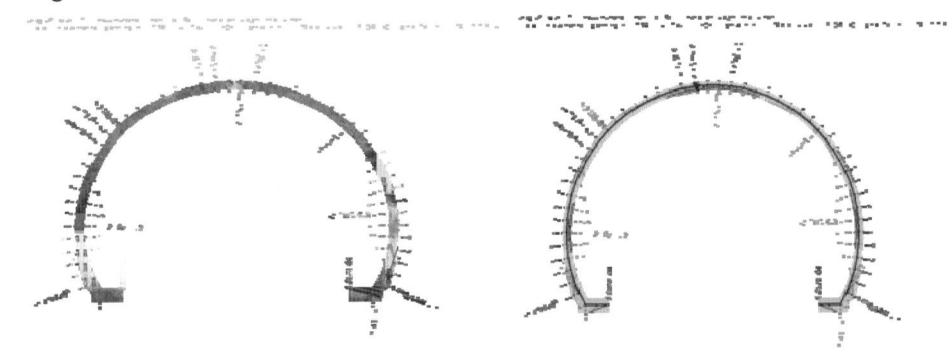

Bild 8: links: Aufbau des westlichen Tunnelportals unter dem Berg Vítkov, rechts: Berechnungsergebnisse – graphische Darstellung der Querschnittskräfte an dem gerissenen Gewölbe bei Strukturüberlastung

Die Tunnelgewölbe wurden durch Eigengewicht, Kriechen und Schwinden, Temperaturwechsel und Erddruck belastet. Strukturverhalten und Schädigung

(Rissbildung, Betondruckbruch) in den Grenzzuständen der Tragfähigkeit (Höchstlast, Spannungen, Querschnittskräfte – siehe Bild 8 rechts) und Gebrauchstauglichkeit (Verformungen, Rissbreiten) wurden ausgewertet und nach Normangaben nachgeprüft.

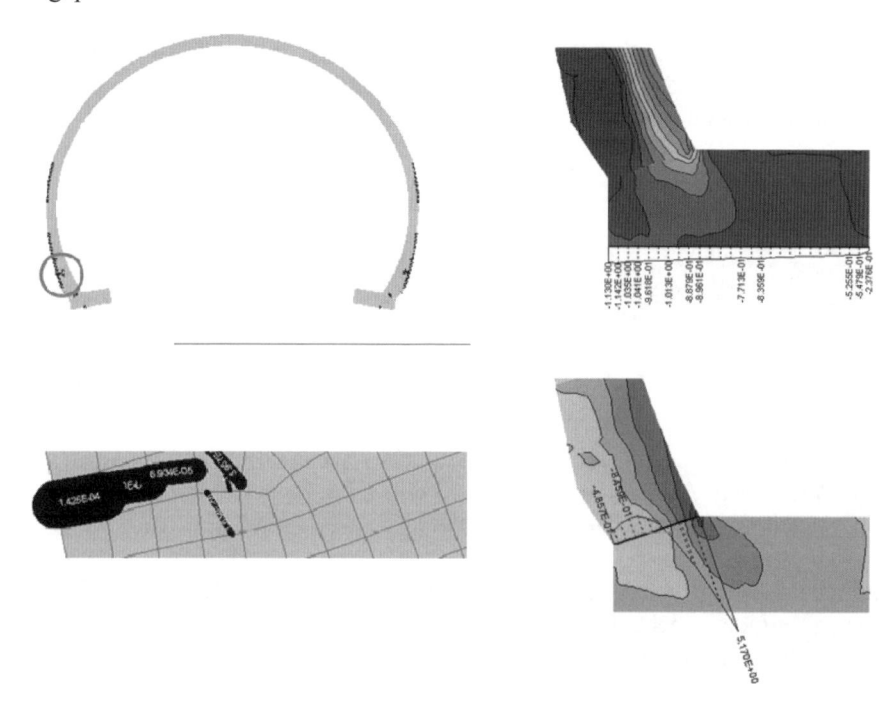

Bild 9: Ergebnisse der nichtlinearen Berechnungen: Rissbild, Rissbreiten, Detailanalyse – Druck- und Schubspannungen in der Kontaktfuge

Die Gestaltung der Konstruktionsdetails wurde optimiert (Bild 9), auch die globale Struktursicherheit wurde eingeschätzt. Die globalen Sicherheitsfaktoren für die einzelnen Einwirkungen wurden aus den Ergebnissen der Berechnungen mit Materialmittelwerten, die bis zum Bruchzustand durchgeführt worden sind, abgeleitet. Die Mindestwerte liegen bei etwa 1,5, was besser als 1,27 nach dem Eurocode EN 1992-2 ist. Die in dem Projekt angewandte Kombination von innovativer Herstellungstechnologie (unbewehrte Innenschale des Eisenbahntunnels) und fortgeschrittener Bemessungsmethode (nichtlineare Finite Elementen Analyse) hat sich hier sehr ökonomisch und allseitig vorteilhaft gezeigt und wurde deshalb von der tschechischen Kammer der autorisierten Ingenieure und Techniker (ČKAIT) offiziell ausgezeichnet.

5.2 Optimierung der Stahlbetontragplatte

In einem geplanten administrativen Gebäude mit großen Spannweiten (um 8 m) wurde die Dicke und Ausführung der Tragdecken optimiert. Die Plattendicke wurde in den Alternativen von 220 bis 270 mm variiert und mit der Ausführung als Pilzdecke (2x2 m, 320 mm Dicke) verglichen. Die Plattenbewehrung wurde erst mit dem kommerziellen linearen FE-Programm FEAT 2000 entworfen und dann wurden die Plattenmodelle mit Hilfe von ATENA auf reales Verhalten, lokale Effekte (Durchstanzen) und extreme Einwirkungen geprüft. Die Modelle wurden mit Eigenlast und Nutzlast belastet. Dann wurde die Nutzlast mehrfach schrittweise bis zum Strukturversagen gesteigert. Dabei haben sich klar die Schwachstellen der Struktur gezeigt und konnten ggf. optimiert werden. Die in ATENA berechneten Durchbiegungen und Rissbildung in der Stahlbetondecke bei doppelter Überlastung sind im Bild 10 links zu sehen.

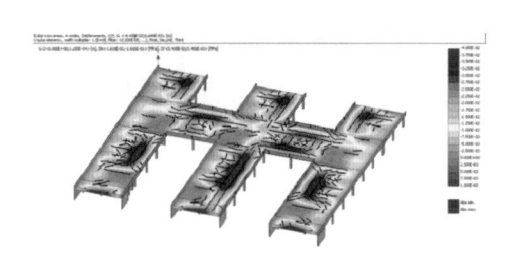

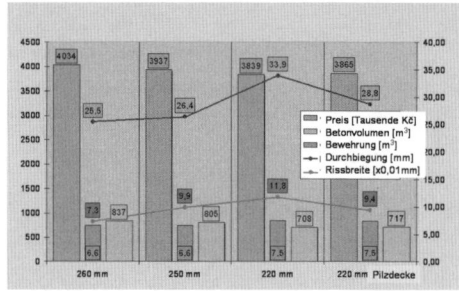

Bild 10: links: Durchbiegungen und Rissbildung bei Überlastung der Stahlbetondecke, rechts: Vergleich des Aufwandes für ein Stockwerk mit unterschiedlichen Plattendicken bzw. bei Pilzdeckenausführung

Als optimale Lösung wurde die einfache Platte mit einer Dicke von 230 mm empfohlen (Vergleich siehe Bild 10 rechts). Die ausführliche nichtlineare Analyse schon in der Entwurfsphase des Projekts hat zu einem wirtschaftlichen und sicheren Entwurf beigetragen.

5.3 Globale Sicherheit einer vorgespannten Brücke

Die nichtlineare Strukturmodellierung wurde bei der Bemessung der vorgespannten Betonbrücke über den Fluss Berounka an dem neu gebauten südlichen Abschnitt des Autobahnrings um Prag angewendet. Die Brücke wurde von der Firma Novák & Partner entworfen. Anschließend wurde die Strukturstabilität und Tragsicherheit während der Herstellungsphasen mit ATENA geprüft.

Nach üblichen Bemessungsverfahren würde die Struktur linear berechnet und alle kritischen Querschnitte auf lokale Tragfähigkeit überprüft werden. Solch eine Methodik ergibt aber keine Angaben zu der Strukturstabilität und Sicherheitsstufe, insbesondere während des fortschreitenden Strukturaufbaus. Deshalb wurde hier eine wirklichkeitsnahe Modellierung basierend auf der nichtlinearen FE Analyse angewendet. Die globale Sicherheit wurde für folgende Lastzustände geprüft: Eigengewicht, Seitenwind und Gewicht des Betonierwagens. Die realistische Modellierung wurde für den gesamten Aufbauprozess der Struktur vorgenommen, einschließlich der Anbindung der einzelnen Brückensegmente und den Vorspannprozessfortschritt. Die Segmentbrücke während der Herstellung zeigt Bild 11 (links).

Danach wurden die untersuchten Lasten auf die Struktur schrittweise aufgebracht und anschließend bis zum Bruch gesteigert. Die Überlastungszahl ergibt eine Information zu der globalen Struktursicherheit. Am Bild 11 rechts ist die Entstehung des plastischen Gelenks bei Grenzlast für einen der berechneten Lastfälle – Gewicht des Betonierwagens – gezeigt. Die Verformung der Struktur und der Betondruckbruch (Materialplastifizierung) an der Unterseite des Brückensegments im Stützenbereich sind dargestellt.

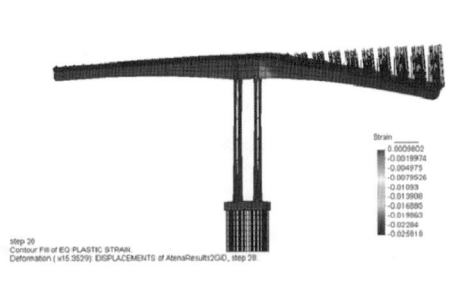

Bild 11: links: Die Berounka-Brücke während der Herstellung, rechts: Entstehung eines plastischen Gelenks bei Grenzlast, globaler Sicherheitsfaktor 1,7 > 1,27

Der niedrigste Wert des globalen Sicherheitsfaktors von 1,7 war für eine kombinierte Last erreicht. Das ist wesentlich mehr, als in Eurocode EN 1992-2 gefordert ist (1,27).

5.4 Gleistragplatte aus Faserbeton

Die Gleistragplatte wurde mit nichtlinearer FE-Methode (Software ATENA) analysiert. Als Hauptvarianten wurden eine Gleisplatte aus Beton mit konventioneller Bewehrung und eine Gleisplatte aus Faserbeton mit 35 kg Fasern pro 1 m^3 Beton untersucht. Für die Faserbetonmodellierung wurde das SBETA Materialmodell mit der bruchenergiebasierten Entfestigungsfunktion im Zugbereich (Bild 6 links) angesetzt, als Materialparameter für die nichtlineare Analyse wurden Mittelwerte angenommen. Die Variante aus Faserbeton weist dabei die Hälfte der Rissbreite gegenüber der Variante mit konventioneller Bewehrung auf (siehe Bild 12).

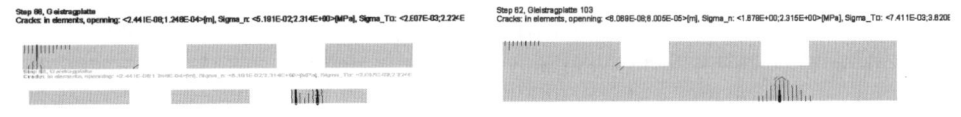

Bild 12: Vergleich der Rissbilder bei Höchstlast in den Gleisplatten in verschiedenen Ausführungsvarianten, links: Beton mit Bewehrung – maximale Rissbreite 0,12 mm, rechts: Faserbeton mittel – maximale Rissbreite 0,06 mm

Die Ergebnisse aus den Berechnungen (Bild 13) haben gezeigt, dass die Tragsicherheit und Gebrauchssicherheit der Gleisplatte sowohl in Beton mit konventioneller

Bewehrung (etwa 5x Betriebslast) wie auch mit Stahlfaserbeton hinreichend erreicht werden kann. Bei der Ausführung der Platte war es wichtig, die angewandten Materialeigenschaften wie die Zugfestigkeit, Bruchenergie bzw. Form der Arbeitslinie unter Zugbeanspruchung durch geeignete Materialvorversuche zu bestätigen. Nach der Fertigung wurden noch zum Vergleich Berechnungen mit gemessenen Materialwerten durchgeführt.

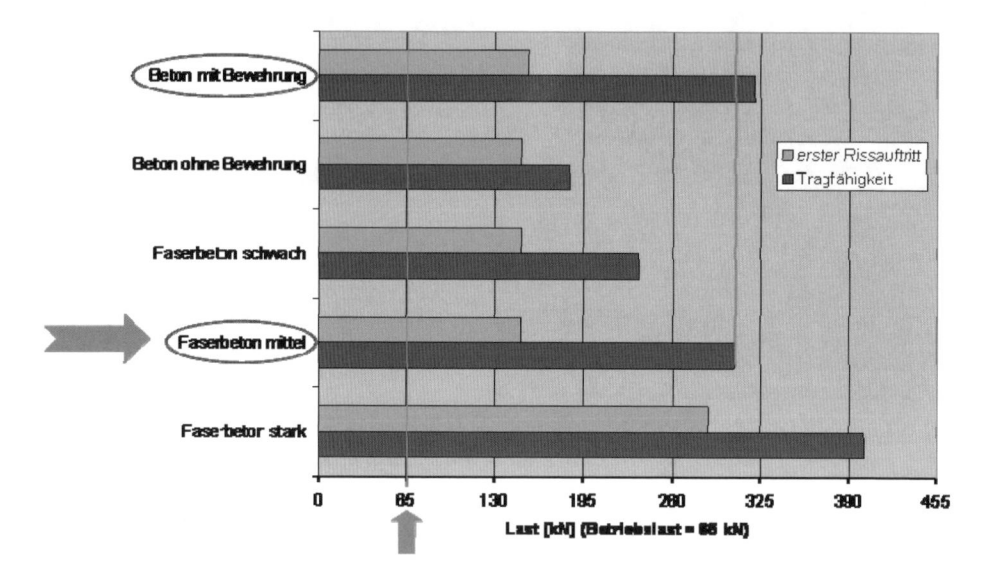

Bild 13: Ergebnisse - Tragfähigkeit der Gleisplatten in verschiedenen Ausführungsvarianten

6 Zusammenfassung

Die realistische Modellierung von Werkstoffen und Strukturen sowie die auf die nichtlineare Analyse gestützte Strukturbemessung sind heutzutage immer mehr auch in der Praxis gefragt. Wie in dem Beitrag gezeigt wurde, ermöglicht die nichtlineare Rechnersimulation eine detaillierte Untersuchung des Strukturverhaltens in allen Gebrauchs- und Grenzzuständen. Dabei sind die Materialeigenschaften realistisch berücksichtigt. Die realistischen Materialmodelle gewährleisten ein wirklichkeitsnahes Verhalten, was besonders bei neuartigen Werkstoffen sehr wichtig ist. Die nichtlineare Computersimulation der Baukonstruktionen kann Ingenieure bei der Untersuchung und Beurteilung existierender als auch bei der Planung neuer Bauten unterstützen. Für die Bestimmung der Tragwerksicherheit bieten sich mehrere Methoden an, von der Anwendung der üblichen Teilsicherheitsfaktoren über das Konzept der globalen Sicherheit bis zu einer stochastischen Berechnung der Strukturzuverlässigkeit.

Die nichtlineare Rechnersimulation, hier durch die Programmpakete ATENA und SARA repräsentiert, stellt ein fortschrittliches Werkzeug dar, das Ingenieuren eine Möglichkeit bietet, das Verhalten von Strukturen besser zu verstehen, die maximale

Traglast (Strukturwiderstand), mögliche Versagensarten, Risslokalisierung und zu erwartende Rissbreiten, Verformungen und weitere Strukturdispositionen vorherzusagen und die Struktursicherheit zu beurteilen.

Literatur

[1] Červenka, V., Gerstle, K.: Inelastic Analysis of Reinforced Concrete Panels: (1) Theory, (2) Experimental Verification and Application. *Publications IABSE*, Zürich, V.31-00, 1971, S. 32-45, und V.32-II, 1972, S. 26-39.

[2] Collins, M. P., Vecchio, F. J., Mehlhorn, G.: An International Competition to Predict the Response of Reinforced Concrete Panels. *Canadian Journal of Civil Engineering*, 1985, 12, No.3, S. 624-644.

[3] Červenka, V., Bergmeister, K.: Nichtlineare Berechnung von Stahlbetonkonstruktionen. *Beton- und Stahlbetonbau* 94 (1999), Heft 10, S. 413-419.

[4] Margoldová, J., Červenka, V., Pukl, R., Klein, D.: Angewandte Sprödbruchberechnung. *Bauingenieur* 74 (1999), No.3-März, S. A22-29.

[5] Červenka, V.: Simulating a Response. *Concrete Engineering International* 4, (2000), No. 4, S. 45-49.

[6] Pukl, R., Červenka, V.: Nichtlineare Berechnungen und Zuverlässigkeit von Stahlbetonstrukturen, In: *Stahlbetonplatten – Neue Aspekte zur Bemessung, Konstruktion und Bauausführung*, HTWK Leipzig, Deutschland, 2005.

[7] Pukl, R., Červenka, J., Červenka, V., Novák, D., Vořechovský, M., Lehký, D.: Deterministic and statistical models for nonlinear FE-analysis of FRC-based structures, In: *1st Central European Congress on Concrete Engineering – Fibre reinforced concrete in practice*, Graz, Austria, 2005, S. 130-133.

[8] Červenka, V., Pukl, R.: ATENA – ein Werkzeug für wirklichkeitsnahe Berechnungen von Stahlbetonstrukturen. In: *BOKU Departmentkongress*, BOKU Wien, Österreich, 2007.

[9] Pukl, R., Červenka, V., Novák, D.: Virtual reliability assessment of structures with damage, SARA – Part II. In: *Proc. of 3rd International Conference on Structural Health Monitoring of Intelligent Infrastructure (SHMII-3)*, Vancouver, Canada, 2007.

[10] Červenka,V.: Global Safety Format for Nonlinear Calculation of Reinforced Concrete. In: *Probabilistic Workshop*, Gent, Belgium, 2007.

[11] Červenka, J., Pappanikolaou, V.: Three dimensional combined fracture-plastic material model for concrete. *Int. J. of Plasticity*, Vol. 24, Issue 12, 2008, ISSN 0749-6419, S. 2192-2220.

[12] Strauss, A., Bergmeister, K., Hoffmann, S., Pukl, R., Novák, D.: Advanced lifecycle analysis of existing concrete bridges. *Journal of Materials in Civil Engineering ASCE*, 2008.

[13] Červenka, V.: Global Safety Format for Nonlinear Calculation of Reinforced Concrete. *Beton- und Stahlbetonbau* 103 (2008), Special Edition, Ernst & Sohn, S. 37-42.

[14] Pukl, R., Novák, D., Teplý, B.: Safety Assessment Of Civil Engineering Structures Throughout Their Life-Cycle. In: *First International Symposium on Life-Cycle Civil Engineering (IALCCE'08)*, Varenna, Italy, 2008.

[15] Červenka, J., Červenka, V., Janda, Z., Pukl, R.: Safety assessment of railway bridges by non-linear and probabilistic methods. In: *Bridge Maintenance, Safety, Management, Health Monitoring and Informatics*, 2008, Taylor & Francis Group, London, ISBN 978-0-415-46844-2, S. 3708-3715.

[16] Pukl, R., Vořechovský, M., Novák, D., Strauss, A.: Stochastic nonlinear finite element analysis of bridges. In: 4th *International Conference on Bridge Maintenance, Safety and Management (IABMAS'08)*, Seoul, Korea, 2008.

[17] Červenka, V., Šístek, M.: Simulace skutečného chování mostů (Simulation von realem Verhalten von Brücken), *Silnice Železnice*, 4/2008, S. 13-16.

[18] Bergmeister, K., Novák, D., Pukl, R., Červenka, V.: Structural assessment and reliability analysis for existing engineering structures, theoretical background. *Structure and Infrastructure Engineering*, 2009, 1.

[19] Pukl, R.: Software ATENA für Entwurf und Untersuchung von Beton- und Stahlbetonbauten. *Beton und Stahlbeton*, 2009, 104, Heft 4, S. A14.

[20] Marek, M., Pukl, R., Gramblička, M., Sedláček, M.: Unreinforced concrete vaults in railway tunnels of New connection in Prague. *Beton TKS*, ČBS Praha, 5/2009, S. 10-14.

[21] Bergmeister, K., Teplý, B., Novák, D., Strauss, A., Wendner, R., Pukl, R.: Risk based safety analysis and reliability assessment of chloride deteriorated prestressed concrete structures. In: 6th *CCC Congress*, Mariánské Lázně, Tschechische Republik, 2010, ISBN 978-80-87158-26-5, S. 225-232.

[22] Pukl, R., Novák, D.: Project RLACS: Reliability and risk assessment of bridges for infrastructure. In: 6th *CCC Congress*, Mariánské Lázně, Tschechische Republik, 2010, ISBN 978-80-87158-26-5, S. 315-320.

[23] Bergmeister, K., Wendner, R., Strauss, A., Novák, D., Pukl, R.: Life cycle assessment of concrete structures. In: *The Second International Symposium on Life-Cycle Civil Engineering (IALCCE 2010)*, Taipei, Taiwan, 2010, ISBN 978-986-02-4986-6, S. 368-375.

[24] Pukl, R., Červenka, V., Teplý, B., Novák, D., Strauss, A., Bergmeister, K.: Advanced tools for numerical analysis and life-cycle assessment of reinforced concrete structures. In: *The Second International Symposium on Life-Cycle Civil Engineering (IALCCE 2010)*, Taipei, Taiwan, 2010, ISBN 978-986-02-4986-6, S. 211-216.

[25] Novák, D., Pukl, R., Strauss, A.: Reliability/risk assessment of concrete structures: Methodology, software and case study. In: *SMAR Conference*, Dubai, 2011.

Danksagung und Widmung

Für die finanzielle Unterstützung bei der Forschung sei an dieser Stelle der Förderagentur der Tschechischen Republik (GAČR), Förderung Nr. P105/10/1156 – Comocos und dem EU Förderungsprojekt Eurostars E!4351 RLACS gedankt.

Dieser Artikel ist Herrn Dr.-Ing. Vladimír Červenka, dem Firmen- und Programm-Gründer, der einer der ersten Forscher war, die das Konzept von der nichtlinearen Modellierung des Betonverhaltens in die Methode der Finiten Elemente eingeführt haben, zu seinem diesjährigen Jubiläum – 70. Geburtstag – gewidmet.

Holschemacher, Peters, Schneider, Steck, Thiele

Konstruktiver Ingenieurbau kompakt
Formelsammlung und Bemessungshilfen für die Bereiche: Lastannahmen, Holzbau, Mauerwerksbau, Stahlbau, Stahlbetonbau und Geotechnik

3., aktualisierte und erweiterte Auflage.
2011. 362 Seiten.
14,8 x 21 cm. Gebunden.
EUR 34,–

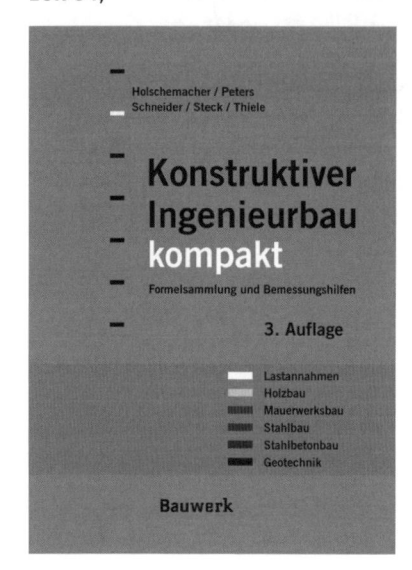

Dieses handliche Praxisbuch für Baustelle und Büro schließt eine Lücke in der Baufachliteratur.

Aus dem Inhalt:
Formelsammlung, Querschnittswerte und Bemessungshilfen für die Bereiche:
- Lastannahmen
- Holzbau
- Mauerwerksbau
- Stahlbau
- Stahlbetonbau
- Geotechnik
- Statische Hinweise

Die einzelnen Fachgebiete sind auf verschieden farbigem Papier gedruckt, um einen schnellen Zugriff zu ermöglichen.

Inhaltsverzeichnis und Probeseiten aus den einzelnen Kapiteln unter:
www.bauwerk-verlag.de/Bücher/
Konstruktiver Ingenieurbau allgemein

Autoren:
Prof. Dr.-Ing. Klaus Holschemacher, HTWK Leipzig
Prof. Dipl.-Ing. Nikolaus Nebgen, HAWK Hildesheim
Prof. Dr.-Ing. Klaus Peters, FH Bielefeld/Minden
Prof. Dipl.-Ing. Klaus-Jürgen Schneider, Berlin
Prof. Dr.-Ing. Günter Steck, Starnberg
Prof. Dr.-Ing. Ralf Thiele, HTWK Leipzig

Bauwerk www.bauwerk-verlag.de

Der neue Eurocode 7

Ralf Thiele

1 Einleitung

Seit über 20 Jahren wird auf europäischer Ebene an einem Nachweisverfahren für die Bestimmung der Sicherheit im Bauwesen gearbeitet. Diese Harmonisierungsarbeiten finden dabei unter dem Dach des europäischen Normeninstituts (CEN) statt.

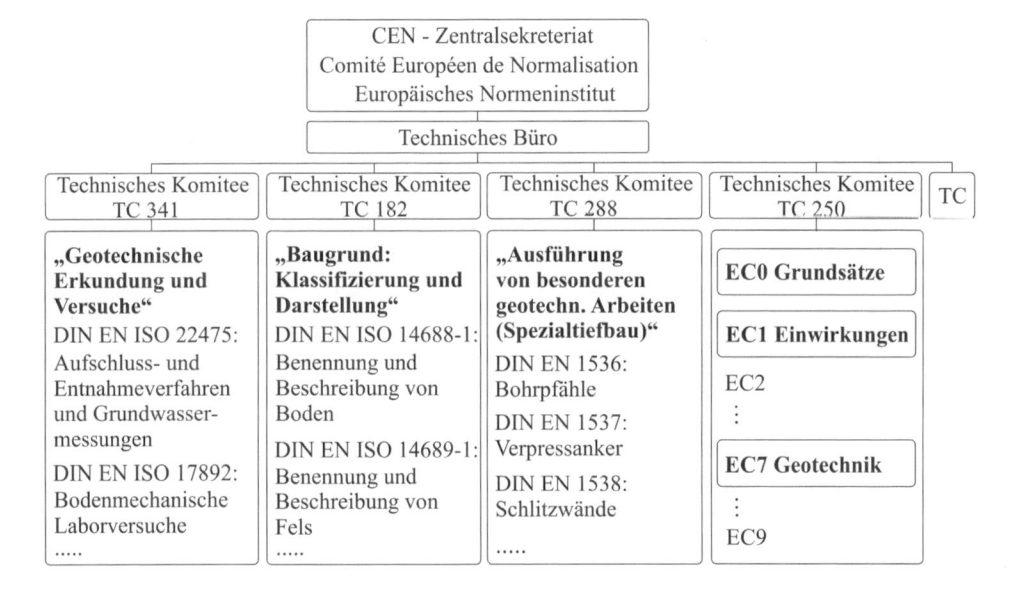

CEN - Zentralsekreteriat Comité Européen de Normalisation Europäisches Normeninstitut			
Technisches Büro			
Technisches Komitee TC 341	Technisches Komitee TC 182	Technisches Komitee TC 288	Technisches Komitee TC 250
„Geotechnische Erkundung und Versuche" DIN EN ISO 22475: Aufschluss- und Entnahmeverfahren und Grundwassermessungen DIN EN ISO 17892: Bodenmechanische Laborversuche	„Baugrund: Klassifizierung und Darstellung" DIN EN ISO 14688-1: Benennung und Beschreibung von Boden DIN EN ISO 14689-1: Benennung und Beschreibung von Fels	„Ausführung von besonderen geotechn. Arbeiten (Spezialtiefbau)" DIN EN 1536: Bohrpfähle DIN EN 1537: Verpressanker DIN EN 1538: Schlitzwände	EC0 Grundsätze EC1 Einwirkungen EC2 : EC7 Geotechnik : EC9

Bild 1: Struktur des europäischen Normeninstituts

Da bei den bisherigen nationalen Normen der Geotechnik die Berechnung und Ausführung in einer Norm zusammengefasst waren, die europäischen Regelwerke aber eine Trennung zwischen Bemessung und Ausführung vorsahen, mussten neue Ausführungsnormen und Bemessungsnormen erstellt werden. Im Technischen Komitee (TC) 250 wurden als Bemessungsnormen die Eurocodes 0 – 9 mit einem einheitlichen Sicherheitskonzept für das gesamte Bauwesen erarbeitet. Dabei erfolgte gleichzeitig die Umstellung vom Global- auf das Teilsicherheitskonzept. Für die Geotechnik ist der EC 7 maßgebend - „Entwurf, Berechnung und Bemessung in der Geotechnik" DIN EN 1997. Die Ausführungsnormen werden im Technischen Komitee TC 288 erstellt -

---

Prof. Dr.-Ing. Ralf Thiele, HTWK Leipzig, Institut für Grundbau und Verkehrsbau

"Ausführung von besonderen geotechnischen Arbeiten (Spezialtiefbau)". Mit der Veröffentlichung von EC 7-1 (DIN EN 1997-1) im September 2009 und den Anhängen (Nationaler Anhang (NA) zu EC 7-1) und ergänzenden Regelungen (DIN 1054 – Dez. 2010) ist fast der letzte Schritt für die Einführung und Nutzung einer zentralen europäischen „Dachnorm" zur Bemessung und Berechnung in der Geotechnik getan. Nachfolgend soll schwerpunktmäßig das Zusammenwirken der europäischen Normen mit nationalen Normen, Empfehlungen von Arbeitskreisen und Merkblättern dargestellt werden. Die Änderungen im neuen Regelwerk (EC 7-1 und DIN 1054) werden zum 01.07.2012 verpflichtend mit der bauaufsichtlichen Zulassung. Außerdem wird auf die ergänzende europäische geotechnische Normung (EC7-2), die Normengruppen „Klassifikation und Darstellung" und „Geotechnische Erkundung und Versuche" sowie die aktuelle Normensituation in Deutschland eingegangen.

2 Aktueller Normenstand EC 7-1 / DIN 1054

2.1 Geschichte

Die erste DIN 1054 erschien im Jahr 1934 unter dem Titel „Richtlinie für die zulässige Belastung des Baugrundes im Hochbau". Damit können wir mit der DIN 1054 auf eine über 80-jährige geotechnische Normerfahrung zurückblicken, die im Zuge der europäischen Normung nicht verloren gehen sollte. Weitere Fassungen der DIN 1054 erschienen 1940, 1953, 1969 und 1976 unter dem Titel „Zulässige Belastung des Baugrundes". Damit sind diese älteren Fassungen eigentlich nur „Gründungsnormen". Viele Regelungen zur Sicherheit und zu Nachweisführungen waren nicht in der DIN 1054 sondern in den einzelnen Fachnormen enthalten. Üblich war bis spätestens 2007 die Berechnung nach dem globalen Sicherheitskonzept, d. h. nach heutiger Definition wurde der charakteristische Widerstand R_k der charakteristischen Beanspruchung E_k gegenübergestellt. Dabei musste ein globaler Sicherheitswert von η nachgewiesen werden. Mit der Einführung der DIN 1054 im Jahre 2005 wurde das Teilsicherheitskonzept eingeführt. Dabei wird eine mit spezifischen Teilsicherheitsbeiwerten erhöhte Beanspruchung E_d einem durch spezifische Teilsicherheiten abgeminderten Widerstand R_d gegenübergestellt. Die Teilsicherheitsbeiwerte γ sind von Lastfällen und Grenzzuständen abhängig. Diese Beiwerte werden dabei grenzzustandsabhängig zu unterschiedlichen Zweitpunkten in die Berechnung eingeführt. Mitte der 80er Jahre begannen die Arbeiten zur Harmonierung der europäischen Normen, deren Einzeletappen hier nicht näher dargestellt werden sollen. Ein erster Entwurf einer europäischen Geotechniknorm lag im Dezember 1987 vor, mit Stand März 1990 wurde in Deutschland eine erste englische Fassung in der 4. Auflage des Grundbautaschenbuches veröffentlicht – bereist vor 20 Jahren. Ab Dezember 2010 existieren nun für die Bemessung in der Geotechnik folgende aktuelle Normen (Bild 2):

- Eurocode 7-1 / DIN EN 1997-1 (Sep. 2009)
- Nationaler Anhang zum EC 7-1 (Dez. 2010)
- „neue" DIN 1054 (Dez. 2010)

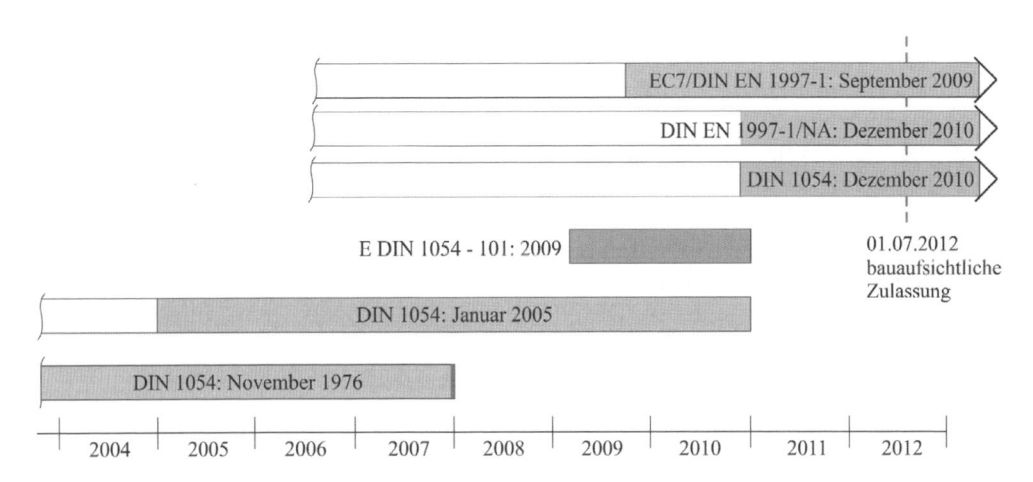

Bild 2: Zeitplan für die Einführung von EC 7-1 und DIN 1054

2.2 Grundsätze

Warum die erst 2005 eingeführte DIN 1054 durch die neue Version (2010) ersetzt werden musste und wie diese drei vorgenannten Normen zu nutzen sind, wird nachfolgend erläutert. Damit nach europäischem Willen im Bauwesen in Europa in allen öffentlichen Ausschreibungen und Verträgen die Eurocodes zugrunde gelegt werden können, mussten europäische Normen geschaffen und nationalen Normen angepasst werden. Dazu wurden folgende Grundsätze gefasst:

– Eurocodes sind von allen Mitgliedsstaaten einzuführen
– nationale Normen sind weiterhin zulässig, aber sie dürfen weder europäischen Normen widersprechen noch mit ihnen konkurrieren
  • damit sollten die Erfahrungen der einzelnen Länder gesichert werden
  • widersprechen / konkurrieren bedeutet dabei in diesem Kontext - wenn zwei Normen (EC 7 und eine nationale Norm) einen Sachverhalt unterschiedlich oder einheitlich regeln, ist die nationale Norm nach einer Übergangszeit zurückzuziehen

Bis vor wenigen Tagen (Nov. 2010) gab es in Deutschland folgende Normensituation:

– Eurocode 7-1 / DIN EN 1997-1 (2005): Entwurf, Berechnung und Bemessung in der Geotechnik, Teil 1: Allgemeine Regeln (in diesem Abschnitt soll vorerst nur auf Teil 1 eingegangen werden)
– Nationaler Anhang zum EC 7-1 (Entwurf – Feb. 2010)
– DIN 1054 (Jan. 2005): Sicherheitsnachweise im Erd- und Grundbau

Diese Normensituation widersprach den oben genannten Grundsätzen der europäischen Normung, da die DIN 1054 (2005) in großen Teilen dem EC 7-1 gleicht. In beiden Normen finden sich Festlegungen zum Teilsicherheitskonzept, zu Grenzzuständen usw. Die DIN 1054 (2005) ist damit eine konkurrierende Norm zum EC 7-1 und musste zurückgezogen werden. Dies hätte aber zur Folge gehabt, dass die langjährigen deutschen Erfahrungen, die bisher in der DIN 1054 verankert waren, verloren gegangen wären (z.B. Bemessung über zulässige Sohlspannungen). Da nationale Normen zulässig sind, die weder dem EC 7-1 widersprechen noch mit ihm konkurrieren, bestand damit die Notwendigkeit bzw. die Möglichkeit, die bisherige DIN 1054 (2005) um die Regelungen zu reduzieren, die bereits im EC 7-1 enthalten sind. Die speziellen deutschen Erfahrungen konnten damit in einer neuen, reduzierten DIN 1054 (2010) erhalten bleiben. Diese überarbeitete Norm DIN 1054 erhielt den neuen, präzisierten Titel „Ergänzende Regelungen zu DIN 1997-1". Diese neue, stark veränderte DIN 1054 ist im Dezember 2010 ebenso wie der überarbeitete nationale Anhang zum EC 7-1 erschienen. Die Normenentwicklung und der Normenzusammenhang von EC 7-1 und DIN 1054 sind in Bild 3 dargestellt. Damit gibt es ab Dez. 2010 die bereits oben dargestellte neue, aktuelle Normensituation für die Bemessung in der Geotechnik:

- Eurocode 7-1 / DIN EN 1997-1 (Sep. 2009)
- Nationaler Anhang zum EC 7-1 (Dez. 2010)
- „neue" DIN 1054 (Dez. 2010)

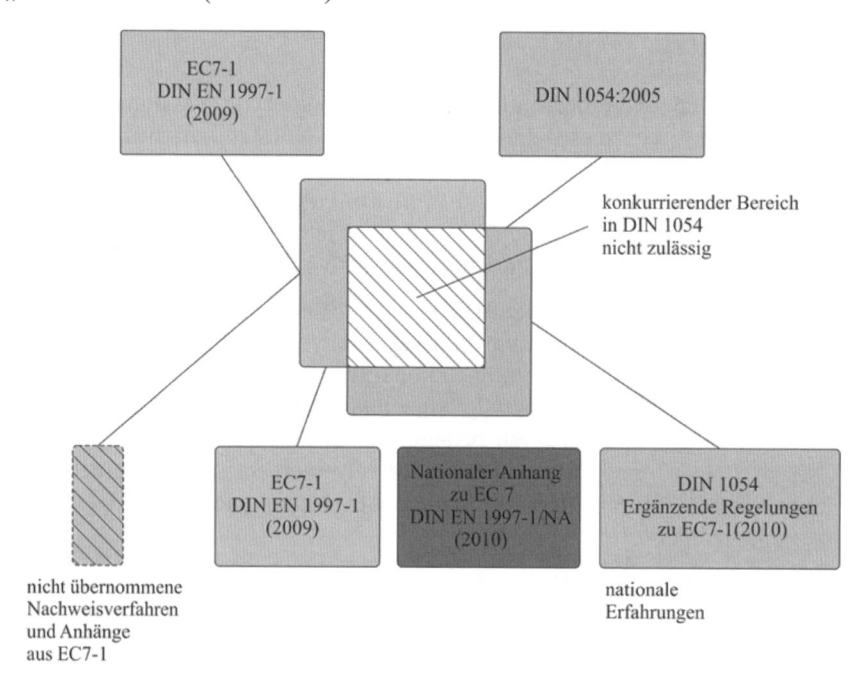

Bild 3: Zusammenwirken von EC 7-1 und DIN 1054

2.3 Normenhierarchie

Diese neue und voraussichtlich länger maßgebende „Normenwelt" wird in ihrer Struktur, Anwendung und Hierarchie nachfolgend erläutert und in den Bildern 1 und 4 verdeutlicht. Den einzelnen Bemessungsnormen (EC 2 – EC 9) sind der EC 0 „Grundlagen der Tragwerksplanung" und der EC 1 – „Einwirkungen auf Tragwerke" übergeordnet. Das zugehörige geotechnische nationale Dokument zum EC 1 ist dabei die neue DIN 1055-2 (Nov. 2010) „Einwirkungen auf Tragwerke – Teil 2: Bodenkenngrößen" (siehe Bild 1) Die weitere Hierarchie ist im Bild 4 sowie nachfolgend im Text erläutert und besteht aus Eurocode 7, Nationalem Anhang, nationalen Normen sowie Empfehlungen und Merkblättern.

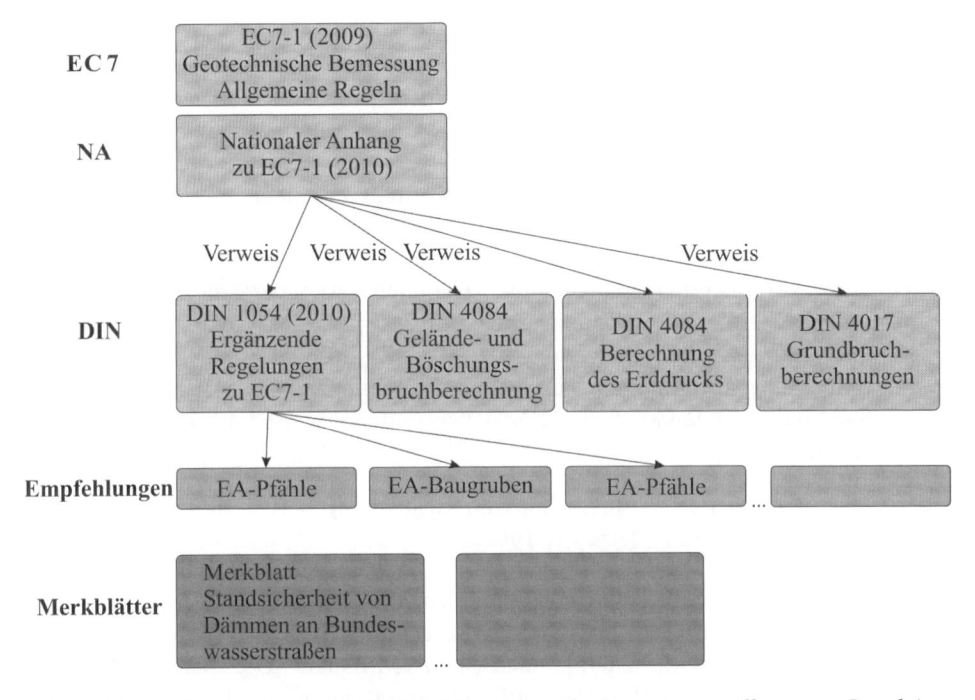

Bild 4: Normenhierarchie unter EC 7-1 (Geotechnische Bemessung, Allgemeine Regeln)

DIN EN 1997-1: EC 7-1 – Entwurf, Bemessung und Berechnung in der Geotechnik

Im EC 7-1 sind die allgemeinen Grundsätze für die Bemessung in der Geotechnik festgelegt. Dabei sind teilweise mehrere alternative Berechnungsmöglichkeiten zugelassen – es stehen somit europaweit u.a. verschiedene Nachweisverfahren nebeneinander (siehe dazu Abschnitt 3.2.2). Der gesamte EC 7 besteht aus zwei Teilen:
– Teil 1: Allgemeine Regeln (Sept. 2009)
– Teil 2: Erkundung und Untersuchung des Baugrundes (Dez. 2010)

In dieser Struktur wird vorerst nur der Teil 1 verwendet, für Teil 2 wird auf Abschnitt 4.1 verwiesen.

DIN EN 1997-1/NA: Nationaler Anhang – national festgelegte Parameter – EC 7-1

Der nationale Anhang ist das Verbindungsglied zwischen EC 7-1 und nationalen Normen. Der Anhang enthält keine neuen nationalen normativen Regelungen sondern ausschließlich folgende Angaben:

- länderspezifische Festlegung für die konkret anzuwendenden Nachweisverfahren
  - In Deutschland sind nur die Nachweisverfahren 2 und 3 zulässig, Verfahren 1 ist nicht anzuwenden.
- Angabe der Teilsicherheitsbeiwerte
  - Die Angabe der Teilsicherfaktoren im EC 7-1 hat nur empfehlenden Charakter. Es wird ausdrücklich angemerkt, dass die Teilsicherheitsfaktoren im NA festgelegt werden können. Im NA wird dann auf die „neue" DIN 1054 verwiesen.
- Entscheidung bezüglich der Anwendung informativer Anhänge
  - Es wird festgelegt, welche Anhänge von EC 7-1 genutzt werden sollen oder können bzw. welche deutschen Normen diese Anhänge ersetzen.
- Verweise auf nicht widersprechende zusätzliche Angaben, die dem Anwender beim Umgang mit dem Eurocode helfen
  - Verweise auf die Anwendung ergänzender Regeln – z.B. „Entwurf und Bemessung aufgrund von anerkannten Tabellenwerten" – Bemessungswerte für Sohlwiderstände nach DIN 1054 und Verweise auf andere nationale Normen.

DIN 1054: Baugrund – Sicherheitsnachweise im Erd- und Grundbau – Ergänzende Regelungen zu DIN EN 1997-1

Die „neue" DIN 1054 enthält nur noch ergänzende Regelungen, die nicht im EC 7-1 enthalten sind und Verweise auf weitere Berechnungsnormen, Empfehlungen und Merkblätter wie EAU, EAP, EAB, EBGEO, KPP, MSD usw. Dies bedeutet aber, dass die Empfehlungen und Merkblätter, auf die verwiesen wird, dem Teilsicherheitskonzept genügen müssen. Daran ist in den letzten Jahren sehr intensiv gearbeitet worden, deshalb sind auch viele Empfehlungen mit Überarbeitungen kürzlich neu erschienen (EA Pfähle - 2007; EA Ufereinfassungen – 2009; EA Baugruben - 2007). Andere Empfehlungen müssen noch überarbeitet werden (EA – Verformungen).

Diese drei Normen sind zukünftig gleichzeitig für die Bemessung in der Geotechnik zu nutzen. Man ist sich darüber im Klaren, dass dies nicht anwenderfreundlich ist, da der Nutzer parallel in drei Normen mit insgesamt ca. 300 Seiten umherblättern muss und sogar an vielen Stellen auf weitere Normen, Empfehlungen und Merkblätter zurückzugreifen hat. Es ist deshalb eine Zusammenfassung von EC 7-1, Nationalem Anhang und DIN 1054 als Normenhandbuch geplant. Dabei soll die Textfassung des EC 7-1 durch die entsprechenden Regelungen und Festlegungen im NA und DIN 1054 ergänzt werden. Dieses Normenhandbuch soll im Beuth Verlag im April 2011 erscheinen. Einen Kommentar zum Normenhandbuch plant der Verlag Ernst und Sohn zum August 2011.

Damit ist der zukünftige Verfahrensweg für die Bemessung in der Geotechnik aufgezeigt. Getrennt davon ist die Ausführung in der Geotechnik unter dem Überbegriff „Ausführung von besonderen geotechnischen Arbeiten (Spezialtiefbau)" in einer Reihe von Fachnormen geregelt (siehe auch Abschnitt 4.2.4).

Die bedeutet z.B. für Bohrpfähle: Die alte Bohrpfahlnorm DIN 4041 „Bohrpfähle: Herstellung, Bemessung und Tragverhalten" ist zurückgezogen. Die Bemessung ist jetzt in EC 7-1 / DIN 1054 geregelt, wobei hier auf die EAP – Empfehlungen des Arbeitskreises Pfähle verwiesen wird. Die Ausführung wird in der DIN EN 1536 „Ausführung von besonderen geotechnischen Arbeiten (Spezialtiefbau) – Bohrpfähle" geregelt.

2.4 Zeitplan

Seit Dezember 2010 gilt folgende neue, aktuelle Normensituation für die Bemessung in der Geotechnik:

- Eurocode 7-1 / DIN EN 1997-1, 172 Seiten, (Sep. 2009)
- Nationaler Anhang zum EC 7-1, 10 Seiten (Dez. 2010)
- „neue" DIN 1054, 105 Seiten (Dez. 2010)

Die bauaufsichtliche Zulassung ist für den 01.07.2012 vorgesehen. Es wird nochmals auf die dargestellte Zeitplanung in Bild 2 verwiesen.

3 Neues in EC 7-1 und DIN 1054

3.1 Bemessungssituationen

Die bisherigen Regelungen zu Lastfällen (LF) über die Definition von Einwirkkombinationen (EK) und Sicherheitsklassen (SK) haben sich als unübersichtlich herausgestellt und wurden in der DIN 1054 (2010) durch den Begriff Bemessungssituation ersetzt (Tabelle 1). Es gelten folgende vier Bemessungssituationen:

- ständige Situation (persistent situations) – (BS-P)
  - übliche Nutzungsbedingungen des Tragwerks
  - ständige und während der Funktionszeit regelmäßig auftretende veränderliche Einwirkungen
- vorübergehende Situation (transient situations) – (BS-T)
  - zeitlich begrenzte Zustände
  - u.a. Bauzustände bei der Herstellung oder Reparatur, Baukonstruktionen für vorübergehende Zwecke (z. B. Baugrubenböschungen)
- außergewöhnliche Situation (accidental situations) – (BS-A)
  - außergewöhnliche Bedingungen für das Tragwerk oder seine Umgebung

- u.a. Feuer, Brand, Explosion, Anprall, extremes Hochwasser oder Ankerausfall
– Erdbeben Situation (earthquake) – (BS-E)
  - Situation infolge von Erdbeben

Tabelle 1: *prinzipielle Zuordnung von Lastfällen in DIN 1054 (2005) und Bemessungssituationen in DIN 1054 (2010)*

Lastfall DIN 1054 (2005)	Bemessungssituation DIN 1054 (2010)	Begriff
LF 1	BS-P / persistent situations	ständige Bemessungssituation
LF 2	BS-T / transient situations	vorübergehende Bemessungssituation
LF 3	BS-A / accidental situations	außergewöhnliche Bemessungssituation
	BS-E / earthquake	Erdbeben

In der Geotechnik werden nun mit der DIN 1054 (2010) basierend auf den Bemessungssituationen die Teilsicherheitsbewerte festgelegt. Im Hochbau ist es üblich, dass die ständigen und vorübergehenden Bemessungssituationen (BS-P/T) zusammengefasst werden und damit einheitliche Teilsicherheitsfaktoren besitzen. In der Geotechnik wird traditionell, auch mit der neuen DIN 1054, für vorübergehende Bemessungssituationen ein etwas abgemindertes Sicherheitsniveau zugelassen.

Die im Zusammenhang mit den Lastfällen erwähnten Einwirkkombinationen werden in der neuen DIN 1054 (2010) nun über die Kombinationsregeln berücksichtigt. Dahinter steckt folgender, für die Geotechnik neuer Ansatz: Mehrere unabhängige veränderliche Einwirkungen können gleichzeitig auftreten und werden in den Bemessungssituationen unterschiedlich angesetzt. Bei mehr als einer veränderlichen Einwirkung wird eine Einwirkung als Leiteinwirkung vollständig (keine Abminderung) berücksichtigt und alle anderen veränderlichen Einwirkungen als Begleiteinwirkungen mit einem Kombinationsbeiwert (Abminderung) $\psi_{0,i} < 1$ angesetzt (dies gilt für die Bemessungssituationen BS-P und BS-T). Dabei ist eine Untersuchung der Kombination mit den Beiwerten erforderlich, um die ungünstigste Kombination festzustellen. In den Bemessungssituationen BS-A und BS-E werden die Kombinationsbeiwerte des häufigsten Wertes der Lasteinwirkung ψ_1 und des quasi ständigen Wertes der veränderlichen Einwirkung ψ_2 verwendet. Die Kombinationsbeiwerte sind im Nationalen Anwendungsdokument zum EC 0, hier DIN EN 1990/NA in Tabelle NA A.1.1 enthalten. Für die Geotechnik sind dabei die Werte für „Sonstige Einwirkungen" mit $\psi_0 = 0{,}8$; $\psi_1 = 0{,}7$; $\psi_2 = 0{,}5$ zu verwenden. Beispielhaft gilt für die Bemessungssituationen BS-P und BS-T:

$$E_d = E_{G,k} \cdot \gamma_G + E_{Q,k} \cdot \gamma_Q + \sum E_{Q,k,i} \cdot \gamma_{Q,i} \cdot \psi_{0,i} \tag{1}$$

Entsprechend DIN EN 1990 hat das Zeichen „=" die Bedeutung „ergibt sich aus" und das Zeichen „+" die Bedeutung „in Kombination mit".

E_d Bemessungswert der Beanspruchung

$E_{G,k}$ charakteristischer Wert der ständigen Beanspruchung

$E_{Q,k}$ charakteristischer Wert der Leiteinwirkung der veränderlichen Beanspruchung

$E_{Q,k,i}$ charakteristischer Wert der Begleiteinwirkung der veränderlichen Beanspruchung

γ_G, γ_Q Teilsicherheitsbeiwerte für ständige und veränderliche Beanspruchungen

$\psi_{o,i}$ Kombinationsbeiwert für begleitende veränderliche Einwirkungen (DIN EN 1990/NA, Tabelle A.1.1)

3.2 Grenzzustande

3.2.1 Allgemeines

Die Begrifflichkeit der Grenzzustände bleibt mit der DIN 1054 (2010) erhalten, wird aber in den Untergruppen verändert (Tabelle 2). Ein Grenzzustand ist der Zustand eines Tragwerkes, bei dessen Überschreitung die der Tragwerksplanung zugrunde gelegten Anforderungen überschritten werden. Dabei wird auch weiterhin zwischen dem Grenzzustand der Tragfähigkeit und dem Grenzzustand der Gebrauchstauglichkeit unterschieden. Der Grenzzustand der Tragfähigkeit beschreibt dabei den Zustand des Versagens. Die bisherige Bezeichnung **Grenzzustand 1 (GZ 1)** ändert sich dabei in **ultimate limit state (ULS)**. Der Grenzzustand der Gebrauchstauglichkeit beschreibt dabei den Zustand einer Nutzungseinschränkung. Die bisherige Bezeichnung **Grenzzustand 2 (GZ 2)** ändert sich dabei in **serviceability limit state (SLS)**.

3.2.2 Grenzzustände der Tragfähigkeit - ultimate limit state (ULS)

Die bisherigen drei Grenzzustände der Tragfähigkeit in der DIN 1054 (2005) werden verändert und nach DIN EN 1997-1 in fünf Gruppen gegliedert (Tabelle 2). Der Grenzzustand 1A nach der alten DIN 1054 (2005) wird dabei in folgende drei neue Gruppen geteilt:

- EQU (equilibium) – entspricht nach DIN 1054 (2005) GZ 1A
  - Verlust der **Lagesicherheit** des als starrer Körper angesehenen Bauwerks oder des Baugrundes, wobei die Festigkeit der Baustoffe und des Baugrundes für den Widerstand nicht entscheidend sind
  - Nachweis der Sicherheit gegen **Kippen**

- UPL (uplift) - entspricht nach DIN 1054 (2005) GZ 1A
  - Verlust der **Lagesicherheit** des Bauwerks oder Baugrunds infolge **Aufschwimmen (Auftrieb)** oder anderer vertikaler Einwirkungen
  - Nachweis der Sicherheit gegen **Aufschwimmen**

- HYD (hydraulic failure) - entspricht nach DIN 1054 (2005) GZ 1A
  - hydraulischer Grundbruch, innere Erosion und Piping im Boden, verursacht durch Strömungsgradienten
  - Nachweis der Sicherheit gegen **hydraulischen Grundbruch**

Im Zuge dieser Nachweise, die unverändert in Form von Grenzzustandsbedingungen auszuführen sind, ist bei diesen drei Versagensformen die Festigkeit des Baugrundes ohne Bedeutung. Es kommt damit nicht, wie bei den beiden nachfolgenden Versagenszuständen, zu einem Bruch im Boden oder Bauwerk. Es kann somit auch nicht von Widerständen gesprochen werden, es stehen sich vielmehr unterschiedlich orientierte, d.h. **destabilisierende und stabilisierende Einwirkungen** gegenüber (üblicher Ansatz im alten GZ 1A). Dies bedeutet, dass die Bemessungswerte der ungünstigen (destabilisierenden) Einwirkungen kleiner als die Bemessungswerte der günstigen (stabilisierenden) Einwirkungen sein müssen.

$$E_{dst,d} \leq E_{stb,d} \tag{2}$$

$$E_{G,dst,k} \cdot \gamma_{G,dst} + E_{Q,dst,k} \cdot \gamma_{Q,dst} \leq E_{G,stb,k} \cdot \gamma_{G,stb} \tag{3}$$

$E_{dst,d}$ Bemessungswert der destabilisierenden Einwirkungen

$E_{stb,d}$ Bemessungswert der stabilisierenden Einwirkungen

$E_{G,dst,k}$ charakteristische ständige destabilisierende Einwirkungen

$E_{Q,dst,k}$ charakteristische veränderliche destabilisierende Einwirkungen

$E_{G,stb,k}$ charakteristische ständige stabilisierende Einwirkungen

$\gamma_{G,dst}$ Teilsicherheitsbeiwert für ständige destabilisierende Einwirkungen

$\gamma_{Q,dst}$ Teilsicherheitsbeiwert für veränderlichen destabilisierende Einwirkungen

$\gamma_{G,stb}$ Teilsicherheitsbeiwert für ständige stabilisierende Einwirkungen

Im alten Grenzzustand 1B nach DIN 1054 (2005) gab es ein **Versagen** von **Bauwerk und** von **Baugrund**. Der alte Grenzzustand 1C beschrieb **ebenfalls** ein **Baugrundversagen**. Mit der neuen DIN 1054 (2010) wird eine präzisierte Zuordnung zu den Versagensformen vorgenommen. Nun beschreibt Grenzzustand STR ausschließlich ein **Bauwerksversagen** (inneres Versagen) und der Grenzzustand GEO ausschließlich ein **Baugrundversagen** (äußeres Versagen). Bei diesen beiden Nachweisen werden Bemessungswerte der **Einwirkungen oder Beanspruchungen** E_d den Bemessungswerten der **Widerstände** R_d gegenübergestellt.

- STR (structional failure) - entspricht nach DIN 1054 (2005) GZ 1B
  - **Inneres Versagen** oder sehr große **Verformung des Bauwerks** oder seiner Bauteile, einschließlich Fundament, Pfähle, Kellerwände usw. wobei die Festigkeit der Baustoffe für den Widerstand entscheidend ist

$E_d \leq R_d$ (4)

E_d Bemessungswert der Einwirkungen oder Beanspruchungen

R_d Bemessungswert des Widerstandes

- GEO (geotechnical failure) - entspricht nach DIN 1054 (2005) GZ 1B und 1C
  - **Versagen** oder sehr große **Verformungen des Baugrundes**, wobei die Festigkeit der Locker- und Festgesteine für den Widerstand entscheidend ist. Der Grenzzustand **GEO wird nachfolgend weiter unterteilt!**

Innerhalb des EC 7-1 werden drei Nachweisverfahren zugelassen, wobei durch den Nationalen Anhang zum EC 7-1 festgelegt wurde, dass in Deutschland nur die Nachweisverfahren 2 und 3 anzuwenden sind.

- Nachweisverfahren 2 – GEO 2 – entspricht dem Berechnungsverfahren im GZ 1B
  Es werden Teilsicherheitsbeiwerte auf die vorgegebenen Einwirkungen und auf die, mit charakteristischen Scherfestigkeiten ermittelten Bodenwiderstände und Erddruckkräfte angewendet. Bei diesem Verfahren der faktorisierten Einwirkungen und Widerstände wird somit der Bemessungswert der Einwirkungen oder Beanspruchungen durch die Multiplikation des charakteristischen Wertes der Einwirkungen mit einem Teilsicherheitsbeiwert bestimmt. Der Bemessungswert des Widerstandes ermittelt sich aus dem charakteristischen Wert des Widerstandes, der durch einen Teilsicherheitsbeiwert dividiert wird.

- Nachweisverfahren 3 – GEO 3 – entspricht dem Berechnungsverfahren im GZ 1C
  Es werden die Einwirkungen mit Teilsicherheitsfaktoren vergrößert und zur Ermittlung der Bodenwiderstände werden die Scherfestigkeiten mit Teilsicherheitsfaktoren abgemindert. Bei diesem Verfahren der faktorisierten Scherparameter werden also, **anders als im Verfahren GEO 2, die Teilsicherheitsbeiwerte bereits auf die Scherparameter angewendet**. Den Bemessungswert des Reibungswinkels erhält man, indem der charakteristische Reibungswinkel mit einem Teilsicherheitsbeiwert abgemindert wird, gleiches gilt für die Kohäsion. Mit diesen Bemessungswerten der Scherparameter werden dann die Bemessungswerte von Einwirkung und Widerstand bestimmt.

Unter Berücksichtigung dieser Differenzierung in GEO 2 und GEO 3 wird folgende Nachweisunterteilung vorgenommen:

- GEO-2 (geotechnical failure) - entspricht nach DIN 1054 (2005) GZ 1B mit Nachweisverfahren 2
  - Nachweis eines ausreichenden Erdwiderlagers
  - **Gleitsicherheitsnachweis**
  - **Grundbruchnachweis**
  - Tragfähigkeitsnachweis von Pfählen und Ankern
  - Standsicherheitsnachweis in der tiefen Gleitfuge

$E_d \leq R_d$

$E_k \cdot \gamma_E \leq R_k / \gamma_k$ (5)

E_k charakteristischer Wert der Einwirkungen oder Beanspruchungen

R_k charakteristischer Wert des Widerstandes

γ_E Teilsicherheitsbeiwert der Einwirkungen oder Beanspruchungen

γ_k Teilsicherheitsbeiwert für die Widerstände

- GEO-3 (geotechnical failure) - entspricht nach DIN 1054 (2005) GZ 1C mit Nachweisverfahren 3
  - Nachweis der Sicherheit gegen Böschungs- und Geländebruch

$E_d \leq R_d$

$E_d = f(\varphi'_d, c'_d) \leq R_d = f(\varphi'_d, c'_d)$ (6)

$\tan \varphi'_d = \tan \varphi'_k / \gamma_\varphi; \quad c_d = c_k / \gamma_c$ (7)

E_d Bemessungswert der Einwirkungen oder Beanspruchungen

R_d Bemessungswert des Widerstandes

$f(...)$ „ist eine Funktion von"

(φ'_d, c'_d) Bemessungswert für den Reibungswinkel und die Kohäsion

φ'_k, c'_k charakteristischer Wert für den Reibungswinkel und die Kohäsion

γ_φ, γ_c Teilsicherheitsbeiwerte für den Reibungswinkel und die Kohäsion

3.2.3 Grenzzustand der Gebrauchstauglichkeit - serviceability limit state (SLS)

Der bisherige Grenzzustand der Gebrauchstauglichkeit bleibt weitgehend unverändert.

- SLS (serviceability limit state) – entspricht nach DIN 1054 (2005) GZ 2
  - Im Regelfall bezieht sich dieser Grenzzustand auf einzuhaltende Verformungen bzw. Verschiebungen. Für die Nachweise der Gebrauchstauglichkeit sind Größe, Dauer und Häufigkeit der Einwirkungen zu berücksichtigen. Für Verformungen sind die ständigen sowie quasi ständigen veränderlichen Einwirkungen maßgebend (Kombinationsbeiwerte – siehe auch Abschnitt 3.1).

$E_d \leq C_d$

- E_d Bemessungswert der Einwirkungen oder Beanspruchungen
- C_d Grenzwert der Beanspruchung

Tabelle 2: Gegenüberstellung der Grenzzustände nach EC 7-1 (2010) und DIN 1054 (2005)

Beschreibung	EC 7 (2010)	DIN 1054 (2005)	Beschreibung
Grenzzustand der Tragfähigkeit (ULS) – ultimate limit state			
Gleichgewichtsverlust als starrer Körper *Kippnachweis*	EQU (equilibrium)	GZ 1A	Grenzzustand des Verlustes der Lagesicherheit Gleichgewichtsverlust des Bauwerks oder Baugrunds (keine Widerstände, nur Gleichgewichtsbetrachtung)
Gleichgewichtsverlust infolge Auftrieb oder anderer Vertikalkräfte *Aufschwimmen*	UPL (uplift)		
Hydraulischer Grundbruch im Boden durch hydraulische Gradienten *hydraulischer Grundbruch*	HYD (hydraulic failure)		*Abheben, Kippen indirekt, Aufschwimmen, hydraulischer Grundbruch*
Bruch des Bauwerkes oder konstruktiver Elemente *Inneres bzw. Materialversagen*	STR (structural failure)	GZ 1B	Grenzzustand des Versagens von Bauwerken und Bauteilen Bruch im Baugrund oder Bauwerk
Versagen oder große Verformung des Baugrundes *Grundbruch, Erdwiderlager, Anker, Pfähle, Gleiten, tiefe Gleitfuge*	GEO 2 (geotechnical failure)		*Materialversagen, Gleiten, Grund-bruch, Versagen des Erdwider-lagers, Anker, tiefe Gleitfuge*
Versagen oder große Verformung des Baugrundes *Böschungs- und Geländebruch*	GEO 3 (geotechnical failure)	GZ 1C	Grenzzustand des Verlusts der Gesamtstandsicherheit *Böschungs- und Geländebruch*
Grenzzustand der Gebrauchstauglichkeit (SLS) – serviceability limit state			
Grenzzustand der Gebrauchstauglichkeit *unzulässige große Verformungen und Verschiebungen*	SLS (serviceability limit state)	GZ 2	Grenzzustand der Gebrauchstauglichkeit *unzulässige große Verformungen und Verschiebungen*

3.3 Teilsicherheitsbeiwerte

Die Teilsicherheitsbeiwerte aus EC 7-1 haben nur empfehlenden Charakter (siehe Abschnitt 2.3) und werden nicht übernommen (NA zum EC 7-2). Im Nationalen Anhang wird auf die DIN 1054 (2010) verwiesen. Dort sind die Teilsicherheitsbeiwerte verbindlich definiert und in drei Tabellen ausgewiesen (Tabelle 3-5). Gegenüber der DIN 1054 (2005) mit ihren vier Berichtigungsblättern in den Beiwerten gibt es aber kaum Veränderungen.

- Teilsicherheitsbeiwerte für Einwirkungen und Beanspruchungen (Tabelle 3)
Teilsicherheitsbeiwerte für geotechnische Kenngrößen (für Nachweisverfahren 3) (
- Tabelle 4)
- Teilsicherheitsbeiwerte für Widerstände (Tabelle 5)

Tabelle 3: Auszug aus Tabelle A.2.1 - Teilsicherheitsbeiwerte für Einwirkungen und Beanspruchungen aus DIN 1054 (2010)

Einwirkung bzw. Beanspruchung	Formel-zeichen	Bemessungssituation		
		BS-P	BS-T	BS-A
HYD und UPL: Grenzzustand des Versagens durch hydraulischen Grundbruch / Aufschwimmen				
destabilisierende ständige Einwirkungen	$\gamma_{G,dst}$	1,05	1,05	1,00
stabilisierende ständige Einwirkungen	$\gamma_{G,stb}$	0,95	0,95	0,95
destabilisierende veränderliche Einwirkungen	$\gamma_{Q,dst}$	1,50	1,30	1,00
Strömungskraft bei günstigem Untergrund	γ_H	1,35	1,30	1,20
Strömungskraft bei ungünstigem Untergrund	γ_H	1,80	1,60	1,35
EQU: Grenzzustand des Verlustes der Lagesicherheit				
ungünstige ständige Einwirkungen	$\gamma_{G,dst}$	1,10	1,05	1,00
günstige ständige Einwirkungen	$\gamma_{G,stb}$	0,90	0,90	0,95
ungünstige veränderliche Einwirkungen	γ_Q	1,50	1,25	1,00
STR und GEO-2: Grenzzustand des Versagens von Bauwerken, Bauteilen und Baugrund				
Beanspruchungen aus ständigen Einwirkungen	γ_G	1,35	1,20	1,10
Beanspruchungen aus günstigen ständigen Einwirkungen	$\gamma_{G,inf}$	1,00	1,00	1,00
Beanspruchungen aus ständigen Einwirkungen aus Erdruhedruck	$\gamma_{G,E0}$	1,20	1,10	1,00
Beanspruchungen aus ungünstigen veränderlichen Einwirkungen	γ_Q	1,50	1,30	1,10
GEO-3: Grenzzustand des Versagens durch Verlust der Gesamtstandsicherheit				
ständige Einwirkungen	γ_G	1,00	1,00	1,00
ungünstige veränderliche Einwirkungen	γ_Q	1,30	1,20	1,00
GZ 2: Grenzzustand der Gebrauchstauglichkeit				
ständige und veränderliche Einwirkungen bzw. Beanspruchungen	γ_G, γ_Q	1,00		

Tabelle 4: Auszug aus Tabelle A.2.2 - Teilsicherheitsbeiwerte für geotechnische Kenngrößen aus DIN 1054 (2010)

Bodenkenngröße	Formel-zeichen	Bemessungssituation		
		BS-P	BS-T	BS-A
HYD und UPL: Grenzzustand des Versagens durch hydraulischen Grundbruch / Aufschwimmen				
Reibungsbeiwert tan φ' des dränierten Bodens und Reibungsbeiwert tan φ_u des undränierten Bodens	$\gamma_\varphi, \gamma_{\varphi u}$	1,00	1,00	1,00
Kohäsion c' des dränierten Bodens und Scherfestigkeit c_u des undränierten Bodens	γ_c, γ_{cu}	1,00	1,00	1,00
GEO-2: Grenzzustand des Versagens von Bauwerken, Bauteilen und Baugrund				
Reibungsbeiwert tan φ' des dränierten Bodens und Reibungsbeiwert tan φ_u des undränierten Bodens	$\gamma_\varphi, \gamma_{\varphi u}$	1,00	1,00	1,00
Kohäsion c' des dränierten Bodens und Scherfestigkeit c_u des undränierten Bodens	γ_c, γ_{cu}	1,00	1,00	1,00
GEO-3: Grenzzustand des Versagens durch Verlust der Gesamtstandsicherheit				
Reibungsbeiwert tan φ' des dränierten Bodens und Reibungsbeiwert tan φ_u des undränierten Bodens	$\gamma_\varphi, \gamma_{\varphi u}$	1,25	1,15	1,10
Kohäsion c' des dränierten Bodens und Scherfestigkeit c_u des undränierten Bodens	γ_c, γ_{cu}	1,25	1,15	1,10

Tabelle 5: Auszug aus Tabelle A.2.3 - Teilsicherheitsbeiwerte für Widerstände aus DIN 1054 (2010)

Widerstand	Formel-zeichen	Bemessungssituation		
		BS-P	BS-T	BS-A
STR und GEO-2: Grenzzustand des Versagens von Bauwerken, Bauteilen und Baugrund				
Bodenwiderstände				
Erdwiderstand und Grundbruchwiderstand	$\gamma_{R,e}$, $\gamma_{R,v}$	1,40	1,30	1,20
Gleitwiderstand	$\gamma_{R,h}$	1,10	1,10	1,10
Pfahlwiderstände aus statischen und dynamischen Probebelastungen				
Fußwiderstand	γ_b	1,10	1,10	1,10
Mantelwiderstand (Druck)	γ_s	1,10	1,10	1,10
Gesamtwiderstand	γ_t	1,10	1,10	1,10
Mantelwiderstand (Zug)	$\gamma_{s,t}$	1,15	1,15	1,15
Pfahlwiderstände aus der Grundlage von Erfahrungswerten				
Druckpfähle	γ_b, γ_s, γ_t	1,40	1,40	1,40
Zugpfähle (nur in Ausnahmefällen)	$\gamma_{s,t}$	1,50	1,50	1,50
Herausziehwiderstände				
Boden- und Felsnägel	γ_a	1,40	1,30	1,20
Verpresskörper und Verpressanker	γ_a	1,10	1,10	1,10
flexible Bewehrungselemente	γ_a	1,40	1,30	1,20
GEO-3: Grenzzustand des Versagens durch Verlust der Gesamtstandsicherheit				
Scherfestigkeit				
siehe Tabelle A.2.2 in DIN 1054 (2010) oder Tabelle 4				
Herausziehwiderstände				
siehe STR und GEO-2				

3.4 Sonstige Änderungen

3.4.1 Auszug aus den Änderungen in DIN 1054 (2010) gegenüber (2005)

Änderungen gibt es unter anderem bei folgenden Themen und Nachweisen:
- Nachweis der Außermittigkeit
- Wertung und Wichtung von Pfahlprobebelastungen
- Prüfkräfte bei der Abnahme- und Eignungsprüfung von Ankern
- Präzisierungen zum Versagen bodengestützter Wände durch Vertikalbewegung
- Ergänzungen zum hydraulisch verursachten Versagen
- Gründungen auf Fels über Bemessungswerte des Sohlwiderstandes
- vereinfachter Nachweis für Flachgründungen durch die Verwendung von Erfahrungswerten (*dieser Nachweis wird im Abschnitt 3.4.2 näher erläutert*)

3.4.2 Vereinfachter Nachweis des Sohldrucks in Regelfällen

Mit der ersten DIN 1054 aus dem Jahre 1934 gab es bereits einen Nachweis über zulässige Bodenpressungen unter der Gründungssohle in zweifelsfreien Fällen. Diese

Größen σ_{zul} wurden mehrfach konkretisiert und präzisiert, waren aber immer als charakteristische Werte zu verstehen. Mit der Neufassung von EC 7-1 und DIN 1054 (2010) stand die Frage, ob diese Werte weiterhin Verwendung finden sollten und wie man diese Werte an das Teilsicherheitskonzept anpasst. Die Tabellen wurden übernommen, die allseits bekannten Anwendungsvoraussetzungen ebenfalls, genauso wie die üblichen Abminderungen und Zuschläge. Die bisherigen **charakteristischen Werte (σ_{zul}) wurden aber in Bemessungswerte ($\sigma_{R,d}$) umgerechnet** (multipliziert mit einem Teilsicherheitsfaktor von 1,4 – dies entspricht dem gemittelten Wert aus ständigem und veränderlichem Teilsicherheitswert), so dass jetzt folgender Nachweis zu führen ist:

$$\sigma_{E,d} \leq \sigma_{R,d} \tag{8}$$

$\sigma_{E,d}$ Bemessungswert der Sohldruckbeanspruchung

$\sigma_{R,d}$ Bemessungswert des Sohlwiderstandes (nach Tabellen A.6.1-2 und A.6.5-8 in DIN 1054 (2010) mit ggf. zu berücksichtigen Erhöhungen und Abminderungen oder nachfolgend - Tabelle 6 und Tabelle 7

Tabelle 6: Bemessungswerte $\sigma_{R,d}$ des Sohlwiderstandes für Streifenfundamente auf nichtbindigem Boden auf Grundlage einer ausreichenden Grundbruchsicherheit

kleinste Einbindetiefe des Fundamentes d in m	Bemessungswert Sohlwiderstand $\sigma_{R,d}$ in kN/m² bei b bzw. b' in m					
	0,5	1,0	1,5	2,0	2,5	3,0
0,50	280	420	560	700	700	700
1,00	380	520	660	800	800	800
1,50	480	620	760	900	900	900
2,00	560	700	840	980	980	980
0,3 m ≤ d ≤ 0,5 m b bzw. b' ≥ 0,3 m	210					

Bemessungswerte $\sigma_{R,d}$ des Sohlwiderstandes für Streifenfundamente auf nichtbindigem Boden auf Grundlage einer ausreichenden Grundbruchsicherheit und einer Begrenzung der Setzungen nach DIN 1054 (2010)

kleinste Einbindetiefe des Fundamentes d in m	Bemessungswert Sohlwiderstand $\sigma_{R,d}$ in kN/m² bei b bzw. b' in m					
	0,5	1,0	1,5	2,0	2,5	3,0
0,50	280	420	460	390	350	310
1,00	380	520	500	430	380	340
1,5	480	620	550	480	410	360
2,00	560	700	590	500	430	390
0,3 m ≤ d ≤ 0,5 m b bzw. b' ≥ 0,3 m	210					

Tabelle 7: Bemessungswerte $\sigma_{R,d}$ des Sohlwiderstandes für Streifenfundamente bei bindigen Böden nach DIN 1054 (2010)

kleinste Einbindetiefe des Fundamentes d in m	Bemessungswert des Sohlwiderstandes $\sigma_{R,d}$ in kN/m² für nachfolgend unterschiedene Böden, Konsistenzen und einaxiale Druckfestigkeiten								
	Schluff UL	gemischtkörniger Boden SU*, ST, ST*, GU*, GT*		tonig, schluffiger Boden UM, TL, TM			Ton TA		
Konsistenz	≥ steif	steif	halbfest	fest	steif	halbfest	fest	steif	halbfest	fest
Druckfestigkeit $q_{u,k}$ in kN/m²	> 120	120 – 300	300 – 700	> 700	120 – 300	300 – 700	> 700	120 – 300	300 – 700	> 700
0,50	180	210	310	460	170	240	390	130	200	280
1,00	250	250	390	530	200	290	450	150	250	340
1,50	310	310	460	620	220	350	500	180	290	380
2,00	350	350	520	700	250	390	560	210	320	420

4 Hinweise zu sonstigen anschließenden Normen

4.1 EC 7-2 – Erkundung und Untersuchung des Baugrundes

Analog zum EC 7, Teil 1 ist auch die Hierarchie im EC 7, Teil 2 „Erkundung und Untersuchung des Baugrundes" aufgebaut. Auch hier gibt es den EC 7-2 und den Nationalen Anhang (NA zu EC 7-2). Die in der Hierarchie untergeordnete nationale Norm ist die DIN 4020 in der überarbeiteten Fassung von 2010 (Bild 5). Damit ergibt sich folgende Normensituation für die Erkundung und Untersuchung des Baugrundes in der Geotechnik:

– Eurocode 7-2 / DIN EN 1997-2 (Okt. 2010)
– Nationaler Anhang zum EC 7-2 (Dez. 2010)
– „neue" DIN 4020 (Dez. 2010)

Daran schließen sich weitere Normen zur geotechnischen Erkundung und Untersuchung an. Die bekannten deutschen Normen sind überwiegend weiterhin gültig. Dabei wurden viele Normen überarbeitet (siehe Abschnitt 4.2.1) und einige Normen zurückgezogen (z. B. DIN 4021 und 4022). Die prinzipielle Struktur und Hierarchie ist im Bild 5 dargestellt.

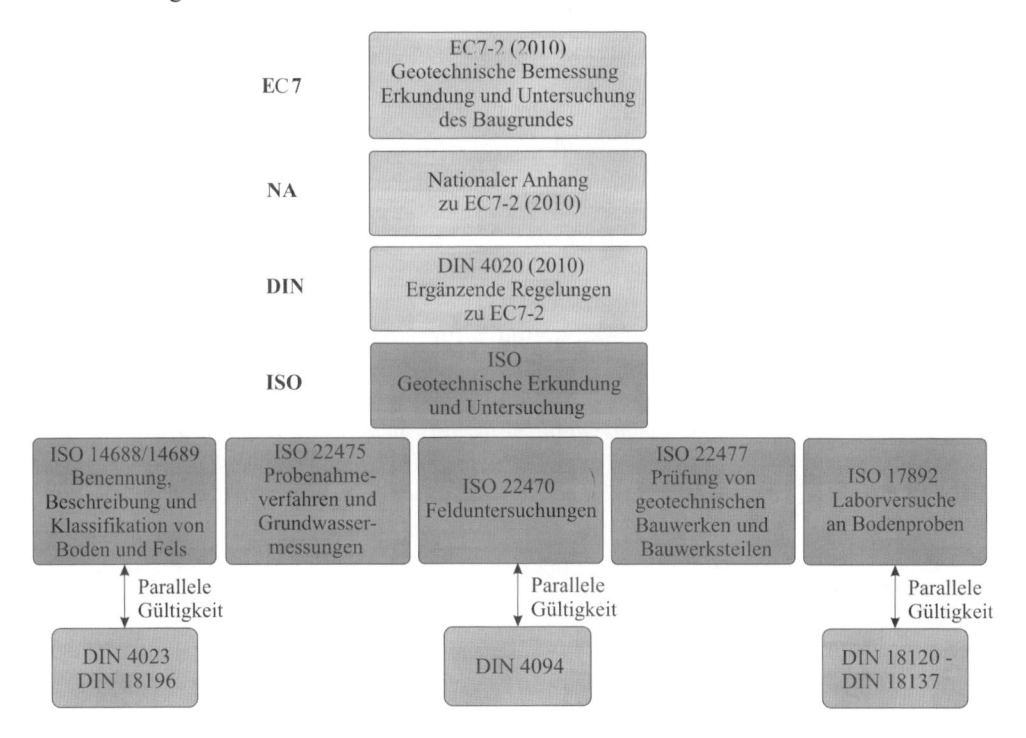

Bild 5: Normenhierarchie unter EC 7-2 (Geotechnische Bemessung - Erkundung und Untersuchung des Baugrundes)

4.2 Sonstige anschließende Normen

4.2.1 Normen zur Erkundung und Untersuchung des Baugrundes

Zur geotechnischen Erkundung und Untersuchung des Baugrundes gibt es beispielhaft folgende prinzipielle Normensituation:

DIN EN ISO 14688	Benennung, Beschreibung und Klassifikation von Böden (Teil 1 - 2, A100)
DIN EN ISO 14689	Benennung, Beschreibung und Klassifikation von Fels (Teil 1)
DIN EN ISO 22475	Probenahmeverfahren und Grundwassermessungen (Teil 1 - 3)
DIN EN ISO 22476	Felduntersuchungen (Teil 1 - 12) *z.B. Druck- und Rammsondierung, Pressiometer, Dilatometer, Flügelscherversuch*
DIN EN ISO 22477	Prüfung von geotechnischen Bauwerken und Bauwerksteilen (Teil 1, 5) *Statische Pfahlprobebelastungen, Ankerprüfungen*
DIN ISO/TS 17892	Laborversuche an Bodenproben (Teil 1 - 12) *z.B. Dichte, Wassergehalt, Kornverteilung, Kompressions- und Scherversuche*

Außerdem gelten weiterhin:

DIN 4021	Erkundung durch Schürfe und Bohrungen *zurückgezogen*
DIN 4022	Benennen und Beschreiben von Bodenarten und Fels *zurückgezogen, durch die vorgenannten Normen DIN EN ISO 14688, 14689, und 22475-1 ersetzt*
DIN 4023 (2006)	Zeichnerische Darstellung der Ergebnisse von Bohrungen *noch gültig*
DIN 18196 (2006)	Bodenklassifikation für bautechnische Zwecke (inkl. Änderung A1 - 2010)
DIN 4094 (2001 - 03)	Baugrund – Felduntersuchungen (Teil 1, 2, 4, 5) *z.B. Drucksondierungen, Bohrlochramm- und Aufweitungsversuch, Teil 3 – Rammsondierungen - zurückgezogen)*
DIN 18120 – 18137	Untersuchung von Bodenproben (1998 – 2010) *z.B. Dichte, Wassergehalt, Kornverteilung, Kompressions- und Scherversuch*
DIN 1055 (2010)	Einwirkungen auf Tragwerke, Teil 2: Bodenkenngrößen

Die vorgenannten Normen haben teilweise nicht näher spezifizierte Beiblätter und Berichtigungen, manche liegen als Vornorm oder Entwurf vor.

4.2.2 Normen zur geotechnischen Berechnung

Zur geotechnischen Berechnung gibt es beispielhaft folgende aktuelle Normensituation. Dabei sind die Normen noch nicht vollständig auf das Teilsicherheitskonzept umgestellt, einige Normen sollen perspektivisch entfallen.

DIN 4017 (2006)   Baugrund – Berechnung des Grundbruchwiderstands von Flachgründungen
DIN 4018 (1974)   Baugrund – Berechnung der Sohldruckverteilung unter Flächengründungen
DIN 4019 (1979)   Baugrund – Setzungsberechnung
DIN 4084 (2009)   Baugrund – Geländebruchberechnungen
DIN 4085 (2007)   Baugrund – Berechnung des Erddrucks
DIN 4126 (2004)   Nachweis der Standsicherheit von Schlitzwänden

Die vorgenannten Normen haben nicht näher spezifizierte Beiblätter und Berichtigungen, manche liegen als Entwurf vor.

4.2.3 Normen zur geotechnischen Konstruktion

Zur geotechnischen Erkundung und Untersuchung des Baugrundes gibt es beispielhaft folgende aktuelle Normensituation. Dabei sind die Normen nicht grundsätzlich durch den Wechsel auf das Teilsicherheitskonzept betroffen, wurden bzw. werden aber inhaltlich angepasst.

DIN 4095 (1990)   Baugrund – Dränung zum Schutz baulicher Anlagen
DIN 4123 (2008)   Ausschachtungen, Gründungen und Unterfangungen im Bereich bestehender Gebäude
DIN 4124 (2010)   Baugruben und Böschungen – Böschungen, Verbau, Arbeitsraumbreiten
DIN 18195 (2000 - 10)   Bauwerksabdichtungen, Teil 1 - 10

Manche der vorgenannten Normen liegen als Entwurf oder Vornorm vor.

4.2.4 Normen zur geotechnischen Ausführung

Wie bereits in der Einleitung (Abschnitt 1) angedeutet und im Abschnitt Normenhierarchie (Abschnitt 2.3) dargestellt, wurden Berechnung und Ausführung getrennt. Die Berechnungsteile der „alten" Normen für die geotechnischen Ausführung entfallen und finden sich nun im EC 7-1 und der neuen DIN 1054. Die Ausführung wird nun in speziellen Herstellungsnormen „Ausführungsnormen für besondere geotechnische Arbeiten (Spezialtiefbau)" geregelt. Folgende Normen wurden deshalb u.a. zurückgezogen:

DIN 4014 (1990)   Bohrpfähle
DIN 4026 (1975)   Rammpfähle
DIN 4125 (1990)   Verpressanker
DIN 4128 (1983)   Verpresspfähle

Für die geotechnische Ausführung gelten beispielhaft folgende neuen Normen, die teilweise bereits in überarbeiteter Fassung und mit Berichtigungen vorliegen:

DIN EN 1536 (2010)   Bohrpfähle
DIN EN 1537 (2009)   Verpressanker (Entwurf)
DIN EN 1538 (2010)   Schlitzwände

DIN EN 12063 (1999)   Spundwandkonstruktionen
DIN EN 12699 (2001)   Verdrängungspfähle
DIN EN 12715 (2000)   Injektionen
DIN EN 12716 (2001)   Düsenstrahlverfahren
DIN EN 14199 (2005)   Pfähle mit kleinem Durchmesser
DIN EN 14475 (2006)   Bewehrte Schüttkörper
DIN EN 14490 (2010)   Bodenvernagelung
DIN EN 14679 (2005)   Tiefreichende Bodenstabilisierung
DIN EN 14731 (2005)   Bodenverbesserung mit Tiefenrüttelverfahren

5 Fazit und Ausblick

Wichtige Schritte für die Harmonisierung der europäischen Normung sind vollbracht, dabei konnten auch nationale Erfahrungen erhalten bleiben. Es ist ein sehr komplexes, stark strukturiertes Regelwerk entstanden, welches durch die geplanten Normenhandbücher und Kommentare benutzerfreundlicher werden wird. In Vorbereitung der bauaufsichtlichen Zulassung der Normen sollte sich jeder geotechnisch Beteiligte im erforderlichen Rahmen informieren und die vielfältigen Schulungsangebote nutzen.

Literatur

[1] DIN EN 1997-1: 2009-09: Eurocode 7: Entwurf, Berechnung und Bemessung in der Geotechnik, Teil 1: Allgemeine Regeln

[2] DIN EN 1997-2: 2007-10: Eurocode 7: Entwurf, Berechnung und Bemessung in der Geotechnik, Teil 2: Erkundung und Untersuchung des Baugrundes

[3] DIN EN 1997-1/NA: 2010-12: Nationaler Anhang – National festgelegte Parameter - Eurocode 7: Entwurf, Berechnung und Bemessung in der Geotechnik, Teil 1: Allgemeine Regeln

[4] DIN EN 1997-2/NA: 2010-12: Nationaler Anhang – National festgelegte Parameter - Eurocode 7: Entwurf, Berechnung und Bemessung in der Geotechnik, Teil 2: Erkundung und Untersuchung des Baugrundes

[5] DIN 1054: 2010-12: Baugrund – Sicherheitsnachweise im Erd- und Grundbau – Ergänzende Regelungen zu DIN EN 1997-1

[6] Schuppener, B. (2010): Das Normen-Handbuch zu EC 7-1 und DIN 1054, Vortrag an der TU Berlin, 29.10.2010

Modifizierte Teilsicherheitsbeiwerte zum Nachweis von Stahlbetonbauteilen im Bestand

Jürgen Schnell

1 Vorbemerkungen

Bauen im Bestand stellt vielfältige Herausforderungen an den Tragwerksplaner. Umbauten und Umnutzungen bringen in der Regel zumindest für einzelne Bauteile Lasterhöhungen mit sich. In [10] sind Hinweise zum Vorgehen beim Standsicherheitsnachweis enthalten. Auch in [4] werden wertvolle Hilfestellungen gegeben. Grundsätzlich sind betroffene Bauteile nach aktuellem Regelwerk nachzuweisen. Dabei ist jeweils zu beachten, dass Nachweisformate grundsätzlich nur in Verbindung mit den zugehörigen Konstruktionsregeln gelten können. Dieser Sachverhalt erfordert beim Tragwerksplaner vertiefte Kenntnisse der Hintergründe normativer Regelungen.

Bild 1: Bewehrungsstoß mit BSt I nach aktuellem Normenwerk nicht nachweisbar

Prof. Dr.-Ing. Jürgen Schnell, TU Kaiserslautern, Fachgebiet Massivbau und Baukonstruktion

In jedem Fall stellt sich für Nachweise nach dem semiprobabilistischen Sicherheitskonzept die Frage nach charakteristischen Baustofffestigkeiten. Sofern Planunterlagen seinerzeit geplante Baustofffestigkeiten zweifelsfrei ausweisen, gelingt eine Umrechnung. Andernfalls müssen Festigkeitswerte im Rahmen einer qualifizierten Bestandsanalyse ermittelt werden.

2 Bestimmung charakteristischer Werkstoffkennwerte

2.1 Zuordnung historischer Materialgüten

Setzt man voraus, dass die bei der Errichtung eines Stahlbetonbauwerks verwendeten Materialien Beton und Betonstahl den Anforderungen der zu dieser Zeit gültigen Normen entsprechen, können für sie charakteristische Werkstoffkennwerte abgeleitet werden. Diese werden für die Anwendung der in [6] geregelten Nachweisverfahren mit Teilsicherheitsbeiwerten benötigt.

Charakteristische Werkstoffkennwerte sind nach [9] definiert als „Wert einer Baustoffeigenschaft ... mit bestimmter Auftretenswahrscheinlichkeit bei unbegrenzter Probenzahl. Dieser Wert entspricht i.d.R. einer bestimmten Fraktile (=Quantile) der statistischen Verteilung ...". In den vor 1972 erschienen Normenwerken sind die Werkstoffkennwerte für Beton und Betonstahl im Allgemeinen nicht als bestimmte Quantile festgelegt. Sie müssen daher unter der Annahme der für die Werkstoffkennwerte üblichen Verteilungen und des damals vorliegenden Streuungsniveaus bestimmt werden.

Des Weiteren stellen Werkstoffkennwerte keine physikalisch bedingten Absolutwerte dar. Die Messergebnisse hängen entscheidend von der Versuchsdurchführung ab. Daher ist es erforderlich, die zum Verwendungszeitpunkt gültigen Prüfbestimmungen mit den heutigen zu vergleichen und Abweichungen zu den aktuell geforderten Referenzgrößen durch entsprechende Umrechnungsfaktoren anzupassen.

Ein Überblick zur Zuordnung historischer Werkstoffe zu charakteristischen Festigkeiten ist enthalten.

2.2 Bestimmung charakteristischer Materialkennwerte durch Bauwerksuntersuchungen

Falls keine gesicherten Erkenntnisse zu den vorhandenen Festigkeiten vorliegen, müssen die charakteristischen Werte auf Grundlage einer Probenentnahme gewonnen werden. Hinweise zur Vorgehensweise enthält [18]. Auch die in Kürze erscheinende Nachrechnungsrichtlinie für Brücken wird entsprechende Regeln enthalten. DIN EN 13791 [8] nennt bezüglich ihrer Anwendung zur Bewertung der Druckfestigkeit alter Betone keinerlei Einschränkungen. Untersuchungsergebnisse in [2] zeigen jedoch, dass die in [8] beschriebene Bewertungsmethodik eher für den nachträglichen Konformitätsnachweis neuzeitlicher Betone geeignet ist.

3 Bemessung von Bestandstragwerken

3.1 Probebelastungen

Grundsätzlich kann die Tragfähigkeit eines Bauteils durch Probebelastungen nachgewiesen werden. In DIN 1045 war diese Vorgehensweise bis zum Erscheinen der Ausgabe 1972 beschrieben. Vorbehalte gegen die Aussagekraft von Tragwerksversuchen unterhalb des Traglastniveaus führten dazu, dass dieser Abschnitt aus der Norm entfernt wurde. Da sich aber in der Praxis zum Beispiel historische Deckensysteme einerseits als problemlos tragfähig andererseits aber rechnerisch schwer nachweisbar erwiesen hatten, wuchs anschließend doch wieder das Bedürfnis, Grundlagen für die Durchführung von Belastungsversuchen zu schaffen. Als Folge wurde im Jahr 2000 die DAfStb-Richtlinie „Belastungsversuche an Massivbauwerken" veröffentlicht [3].

Probebelastungen nach [3]-Richtlinie dürfen nur von hierfür besonders qualifizierten Stellen (Materialprüfanstalten, Hochschulinstitute) durchgeführt werden und sind so ausgelegt, dass das Tragwerk nach Möglichkeit während der Probebelastung nicht dauerhaft geschädigt wird. Problematisch bleibt die Beurteilung des Sicherheitsniveaus hinsichtlich Versagensarten ohne Vorankündigung (z. B. Schubdruckbruch), sofern das Tragwerk nicht – über die Ziellasten der Richtlinie hinausgehend – probeweise bis zur rechnerischen Bruchlast beansprucht wird.

Nützliche Hinweise zur praktischen Durchführung von Probebelastungen sind in [11] enthalten

3.2 Modifikation von Teilsicherheitsbeiwerten

Auch wenn die Anwendung aktueller Normen selten lückenlos möglich ist, so müssen doch oft Querschnittsnachweise im Grenzzustand der Tragfähigkeit nach ihnen geführt werden. Das in Deutschland für Nachweise der Standsicherheit eingeführte Regelwerk zielt fast ausschließlich auf die Errichtung von Neubauten. Hierfür müssen bei der Festlegung von Teilsicherheitsbeiwerten noch unbekannte Streuungen von Festigkeiten und geometrischen Größen berücksichtigt werden. Weiterhin gelten die Teilsicherheitsbeiwerte für beliebige Verhältnisse von ständiger zu veränderlicher Last. Zusätzlich ist zu beachten, dass die Teilsicherheitsbeiwerte der neuen Normengeneration unter notwendigerweise vorzunehmenden Vereinfachungen sowie unter Berücksichtigung des zuvor geltenden Sicherheitsniveaus festgelegt wurden. Sie liefern auch im Neubaubereich keineswegs ein einheitliches Zuverlässigkeitsniveau sondern stellen sicher, dass die Mindestanforderungen in den meisten Fällen eingehalten werden.

Streuende Größen können im Bestand durch eine qualifizierte Bestandsaufnahme eingegrenzt werden. Dies rechtfertigt unter Zuverlässigkeitsaspekten eine Modifikation der Teilsicherheitsbeiwerte, ohne dass das Zuverlässigkeitsniveau der Tragwerke unter das bauaufsichtlich geforderte Niveau absinkt. Auf diese Weise können in manchen Fällen Verstärkungsmaßnahmen vermieden werden.

Bild 2: Verstärkung einer Deckenplatte mit CFK-Lamellen

3.2.1 Zuverlässigkeitsniveau

Als Bezugszeitraum wird in der Regel die vorgesehene Nutzungsdauer des Tragwerkes gewählt. Gemäß [7] beschreibt diese Zeitspanne den Zeitraum, in dem ein Bauwerk bei Instandhaltung aber ohne nennenswerte Instandsetzung genutzt werden kann. Der Sicherheitsindex β ist das festzulegende Maß für die Zuverlässigkeit. Nach [7] ist für einen Bezugszeitraum von 50 Jahren $\beta_{50} = 3{,}8$ zu wählen.

In den Probabilistic Model Codes [16] und [15] wird für Bestandsbauten ein niedrigerer Zuverlässigkeitsindex β vorgesehen. Dabei wird berücksichtigt, dass das Gebäude bereits über einen längeren Zeitraum hinweg allen Einwirkungen standgehalten hat und daher signifikante Fehler aus der Planungs- und Errichtungsphase weitgehend ausgeschlossen werden können. Zahlenwerte zur Absenkung des Zuverlässigkeitsniveaus werden in [16] und [15] nicht genannt.

In [5] wird vor diesem Hintergrund für Bestandstragwerke eine Reduzierung der Zielgröße des Sicherheitsindexes auf $\beta_{50} = 3{,}20$ zugrunde gelegt.

3.2.2 Grenzzustandsgleichungen

Für alle zu untersuchenden Nachweisformate sind die jeweiligen Grenzzustandsgleichungen zu formulieren. Die probabilistische Formulierung der Grenzzustandsgleichung für reine Biegetragfähigkeit ergibt sich beispielsweise für den gerissenen, einfach bewehrten Rechteckquerschnitt unter Verwendung eines Spannungsblocks für die Spannungsverteilung in der Druckzone zu:

$$Z_{Biegezug} = \theta_{R,M} \cdot A_{S1} \cdot f_y \cdot d \cdot \left(1 - \frac{A_{S1} \cdot f_y}{2 \cdot b \cdot d \cdot \kappa \cdot \alpha \cdot f_c}\right)$$
$$-\theta_{E,M}(M_G + M_Q) = 0 \qquad (1)$$

mit den Basisvariablen:

$\theta_{R,M}$; $\theta_{E,M}$ Modellunsicherheiten für Biegung: Widerstands- bzw. Einwirkungsseite,

b, d Bauteilbreite, statische Nutzhöhe,

M_G; M_Q Moment infolge ständiger bzw. veränderlicher Einwirkung,

f_c; f_y Mittelwert der Betondruckfestigkeit bzw. der Stahlzugfestigkeit,

A_{s1}; α Größe der vorh. Biegezugbewehrung, Dauerstandsbeiwert

Mit Hilfe von Rechenverfahren nach [17] lassen sich auf dieser Basis erforderliche Teilsicherheitsbeiwerte ermitteln bzw. für gesetzte Teilsicherheitsbeiwerte lässt sich der zugehörige Zuverlässigkeitsindex β für den unterstellten Bezugszeitraum ermitteln.

3.2.3 Variation von Teilsicherheitsbeiwerten

Nachfolgend für die Widerstandsseite vorgeschlagene Teilsicherheitsbeiwerte (γ_c für den Baustoff Beton und γ_s für Bewehrungsstahl) gelten ausschließlich dann, wenn die Teilsicherheitsbeiwerte auf der Einwirkungsseite ausnahmslos unverändert nach [7] angesetzt werden. Anhand von Parameterstudien kann dann z. B. für reines Biegezugversagen für unterschiedliche Kombinationen von γ_c und γ_s und unterschiedliche geometrische Längsbewehrungsgrade der erreichte Zuverlässigkeitsindex dargestellt werden. Dabei ist ein bestimmtes Verhältnis von ständiger zu veränderlicher Last sowie eine Eingrenzung der Streuung der Betonfestigkeit zu unterstellen (Bild 3).

Es lässt sich leicht erkennen, dass mit den Teilsicherheitsbeiwerten nach Norm für alle Längsbewehrungsgrade der Zuverlässigkeitsindex $\beta = 3{,}8$ übertroffen wird. Sehr kleine Teilsicherheitsbeiwerte auf der Widerstandsseite reichen aus, um den Zuverlässigkeitsindex $\beta = 3{,}2$ sicherzustellen.

Die genannten Werte stellen einen Vorschlag des Verfassers dar, der auf einer von A. Fischer an der TU Kaiserslautern angefertigten Dissertation gründet [12]. Die dargestellten Werte erlauben einen Überblick über den Einfluss der Teilsicherheitsbeiwerte auf das Sicherheitsniveau in bestimmten Parameterkonstellationen. Sie sind jedoch bisher nicht Gegenstand bauaufsichtlich anerkannter oder eingeführter Regelungen.

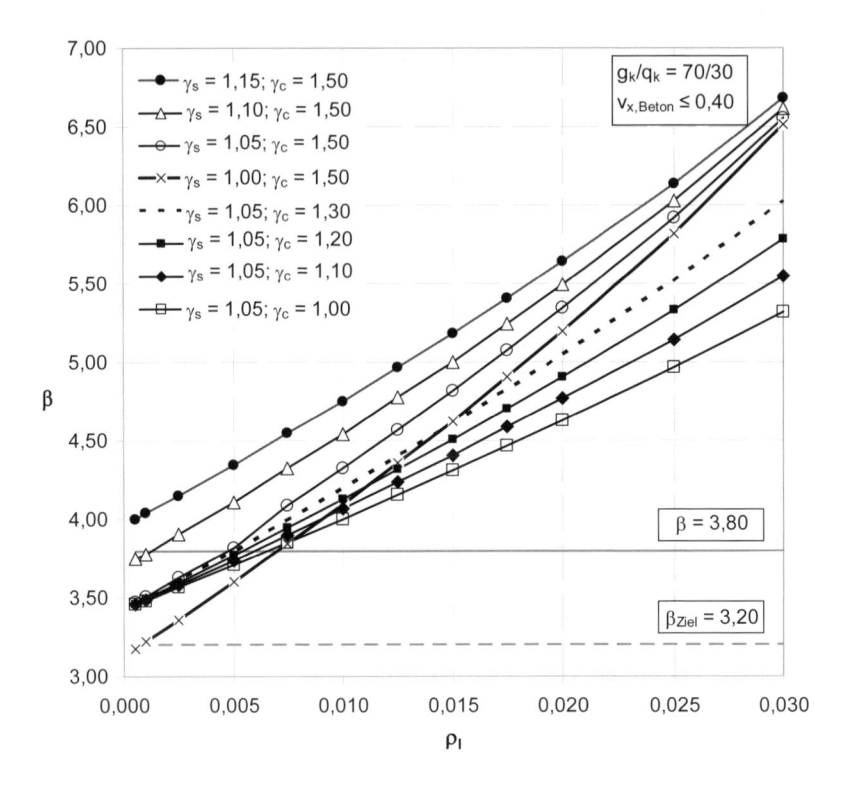

Bild 3: Zuverlässigkeitskurven für Biegezugversagen von Stahlbetonbauteilen bei Variation der Sicherheitsbeiwerte γ_c und γ_s für das Lastverhältnis $g_k / q_k = 70 / 30$ (Nutzlast)

In [17] werden die Zuverlässigkeitskurven im Hinblick auf die Materialstreuung, das Lastverhältnis g_k / q_k sowie die Lastart tabellarisch für die jeweilige Versagensart für einen Bezugszeitraum von 50 Jahren ausgewertet. Da es sich bei allen hier ausgewiesenen Teilsicherheitsbeiwerten um näherungsweise aus Diagrammen abgelesene und nicht exakt bestimmte Werte handelt, werden die Teilsicherheitsbeiwerte γ_c' und γ_s' mit einem Hochkomma versehen.

3.2.4 Übertragungsfaktoren

Oben werden Wege zur Bestimmung der charakteristischen Betondruckfestigkeit aufgezeigt. Um dabei verbleibende Restunsicherheiten in Hinblick auf die tatsächlich auftretenden Verteilungsfunktionen auf der sicheren Seite liegend zu berücksichtigen, werden für die Bestimmung der Teilsicherheitsbeiwerte sogenannte Übertragungsfaktoren γ_{TF} eingeführt, die in Tabelle 1 tabelliert sind. Mit diesen sind die in Tabelle 2 bis Tabelle 4 ausgewiesenen Sicherheitsbeiwerte γ_c' bzw. γ_s' zu multiplizieren. Bei einer Stichprobenanzahl $n \geq 30$ je Grundgesamtheit kann auf Übertragungsfaktoren verzichtet werden [17].

Tabelle 1: Ausweisung eines Übertragungsfaktors γ_{TF} für den Teilsicherheitsbeiwert des Betons γ_c' in Abhängigkeit des Variationskoeffizienten der Betondruckfestigkeit v_x

Übertragungsfaktor γ_{TF} für den Teilsicherheitsbeiwert γ_c'			
Streuung	$v_x < 15\,\%$	$15\,\% < v_x < 30\,\%$	$v_x > 30\,\%$
γ_{TF}	1,05	1,10	1,15

Durch die Festlegung der unteren Grenze für den Teilsicherheitsbeiwert des Betonstahls zu $\gamma_s' = 1{,}05$ werden evtl. vorhandene Abweichungen von den tatsächlich vorhandenen statistischen Kenngrößen der Materialfestigkeit ausreichend abgedeckt. Der Übertragungsfaktor $\gamma_{TF,s}$ für den Teilsicherheitsbeiwert des Betonstahls γ_s' kann deshalb einheitlich mit 1,0 angenommen werden.

Zur semiprobabilistischen Nachweisführung von Bestandsbauten müssen die probabilistisch fundierten Teilsicherheitsbeiwerte γ_c' und γ_s' mit dem Übertragungsfaktor γ_{TF} multipliziert werden. Die modifizierten Teilsicherheitsfaktoren zur Bestimmung der Bemessungswerte der Baustofffestigkeiten bestimmen sich dann zu:

$$\gamma_{c,mod} = \gamma_c' \cdot \gamma_{TF} \tag{2}$$

$$\gamma_{s,mod} = \gamma_s' \cdot \gamma_{TF,s} = \gamma_s' \cdot 1{,}0 = \gamma_s' \tag{3}$$

Die Bemessungswerte der Betondruckfestigkeit f_{cd} bzw. der Stahlzugfestigkeit f_{yk} berechnen sich somit wie folgt:

$$f_{cd} = \alpha \cdot f_{ck} / \gamma_{c,mod} \tag{4}$$

bzw.

$$f_{yd} = f_{yk} / \gamma_{s,mod} \tag{5}$$

Für die charakteristische Betonfestigkeit ist der direkt aus der Stichprobe ermittelte 5 % Quantilwert zu verwenden, da die Bauwerksfestigkeit mit der an den entnommenen Bohrkernen ermittelten Festigkeit übereinstimmt.

Die Anwendung der nachfolgend ausgewiesenen modifizierten Teilsicherheitsfaktoren $\gamma_{c,mod}$ bzw. $\gamma_{s,mod}$ ermöglicht die Nachweisführung für verschiedene Versagensarten, Lastverhältnisse, Lastarten und Materialstreuungen mit einem weitgehend einheitlichen Zuverlässigkeitsniveau.

3.2.5 Modifizierte Teilsicherheitsfaktoren

In [14] werden Teilsicherheitsbeiwerte für ausgesuchte Nachweisformate im Stahlbetonbau nach [6] angegeben. Deren Gültigkeit ist an die in Tabelle 2 bis Tabelle

4 genannten Randbedingungen geknüpft. Deren Einhaltung ist durch eine qualifizierte Bestandsaufnahme nachzuweisen.

Der Nachweis des Querkraftwiderstandes $V_{Rd,ct}$ für Bauteile ohne Querkraftbewehrung kann aus probabilistischer Sicht unabhängig vom vorhandenen Längsbewehrungsgrad sowie von den Materialstreuungen der Baustoffe einheitlich mit $\gamma_c' = 1,00$ festgelegt werden, da hierfür in [17] u. [13] eine ausreichende Zuverlässigkeit festgestellt werden konnte. Der Teilsicherheitsbeiwert γ_c' ist mit dem Übertragungsfaktor gem. Tabelle 1 zu multiplizieren. Bauteilversagen ohne Vorankündigung wurde dabei durch die Wahl einer höheren Zielzuverlässigkeit von $\beta_{50} = 3,80$ bereits berücksichtigt.

Der Zugstrebennachweis $V_{Rd,sy}$ von querkraftbeanspruchten Bauteilen kann mit den ermittelten Sicherheitsbeiwerten γ_s' gemäß Tabelle 3 geführt werden. Hierbei ist allerdings eine Differenzierung hinsichtlich des Lastverhältnisses g_k / q_k sinnvoll.

Für den Nachweis der Druckstrebentragfähigkeit $V_{Rd,max}$ ist die Materialstreuung des Betons von großer Bedeutung. Daher erfolgt die Definition des Teilsicherheitsbeiwertes γ_c' in Tabelle 4 in Abhängigkeit vom Variationskoeffizienten der Betondruckfestigkeit.

Teilsicherheitsbeiwerte für andere Nachweisformate sind in [13] enthalten.

Tabelle 2: Teilsicherheitsbeiwerte für Biegezugversagen für Betonstreuungen $v_x < 0,40$

Teilsicherheitsbeiwerte γ_c' und γ_s' für Biegezugversagen						
Lastart	Nutzlast / Windlast			Schneelast		
Lastverhältnis g_k / q_k	70 / 30	60 / 40	50 / 50	70 / 30	60 / 40	50 / 50
γ_c'	1,00	1,00	1,10	1,10	1,20	1,50
γ_s'	1,05	1,05	1,05	1,10	1,15	1,15
Randbedingungen: für alle Betonstahlgüten mit Variationskoeffizient Stahl: $v_x \leq 0,06$ Variationskoeffizient Bauteilbreite: $v_x \leq 0,05$ Variationskoeffizient Bauteilhöhe und statische Nutzhöhe: $v_x \leq 0,03$ für Betongüten bis C50/60 $\rho_l \leq 0,030$ $\gamma_{c,mod} = \gamma_c' \cdot \gamma_{TF}$ bzw. $\gamma_{s,mod} = \gamma_s'$						

Tabelle 3: Teilsicherheitsbeiwerte γ_s' für Querkraftversagen $V_{Rd,sy}$

Teilsicherheitsbeiwerte γ_s' für den Querkraftnachweis der Zugstrebe $V_{Rd,sy}$			
Lastverhältnis g_k / q_k	70 / 30	60 / 40	50 / 50
γ_s'	1,10	1,15	1,20
Randbedingungen: für alle Betonstahlgüten mit Variationskoeffizient Stahl: $v_x \leq 0,06$ Variationskoeffizient Bauteilbreite: $v_x \leq 0,05$ Variationskoeffizient Bauteilhöhe und statische Nutzhöhe: $v_x \leq 0,03$ $\gamma_{s,mod} = \gamma_s'$			

Tabelle 4: Teilsicherheitsbeiwerte γ_c' für den Druckstrebennachweis $V_{Rd,max}$ in Abhängigkeit des Variationskoeffizienten der Betondruckfestigkeit v_x

Teilsicherheitsbeiwerte γ_c' für Querkraftversagen querkraftbewehrter Bauteile für den Druckstrebennachweis $V_{Rd,max}$			
Teilsicherheitsbeiwerte ohne Übertragungsfaktoren γ_{TF}			
Betonstreuung v_x	Lastverhältnis g_k / q_k		
	70 / 30	60 / 40	50 / 50
	γ_c'	γ_c'	γ_c'
0,05	1,10	1,10	1,20
0,10	1,10	1,20	1,20
0,15	1,20	1,20	1,30
0,20	1,30	1,30	1,40
0,25	1,40	1,40	1,50
0,30	1,50	1,60	1,60
0,35	1,70	1,80	1,80
0,40	1,90	1,90	1,90
Variationskoeffizient Bauteilbreite: $v_x \leq 0,05$ Variationskoeffizient Bauteilhöhe und statische Nutzhöhe: $v_x \leq 0,03$ gilt für alle Betonstahlgüten bis C50/60 mit Variationskoeffizient von Stahl: $v_x \leq 0,06$ $\gamma_{c,mod} = \gamma_c' \cdot \gamma_{TF}$			

3.2.6 Teilsicherheitsfaktoren nach DAfStb-Belastungsrichtlinie

In der DAfStb-Belastungsrichtlinie [3] werden ebenfalls reduzierte Teilsicherheitsbeiwerte auf Einwirkungs- und Widerstandsseite zur Nachrechnung von Tragwerken empfohlen (Klammerwert: Teilsicherheitsbeiwert nach [6]):

- Teilsicherheitsbeiwert für ständige Einwirkungen: $\gamma_G = 1,15$ ($\gamma_G = 1,35$),
- Teilsicherheitsbeiwert für Beton: $\gamma_c = 1,40$ ($\gamma_c = 1,50$),
- Teilsicherheitsbeiwert für Betonstahl: $\gamma_s = 1,10$ ($\gamma_s = 1,15$).

Dabei wird vorausgesetzt, dass die „ständigen Einwirkungen und die charakteristischen Festigkeiten durch Untersuchungen bekannt" sind. Weitergehende

Abminderungen der oben aufgeführten Teilsicherheitsbeiwerte sind im Einzelfall möglich, bedürfen aber einer Begründung. Eine Abänderung des Teilsicherheitsbeiwertes für veränderliche Einwirkungen wird nicht erlaubt. Die Ausweisung der reduzierten Teilsicherheitsbeiwerte geht auf den Sachstandsbericht „Verstärken von Betonbauteilen" [1] zurück. Die Abminderungen sollen für alle Nachweisformate im Stahlbetonbau gelten.

In [19] wurden die Auswirkungen dieser Teilsicherheitsbeiwerte auf das Zuverlässigkeitsniveau probabilistisch untersucht. Es zeigt sich die starke Abhängigkeit der Zuverlässigkeit vom Längsbewehrungsgrad (Bild 4). Außerdem wird erkennbar, dass der Sicherheitsindex mit Zunahme des Anteils der ständigen Last an der Gesamtlast ansteigt. Insbesondere bei sehr hohen veränderlichen Lastanteilen kann das geforderte Zuverlässigkeitsniveau unterschritten werden [13].

Beim Nachweis der Druckstrebentragfähigkeit erkennt man den großen Einfluss der Streuung der Betondruckfestigkeit und weder Belastungsrichtlinie noch [6] führen bei großen Streuungen der Betondruckfestigkeit zu einem ausreichenden Zuverlässigkeitsniveau (Bild 5).

Es wird also erkennbar, dass mit den vereinfachten Annahmen nach [3] nicht in jedem Fall das angestrebte Zuverlässigkeitsniveau erreicht werden kann.

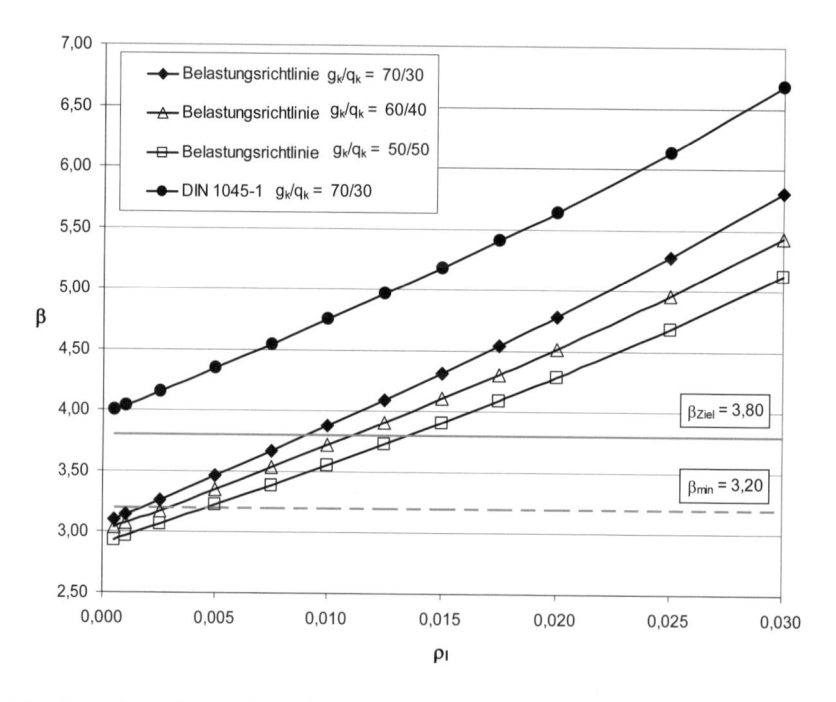

Bild 4: Zuverlässigkeitsindex β der Versagensart Biegezugversagen in Abhängigkeit vom Längsbewehrungsgrad ρ_l für verschiedene Lastverhältnisse g_k / q_k bei Anwendung der Teilsicherheitsfaktoren nach Belastungsrichtlinie und [6] ($v_{x,Beton}$ = variabel, $v_{x,Stahl}$ = 0,06)

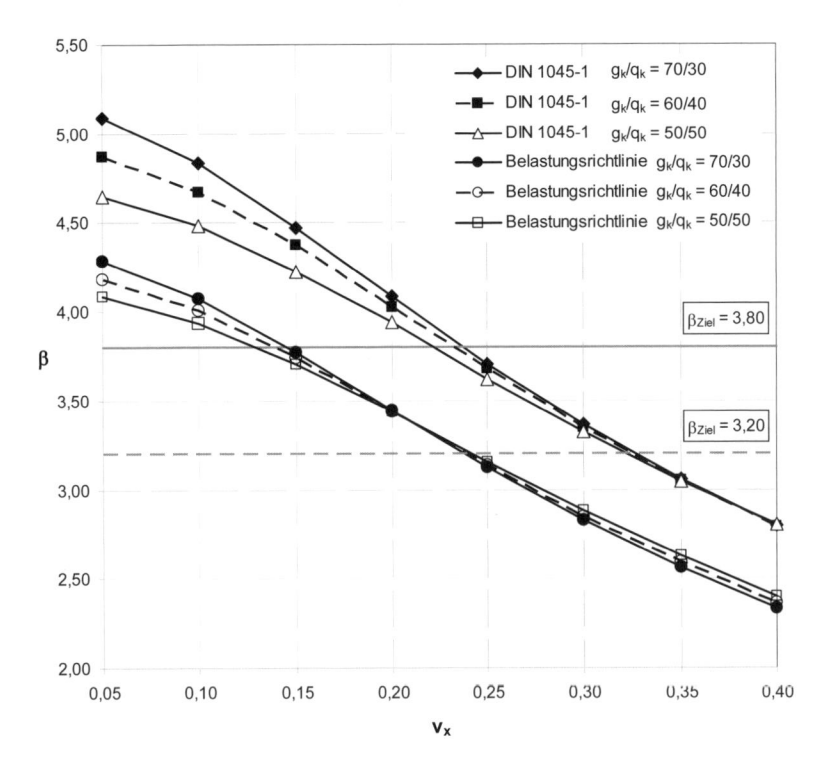

Bild 5: Zuverlässigkeit des Druckstrebennachweises $V_{Rd,max}$ nach [3] und aktueller Bemessungsnorm für verschiedene Streuungen der Betondruckfestigkeit v_x

Literatur

[1] Braml, T., Fischer, A., Keuser, M., Schnell, J.: Beurteilung der Zuverlässigkeit von Bestandstragwerken hinsichtlich einer Querkraftbeanspruchung, Beton- und Stahlbetonbau 104, Heft 12, Verlag Ernst & Sohn, Berlin, 2009.

[2] Caspeele, R.: Probabilistic Evaluation of Conformity Control and the Use of Bayesian Updating Techniques in the Framework of Safety Analyses of Concrete Structures. Dissertation, Ghent University, 2010.

[3] DAfStb: Richtlinie Belastungsversuche an Betonbauwerken, Beuth Verlag, 2000.

[4] Deutscher Beton- und Bautechnik-Verein: Merkblätter Bauen im Bestand, Leitfaden, Jan. 2008.

[5] Diamantidis, D. 2007: Diamantidis, D., Holicky, M.: Assessment of existing structures - On the applicability of the JCSS recommendations in Aspects of Structural Reliability- Faber, Vrouwenvelder, Zilch (Hrsg.), Herbert Utz Verlag München, 2007.

[6]   DIN 1045-1:2008-08: Tragwerke aus Beton, Stahlbeton und Spannbeton - Teil 1: Bemessung und Konstruktion.

[7]   DIN 1055-100:2001-03: Einwirkungen auf Tragwerke - Teil 100: Grundlagen der Tragwerksplanung - Sicherheitskonzept und Bemessungsregeln.

[8]   DIN EN 13791:2008-05: Bewertung der Druckfestigkeit von Beton in Bauwerken oder in Bauwerksteilen; Deutsche Fassung EN 13791:2007.

[9]   DIN EN 1990:2002-10: Eurocode: Grundlagen der Tragwerksplanung.

[10] Fachkommission Bautechnik der Bauministerkonferenz (ARGEBAU): Hinweise und Beispiele zum Vorgehen beim Nachweis der Standsicherheit beim Bauen im Bestand. Fassung April 2008, Berlin, 2008.

[11] Fingerloos, F.; Schnell, J.: Tragwerksplanung im Bestand. Betonkalender 2009, Seite 1-51. Berlin: Ernst & Sohn, 2009.

[12] Fischer, A.: Bestimmung modifizierter Teilsicherheitsbeiwerte zur semiprobabilistischen Bemessung von Stahlbetonkonstruktionen im Bestand, Schriftenreihe des Studienganges Bauingenieurwesen der Technischen Universität Kaiserslautern; Band 13, 2011.

[13] Fischer, A.: Bestimmung modifizierter Teilsicherheitsbeiwerte zur semiprobabilistischen Nachweisführung von Stahlbetonkonstruktionen im Bestand. Dissertation, Technische Universität Kaiserslautern; Fachgebiet Massivbau und Baukonstruktion, 2010.

[14] Fischer, A.; Schnell, J.: Modifizierte Teilsicherheitsbeiwerte zum Nachweis von Stahlbetonbauteilen im Bestand. Bauingenieur Band 85, Ausgabe Juli/August. Düsseldorf: Springer VDI-Verlag, 2010.

[15] JCSS: Probabilistic Assessment of Existing Structures. RILEM Publications, S.A.R.L., 2001.

[16] JCSS: Probabilistic Model Code. Joint Committee on Structural Safety. www.jcss.ethz.ch, 2000.

[17] Rackwitz, R. and Fiessler, B.: Structural Reliability under combined random load sequences. Computer and Structures, Vol. 9; 1978.

[18] Schnell, J.; Fischer, A.; Loch, M.: Anwendung von Teilsicherheitsbeiwerten auf Bestandsbauten im Hochbau. Forschungsbericht, gefördert vom Bundesamt für Bauwesen und Raumordnung (Aktenzeichen: Z 6 - 10.08.18.7-06.8 / II 2-F20-06-019), 2008.

[19] Verstärken von Betonbauteilen - Sachstandsbericht. Deutscher Ausschuss für Stahlbeton Heft 467. Beuth Verlag, Berlin, 1996.

Stoffliche und technologische Anforderungen an Beton und Betonausgangsstoffe - bleibt alles anders?

Thomas Richter

1 Einleitung

Über das Mittelalter hinaus in Vergessenheit geraten, wurde Beton durch ständige stoffliche und konstruktive Weiterentwicklung zum Hauptbaustoff unserer Zeit. 332 kg Zement je Einwohner werden jährlich in Deutschland verbaut. Was zunächst viel klingt, liegt in anderen Ländern noch viel höher: Italien kommt auf 700 kg und Österreich auf 708 kg je Einwohner und Jahr. Schon Mitte des 19. Jahrhunderts begann der Portlandzement eine herausragende Rolle unter den Baustoffen zu spielen. 1878 wurde durch Erlass des Ministers für öffentliche Arbeiten die erste „Norm für einheitliche Lieferung und Prüfung von Portlandzement" eingeführt. Auch granulierte Hochofenschlacke, den heute vermeintlich modernen Hüttensand, findet man bereits ab 1882 im Zement (Eisenportlandzement). Die Entwicklung des Betons und seiner Ausgangsstoffe ist aber bei weitem noch nicht abgeschlossen. Im Folgenden werden beispielhaft für eine Vielzahl von Veränderungen bei Ausgangsstoffen und Beton

- Weiterentwicklungen beim Zement
- Festlegungen zur Vermeidung schädigender Alkali-Kieselsäure-Reaktion und
- betontechnische Anforderungen an die Rissvermeidung und Rissbreitenbegrenzung

vorgestellt.

2 Weiterentwicklungen beim Zement

2.1 Transportbeton und Betonfertigteile

Die deutsche Zementindustrie sieht sich steigenden, teils gegenläufigen Anforderungen gegenüber. Die Zement verarbeitende Industrie will preiswerte Baustoffe. Steigende Kosten für Transport, Energie und Emissionen führen zu zunehmendem Kostendruck; die höheren Kosten können nicht ohne Weiteres auf die Produktpreise übertragen werden. Die Nachhaltigkeit unserer gebauten Umwelt (als

Dr.-Ing. Thomas Richter, BetonMarketing Ost GmbH

Einheit von Ökologie, Ökonomie und Sozialem) wirkt sich auch auf die Baustoffproduktion aus. Unter energetischen und Umweltaspekten kommt der Herstellung des Portlandzementklinkers eine besondere Bedeutung zu. Für den Hochtemperaturprozess (Sinterung des Rohmehls bei ca. 1450 °C) wird ein Großteil der Brennstoffenergie benötigt. Die in den letzten Jahren und Jahrzehnten eingetretene deutliche Verminderung des spezifischen Brennstoffeinsatzes zur Klinkererzeugung ist vorrangig auf die Einführung neuer Anlagen- und Verfahrenstechnik zurück zu führen, Bild 1.

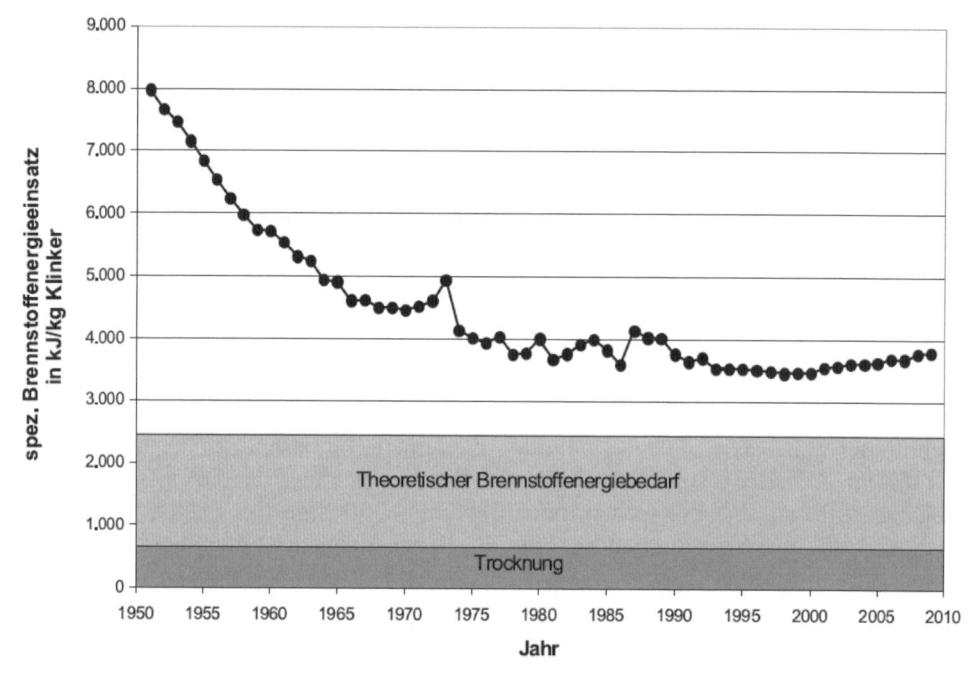

Bild 1: Entwicklung des spezifischen Brennstoffenergieeinsatzes bei der Klinkerherstellung [1]

Die beim Klinkerbrennprozess emittierte CO_2-Gesamtemission ist sowohl rohstoff- als auch brennstoffbedingt. Die rohstoffbedingte Freisetzung von CO_2 bei der Entsäuerung von Kalkstein beträgt z. Z. ca. 60 % der Gesamtemission. Besonders durch den Einsatz von Sekundärbrennstoffen, deren CO_2-Emission als neutral anzusehen sind, konnte der brennstoffbedingte Anteil und damit die Gesamt-CO_2-Emission je Tonne Zement seit 1990 deutlich verringert werden. Die Selbstverpflichtung der Zementindustrie sieht als Beitrag zum Klimaschutz von 1990 bis 2012 eine Verringerung der spezifischen energiebedingten CO_2-Emissionen je Tonne um 28 % vor. Zusätzlich unterliegt die Zementindustrie dem EU-Handelssystem mit CO_2-Emissionen.

Neben der optimalen Ausnutzung der Klinkerleistungsfähigkeit und der zunehmenden Verwendung von Sekundärrohstoffen ist der Einsatz weiterer Hauptbestandteile ein Weg zur Reduzierung der spezifischen CO_2-Emissionen je Tonne Zement. Vor allem das Potential von in anderen Hochtemperaturprozessen entstandenen Nebenprodukten, wie Hüttensand oder Flugasche sowie das breit verfügbare Kalksteinmehl können dabei sinnvoll genutzt werden. Von den nach EN 197-1 europäisch üblichen Hauptbestandteilen sind neben dem Portlandzementklinker in Deutschland insbesondere nachfolgende Hauptbestandteile von Bedeutung:

- Hüttensand S: entsteht durch schnelles Abkühlen der Hochofenschlacke aus dem Hochofenprozess; bei Anregung (z. B. durch Klinker) hydraulische Eigenschaften
- Flugasche V: entsteht durch elektromagnetische oder mechanische Abscheidung aus Rauchgasen von Steinkohlenstaubfeuerungen
- Kalkstein LL: natürliches Gestein

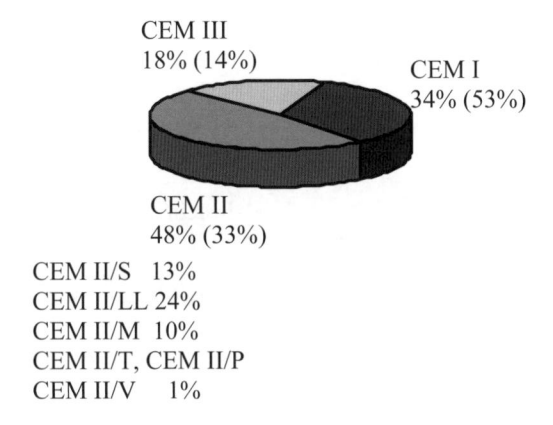

CEM III
18% (14%)

CEM I
34% (53%)

CEM II
48% (33%)

CEM II/S   13%
CEM II/LL 24%
CEM II/M   10%
CEM II/T, CEM II/P
CEM II/V   1%

Bild 2: Anteile der Zementarten 2009 in Deutschland (in Klammern Anteile 2005) [2]

Im zurückliegenden Jahrzehnt verdeutlicht insbesondere die zunehmende Anwendung von Portlandkompositzementen den Trend der zunehmenden Verwendung weiterer Hauptbestandteile, Bild 2. Neben den bereits seit vielen Jahrzehnten eingesetzten Portlandkalkstein- und Portlandhüttenzementen kommen zunehmend Zemente mit drei Hauptbestandteilen (CEM II/B-M) zum Einsatz. Dies führt zu einer Vervielfältigung der Produktpalette, da die Zementhersteller die jeweiligen Hauptbestandteile nach regionaler Verfügbarkeit, den Möglichkeiten der vorhandenen Anlagentechnik und dem Entwicklungspotential der Zementart einsetzen. In Deutschland kommen vorrangig folgende Stoffkombinationen zum Einsatz:

- CEM II/B-M (S-LL)
- CEM II/B-M (V-LL).

Um die nach DIN 1045-2, Tab. 3.2 bestehenden Anwendungsbeschränkungen für CEM II-M-Zemente aufzuheben, sind seit 2005 über 20 allgemeine bauaufsichtliche Zulassungen erarbeitet und erteilt worden. Im Rahmen der Zulassungen wird die Gleichwertigkeit des jeweiligen Zements mit praxiserprobten Zementarten für alle Expositionsklassen für die praxisrelevanten Dauerhaftigkeitskriterien nachgewiesen:

- Karbonatisierungsverhalten
- Widerstand gegenüber dem Eindringen von Chloriden
- Frostwiderstand
- Frost-Tausalz-Widerstand.

Die Verwendung von zwei weiteren Hauptbestandteilen neben dem Portlandzementklinker ermöglicht die Optimierung von Frischbetoneigenschaften, Festigkeitsentwicklung und Dauerhaftigkeit, Tabelle 1. Zu beachten ist die fachgerechte Nachbehandlung, insbesondere der rechtzeitige Beginn vor dem Austrocknen der Betonoberfläche. Die Wechselwirkungen zwischen Zement und Zusatzmitteln sind in der Erstprüfung abzuklären. In den nächsten Jahren ist mit einer weiteren Verringerung des Einsatzes von CEM I-Zementen und einem Anstieg des Einsatzes von CEM II-Zementen zu rechnen. Dies betrifft neben Transportbeton zunehmend auch die Fertigteilindustrie. Tabelle 2 gibt einen Überblick über verschiedene Anwendungen von Zement.

Tabelle 1: Einfluss der Hauptbestandteile Hüttensand und Kalkstein auf die Zementeigenschaften

Hüttensand	Kalkstein
niedriger Wasseranspruch durch Kornbandoptimierung	Beschleunigung der Bildung von Calcium-Silikat-Hydraten (Kristallisationskeime)
Verminderung der Hydratationswärme	Erhöhung der Hydratationswärme
nach 28 bzw. 56 Tagen vergleichbares Festigkeitsniveau wie CEM I	kein relevanter Einfluss auf die Festigkeit nach 28 bzw. 56 Tagen
Zunahme der Reaktivität mit der Feinheit	Verkürzung der Erstarrungszeiten
Zunahme der Nacherhärtung	Verminderung des Blutens

2.2 Schnellzement

Ein zunehmender Bedarf besteht an schnell erstarrenden bzw. schnell erhärtenden Bindemitteln. Zur Realisierung des schnellen Erstarrens stehen für Spritzbetone bewährte Systeme alkalihaltiger (Alkalisilikate und Alkalialuminate) und alkalifreier (Aluminiumsulfat und Aluminiumhydroxid) Zusatzmittel zur Verfügung. Für Betone mit einer schnellen Erhärtung und hoher Frühfestigkeit bei ausreichender Verarbeitbarkeit standen bisher nur begrenzte technologische Optionen zur Verfügung (hoher Zementgehalt, niedriger Wasserzementwert, Zemente hoher Festigkeitsklasse), die nicht immer zum gewünschten Erfolg führten. Beschleunigende Zusatzmittel sind oft korrosionsfördernd und nicht für den Einsatz in Stahl- und Spannbeton zugelassen. Eine Warmbehandlung ist teuer und kann zu qualitativen Problemen führen. Verschiedene Hersteller haben deshalb Schnellzemente entwickelt auf Basis von Normzementen (CEM I 52,5R), deren Anwendungsbereich

- Verkehrsflächen mit schneller Verkehrsfreigabe
- Reparaturflächen mit kurzer Sperrzeit
- Betonfertigteile mit schnellem Entschalen

sind.

Tabelle 2: Übersicht Zementanwendung im Beton

Übliche Betonanwendungen	Zementeigenschaften	Zemente, Beispiele
- Ortbeton (im Wesentlichen Transportbeton) - Sackware / Siloware zur händischen Verarbeitung - Festigkeitsklassen bis C30/37 - auch für Spannbeton	- normale Hydratationswärme - mittlere Frühfestigkeit - normale Nacherhärtung	(CEM I 32,5R) CEM II/A-LL 32,5R CEM II/B-M(S-LL) 32,5R CEM II/B-M(V-LL) 32,5R CEM II/A-S 42,5N CEM III/A 42,5N
- Ortbeton bei kühler Witterung - frühhochfeste Betone - Festigkeitsklassen ab C30/37 - Betonfertigteile - Betonwaren - auch für Spannbeton	- hohe Hydratationswärme - hohe Frühfestigkeit - normale Nacherhärtung	(CEM I 42,5 R) CEM II/A-LL 42,5R CEM II/B-M(S-LL) 42,5R CEM I 52,5N CEM II/A-S 52,5N CEM III/A 52,5N
- Betonfertigteile - Betonwaren - auch für Spannbeton	- sehr hohe Hydratationswärme - sehr hohe Frühfestigkeit - geringe Nacherhärtung	CEM I 52,5R CEM II/A-S 52,5R CEM II/B-M(S-D) 52,5R FE-Zemente
- Massenbeton - Ortbeton bei sehr warmer Witterung	- niedrige Hydratationswärme - geringe Frühfestigkeit - langsame Festigkeitsentwicklung - hohe Nacherhärtung	LH-Zemente, z. B. CEM III/A 32,5N-LH CEM III/B 32,5N-LH CEM III/B 42,5N-LH
- Bauteile, die sulfathaltigem Wasser (>600 mg SO_4^{2-}/l oder Boden (>3000 mg/SO_4^{2-}) oder sulfathaltigem Gas ausgesetzt sind (XA2, XA3 infolge Sulfat)	- hoher Sulfatwiderstand	HS-Zement (künftig SR), z. B. CEM III/B 32,5N-HS CEM I 42,5R-HS CEM III/B 42,5N-HS

Schnelle Erhärtung und hohe Frühfestigkeit können z. B. erreicht werden, in dem die anfängliche Ruhephase des Zements, in der noch keine Hydratation der silikatischen Phasen stattfindet, verkürzt und die nachfolgende Bildung von Calcium-Silikat-Hydraten beschleunigt wird. Diese beiden Phasen können durch hydraulische Keimbildner mit hoher spezifischer Oberfläche beeinflusst werden. Wichtig ist eine ausreichend lange Verarbeitungszeit, im Regelfall 1 Stunde. Dann stehen je 30

Minuten für Transport und für die Verarbeitung auf der Baustelle zur Verfügung. Die Auswahl der Zement-Fließmittel-Kombination ist Grundlage, um eine ausreichend lange Verflüssigung mit hohen Frühfestigkeiten kombinieren zu können. Geeignet sind für den Fertigteilbereich optimierte Polycarboxylatether (PCE). Tabelle 3 zeigt Betonzusammensetzung und Festigkeitsentwicklung von Betonen auf Schnellzementbasis im Vergleich mit einem frühhochfesten Beton nach TL Beton-StB [3], wie er im Straßenbau seit vielen Jahren üblich ist. Mit dem Merkblatt für die bauliche Erhaltung von Verkehrsflächen aus Beton [4] von 2009 werden die Möglichkeiten von Schnellbetone erstmals in einem Regelwerk genutzt und mit betontechnischen Anforderungen geregelt. Schnellbetone können (bei entsprechendem Nachweis) aufgrund ihrer hohen Dichtigkeit den Frost-Tausalz-Widerstand auch ohne Zugabe von Luftporenbildnern. gewährleisten. Eine Verkehrsfreigabe kann in Abhängigkeit von der Bauweise bei Mindestdruckfestigkeiten (Mindestbiegezugfestigkeiten) von 15 N/mm² (2,0 N/mm²) bzw. 20 N/mm² (3,0 N/mm²) erfolgen.

Tabelle 3: Vergleich der Betonzusammensetzung und der Festigkeitsentwicklung von Betonen auf Basis Schnellzement mit frühhochfestem Beton nach TL Beton-StB

	Beton auf Basis Schnellzement CEM I 52,5R	Beton auf Basis Schnellzement CEM I 52,5R	frühhochfester Beton auf Basis CEM II/A-S 42,5R
Zementgehalt	450 kg/m³	360 kg/m³	360 kg/m³
Wasserzementwert	0,36	0,42	0,42
Fließmittel (PCE)	1,3 M.-%	1,4 M.-%	1,5 M.-%
Luftporenbildner	nein	nein	ja
Gesteinskörnung 0/2 2/8 8/16	37 Vol.-% 25 Vol.-% 38 Vol.-% Splitt	40 Vol.-% 33 Vol.-% 27 Vol-% Kies	35 Vol.-% 30 Vol.% 35 Vol.-% Kies
Ausbreitmaß a_0 a_{60min}	500 mm 450 mm	600 mm 550 mm	500 mm 430 mm
Druckfestigkeit $f_{c,cube}$ nach 3 h nach 8 h nach 18 h nach 24 h nach 48 h nach 28 d	14 N/mm² 43 N/mm² 80 N/mm²	22 N/mm² 40 N/mm² 74 N/mm²	10 N/mm² 25 N/mm² 45 N/mm² 59 N/mm²

2.3 Zukünftige Entwicklungen beim Zement

Das Leistungspotential von Zementen mit höheren Anteilen an Hauptbestandteilen (CEM IV- und CEM V-Zemente) wird gegenwärtig geprüft. Längerfristig ist mit der Entwicklung von Bindemitteln zu rechnen, deren Ausgangsstoffe in der EN 197 zwar beschrieben sind, die anteilige Zusammensetzung jedoch außerhalb der Grenzen von EN 197 liegt. Weiterhin werden komplett neue stoffliche Lösungen untersucht, z. B. Geopolymere (alkaliaktivierte Bindemittel), Bindemittel mit niedrigerem Kalkstein-Siliciumoxid-Verhältnis sowie verminderten Brenntemperaturen („Celitement"). Auch die Weiterentwicklung der Sulfathüttenzemente ist zu erwarten. Voraussetzung für einen denkbaren Einsatz ist immer die Sicherung der Dauerhaftigkeit der mit zementgebundenen Baustoffen hergestellten Bauteile und Bauwerke, wobei Planung, Ausführung und Baustoffe gleichermaßen Voraussetzung sind.

3 Vermeidung schädigender Alkali-Kieselsäure-Reaktion

Einige Gesteinskörnungen können alkalireaktive Kieselsäure enthalten, die mit Alkalihydroxiden im Beton zu Alkalisilikat reagieren können. Unter bestimmten Umständen kann diese Reaktion zu einer Volumenvergrößerung mit einer Schädigung des Betons führen. Ablauf und Ausmaß dieser Reaktion hängen insbesondere von der Art, Menge, Größe und Verteilung der alkaliempfindlichen Gesteinsbestandteile, dem Alkalihydroxidgehalt in der Porenlösung, den Feuchtigkeits- und Temperaturbedingungen des erhärteten Betons sowie einer evtl. Alkalizufuhr von außen (z. B. durch Tausalze) ab. Die Richtlinie „Vorbeugende Maßnahmen gegen schädigende Alkalireaktion im Beton (Alkali-Richtlinie) [6] regelt für Bauwerke aus Beton, Stahlbeton und Spannbeton einschließlich der Ingenieurbauwerke Maßnahmen und Zuständigkeiten zur Vermeidung einer schädigenden Alkalireaktion, kurz AKR. Für den Geltungsbereich der ZTV-ING (Brücken, Tunnel usw.) hat Sachsen-Anhalt eine ergänzende Verfügung veröffentlicht [7]. Für Betonfahrbahndecken der Bauklassen SV und I bis III gemäß RSTO (hohe dynamische Beanspruchung durch Schwerlastverkehr, Alkalizufuhr von außen, Feuchtigkeitsklasse WS) regeln die TL Beton-StB und Allgemeine Rundschreiben (ARS) des Bundesministeriums für Verkehr das Vorgehen [8]. Maßnahmen und Zuständigkeiten sind in Tabelle 4 zusammengefasst. Bild 3 verdeutlicht die Vorgehensweise zur Einstufung der Gesteinskörnungen in Alkaliempfindlichkeitsklassen.

Tabelle 5 gibt einen Überblick zur qualitativen Zuordnung von Bauteilen in Feuchtigkeitsklassen. Für die bauteil- und umgebungsabhängige Zuordnung der Feuchtigkeitsklassen WO, WF, WA, WS (und der anderen Expositionsklassen) bietet der Bauteilkatalog [9] eine Planungshilfe. Im Unterschied zu allen anderen Expositionsklassen hat die Feuchtigkeitsklasse keine Auswirkungen auf Bemessung und Konstruktion der Betonbauteile (Mindestbetonfestigkeit, Betondeckung, Rissbreitenbegrenzung usw.). Unter bestimmten stofflichen und nutzungstechnischen

Randbedingungen sind in Abhängigkeit von der Feuchtigkeitsklasse vorbeugende betontechnologische Maßnahmen (Betonzusammensetzung) erforderlich.

Tabelle 4: Maßnahmen und Zuständigkeiten zur Vermeidung schädigender AKR

Maßnahme	Zuständigkeit	Notwendigkeit
Festlegung der Feuchtigkeitsklasse für jedes Betonbauteil	Verfasser der Festlegung (Planer)	immer
Einstufung der Gesteinskörnungen in eine Alkaliempfindlichkeitsklasse	Produzent der Gesteinskörnung, Überwachungs- und Zertifizierungsstelle	immer (falls keine Angabe: Annahme von EIII)
Angabe der Feuchtigkeitsklasse auf dem Lieferschein des Betons / des Betonbauteils	Betonhersteller	immer
Anpassung der Betonzusammensetzung	Betonhersteller	bei Bedarf
Begrenzung des Alkaligehalts im Zement	Zementhersteller	bei Bedarf (NA-Zement, Straßendeckenzement)

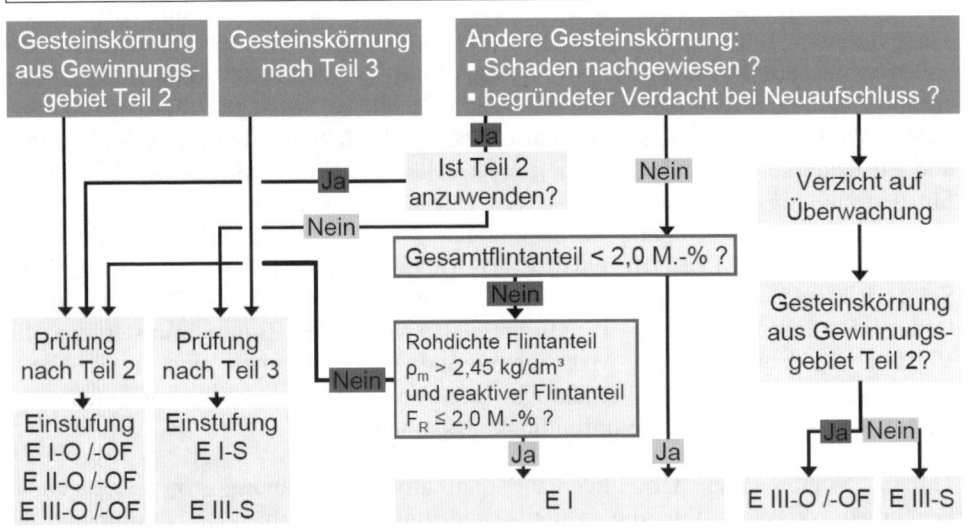

Bild 3: Vorgehensweise zur Einstufung von Gesteinskörnungen in Alkaliempfindlichkeitsklassen [6]

Tabelle 5: Zuordnung von Bauteilen zu Feuchtigkeitsklassen nach DIN 1045-1, Tab. 1

Klasse	Umgebung	Beispiele
WO	trocken	- Innenbauteile - Bauteile auf die Außenluft einwirkt, jedoch i. d. R. rel. Luftfeuchte ≤ 80 %
WF	feucht	- ungeschützte Außenbauteile - Feuchträume mit rel. Luftfeuchte i. d. R > 80 % - massige Bauteile (unabhängig vom Feuchtezutritt) - Bauteile mit häufiger Taupunktunterschreitung
WA	feucht + Alkalizufuhr von außen	- Bauteile mit Meerwassereinwirkung - Bauteile mit Tausalzeinwirkung ohne zusätzliche hohe dynamische Beanspruchung (Spritzwasserbereiche, Fahr- und Stellflächen in Parkhäusern) - Bauteile nach ZTV-ING - Betonfahrbahndecken der Bauklassen IV bis VI nach RSTO /TL Beton-StB
WS	WA + hohe dynamische Beanspruchung	- Betonfahrbahnen der Bauklassen SV und I bis III nach RSTO / TL Beton-StB

4 Verminderung von Zwangsspannungen

Mit der Änderung der Musterliste der Technischen Baubestimmungen vom September 2009 hat die Bauaufsicht die Anforderungen an die Druckfestigkeitsprüfung zu einem höheren Alter als 28 Tage deutlich verschärft:

- Druckfestigkeitsprüfung grundsätzlich nach 28 Tagen
- verlängertes Prüfalter zulässig, wenn die DAfStb-Richtlinie Massenbeton oder alle folgenden Bedingungen erfüllt werden
  - Erfordernis für verlängertes Prüfalter (fugenarme / -freie Konstruktionen, hohe Anforderungen an die Rissbreitenbegrenzung, manche hochfeste Betone)
  - Überwachungsklasse ÜK2 oder ÜK3; die Notwendigkeit des erhöhten Prüfalters muss von der Überwachungsstelle bestätigt sein
  - projektbezogener Qualitätssicherungsplan mit Vorlage bei der Überwachungsstelle (Ausschalfristen, Nachbehandlung, Bauablauf, Schalungsdruck)
  - Angabe des verlängerten Prüfalters auf dem Lieferschein
  - Vereinbarung zwischen Hersteller / Abnehmer
  - einzelfallbezogene Hinweispflicht des Betonherstellers (Nachbehandlung, Dauerhaftigkeit)

Die Rissbreitenbegrenzung in DIN 1045-1 erfolgt i. d. R. unter der Annahme

$$f_{ct,eff,5d} \leq 0{,}5\, f_{ctm,28d}$$

Der Bauausführende muss vom Planer auf diese Begrenzung hingewiesen werden, um die Betonsorte richtig auswählen zu können. Sinnvoll ist ein Hinweis in Ausführungsunterlagen und Ausschreibung: „Bei der Begrenzung der Rissbreite für dieses Bauteil wurde ein Beton angenommen, dessen Zugfestigkeit $f_{ct,eff}$ nach 5 Tagen höchstens 50 % der mittleren Zugfestigkeit f_{ctm} erreicht. Dies ist bei der Festlegung des Betons und der Bauausführung zu berücksichtigen." [10] Zur Umsetzung dieser zusätzlichen planerischen Vorgabe sind Betonhersteller und Verwender (Bauausführung) gemeinsam verantwortlich. Praktisch bedeutet dies die Verwendung eines Betons mit einer vorgegebenen Festigkeitsentwicklung:

- bei sommerlichen Temperaturen ein Beton mit langsamer Festigkeitsentwicklung (r ≤ 0,30)
- bei winterlichen Temperaturen einen Beton mit mittlerer Festigkeitsentwicklung (r ≤ 0,50).

Der Wert r drückt das Verhältnis der mittleren Druckfestigkeit des Betons nach 2 Tagen zur mittleren Druckfestigkeit nach 28 Tagen aus und wird für jede Betonzusammensetzung vom Betonhersteller ermittelt. Der r-Wert dient auch zur Festlegung der Nachbehandlungsdauer. Die Druckfestigkeitsentwicklung und damit auch der Zugfestigkeitsentwicklung wird maßgebend von der Frischbetontemperatur und den Umgebungsbedingungen bestimmt.

Besonders bei höheren Druckfestigkeitsklassen ≥ C30/37 ist es meist betontechnologisch nicht möglich, das Festigkeitsverhältnis auf r ≤ 0,30 bezogen auf 28 Tage zu begrenzen. Dann sollte von der oben genannten Möglichkeit der Verlängerung des Prüfzeitalters (auf z. B. 56 Tage) Gebrauch gemacht werden. Der r-Wert wird dadurch kleiner. Alternativ kann die effektive Zugfestigkeit nach 5 Tagen auf > 50 % der Zugfestigkeit nach 28 Tagen erhöht werden. Dies zieht aber ein Mehr an rissbreitenbegrenzender Bewehrung nach sich. Welche Möglichkeiten bestehen, um betontechnologisch zur Verminderung von Zwangsspannungen beizutragen, zeigt Tabelle 6.

Tabelle 6: Betontechnologische Möglichkeiten zur Verminderung von Zwangsspannungen

Beton mit niedriger Hydratationswärme	- r ≤ 0,50 (Winter), r ≤ 0,30 (Sommer) - CEM 32,5R oder CEM 42,5N (Winter) - CEM 32,5N-LH (Sommer) - Flugaschezusatz - Zementgehalt ≤ 320 kg/m³ - möglichst geringe Frischbetontemperatur
Beton mit geringem Schwindmaß	- möglichst großes Größtkorn, Sieblinie A/B - Zementleimgehalt ≤ 280 l/m³ (bei Flugaschezusatz ≤ 290 l/m³) - Konsistenz F3 oder weicher mit BV / FM einstellen

Literatur

[1] Verein Deutscher Zementwerke: Umweltdaten der Deutschen Zementindustrie 2009. Düsseldorf 2010

[2] Bundesverband der Deutschen Zementindustrie: Zahlen und Daten 2009 - 2010. Düsseldorf 2010

[3] Forschungsgesellschaft für Straßen- und Verkehrswesen: TL Beton-StB 07. Technische Lieferbedingungen für Baustoffe und Baustoffgemische mit hydraulischen Bindemitteln und Fahrbahndecken aus Beton. Köln: FGSV Verlag, 2008

[4] Forschungsgesellschaft für Straßen- und Verkehrswesen: M BEB. Merkblatt für die bauliche Erhaltung von Verkehrsflächen aus Beton. Ausgabe 2009

[5] Deutscher Ausschuss für Stahlbeton: Vorbeugende Maßnahmen gegen schädigende Alkali-Kieselsäure-Reaktion im Beton. Berlin: Beuth, 2007-02 und Berichtigung 2010-04

[6] Alkali-Kieselsäure-Reaktion: Erfahrungen aus der Praxis und aktuelle Regelwerke. Erkrath: BetonMarketing Deutschland, 2010. www.betonshop.de/p630_alkalikieselsaeurereaktion

[7] Landesbetrieb Bau Sachsen-Anhalt: Vorläufige zusätzliche Anforderungen an Beton der Feuchtigkeitsklasse WA, Anwendungsbereich ZTV-ING, für den Bereich des Landesbetriebes Bau Sachsen-Anhalt zur Vermeidung einer schädigenden Alkali-Kieselsäure-Reaktion. Verfügung V-07/2009-22 vom 22.7.2009

[8] Bundesministerium für Verkehr, Bau und Stadtentwicklung: ARS Nr. 12/2006. Vermeidung von Schäden an Fahrbahndecken aus Beton infolge von Alkali-Kieselsäure-Reaktion. Bonn, 17.5.2006

[9] Kampen, R.; Peck, M.; Pickhardt, R.; Richter, T.: Bauteilkatalog - Planungshilfe für dauerhafte Betonbauteile. Düsseldorf: Verlag Bau + Technik, 2011 (7. Auflage)

[10] Deutscher Beton- und Bautechnik-Verein: Merkblatt Begrenzung der Rissbildung im Beton- und Stahlbetonbau. Berlin, Fassung Januar 2006

Bemessung von Stahlfaserbeton nach DAfStb-Richtlinie

Klaus Holschemacher

1 Einführung

Durch die Zugabe von kurzen Stahlfasern zum Beton können dessen Festbetoneigenschaften deutlich verbessert werden. Dies ist in erster Linie darauf zurückzuführen, dass nach dem Entstehen von Rissen in der Betonzugzone einzelne Fasern den Riss überbrücken und somit Zugkräfte von einem Rissufer zum anderen übertragen können. Bezieht man die Gesamtheit der von den Fasern über den Riss hinweg übertragenen Kräfte auf die Querschnittsfläche der Betonzugzone, ergibt sich eine fiktive, im Rissquerschnitt wirksame Zugspannung (Bild 1). Wird diese Zugspannung unter definierten, den Grenzzuständen der Gebrauchstauglichkeit bzw. den Grenzzuständen der Tragfähigkeit zugeordneten Bedingungen ermittelt, wird die Nachrisszugfestigkeit erhalten, die bei der rechnerischen Nachweisführung von Bauteilen aus Stahlfaserbeton in Ansatz gebracht werden darf.

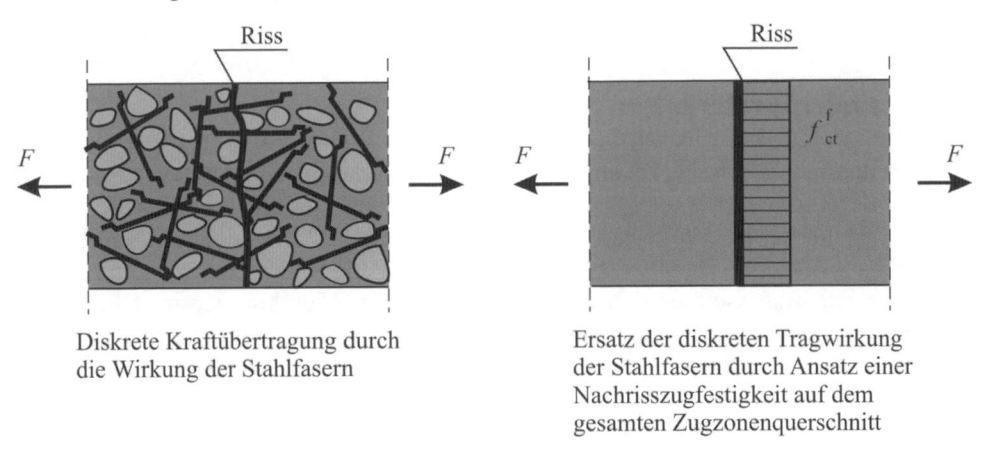

Diskrete Kraftübertragung durch die Wirkung der Stahlfasern

Ersatz der diskreten Tragwirkung der Stahlfasern durch Ansatz einer Nachrisszugfestigkeit auf dem gesamten Zugzonenquerschnitt

Bild 1: Verschmierung der Fasertragwirkung zur Nachrisszugspannung

Stahlfaserbeton wird seit vielen Jahren mit Erfolg in der Baupraxis eingesetzt. Vor allem für Industriefußböden und Bodenplatten stellt Stahlfaserbeton eine wirtschaftliche Alternative im Vergleich zu anderen Bauweisen dar [1]. Einer umfassenderen Verwendung als konstruktiver Werkstoff stand jedoch bisher die Tatsache entgegen,

Prof. Dr.-Ing. Klaus Holschemacher, HTWK Leipzig, Institut für Betonbau

dass für Stahlfaserbeton keine normative Grundlage existierte. Einige in der Vergangenheit vom Deutschen Beton- und Bautechnik-Verein E.V. herausgegebene Merkblätter enthalten zwar Angaben zur Berechnung und Konstruktion von Bauteilen aus Stahlfaserbeton, sind aber nicht bauaufsichtlich eingeführt worden ([2] bis [4]). Soll Stahlfaserbeton für tragende Bauteile Verwendung finden, ist daher bis zum gegenwärtigen Zeitpunkt eine Allgemeine bauaufsichtliche Zulassung oder eine Zustimmung im Einzelfall erforderlich. Eine Verbesserung dieser, für die Anwendung des Baustoffes Stahlfaserbeton doch sehr ungünstigen Situation, soll durch die vom Deutschen Ausschuss für Stahlbeton (DAfStb) im März 2010 herausgegebene Richtlinie Stahlfaserbeton [5] erreicht werden, deren Aufnahme in die Liste der Technischen Baubestimmungen der einzelnen Bundesländer im Jahr 2011 zu erwarten ist.

Die DAfStb-Richtlinie Stahlfaserbeton bezieht sich unmittelbar auf DIN 1045, Teile 1 bis 3 ([6] bis [8]) und DIN EN 206-1 [9]. Sie enthält die für die Anwendung von Stahlfaserbeton notwendigen Änderungen und Ergänzungen zu diesen Normen, übernimmt deren inhaltliche Gliederung und besteht daher aus folgenden Teilen:

- Teil 1: Bemessung und Konstruktion
- Teil 2: Festlegung, Eigenschaften, Herstellung und Konformität
- Teil 3: Hinweise für die Ausführung.

In den folgenden Ausführungen wird ausschließlich auf die wichtigsten Fragen der Bemessung und Konstruktion von Bauteilen aus Stahlfaserbeton eingegangen. Hinsichtlich der in den Teilen 2 und 3 der Richtlinie angesprochenen Aspekte wird auf die einschlägige Literatur verwiesen (z.B. [10]).

2 Geltungsbereich

Eine grundsätzliche Einschränkung für die Anwendbarkeit des Stahlfaserbetons ergibt sich aus der Tatsache, dass bei den in der Baupraxis üblichen und wirtschaftlichen Fasergehalten nur ein unterkritisches (dehnungsentfestigendes) Materialverhalten erreicht werden kann (Bild 2). Darunter ist zu verstehen, dass die in der Betonzugzone unmittelbar vor der Erstrissbildung auftretende resultierende Zugkraft nach dem Entstehen des Erstrisses nicht vollständig, sondern nur zu einem Teil von den Fasern aufgenommen werden kann. Bei einem statisch bestimmten Bauteil, welches lediglich mit Stahlfasern bewehrt ist, würde daher die Einwirkung, die zum Erstriss führt, auch sofort das Bauteilversagen hervorrufen (Bild 3a).

Um auch nach dem Entstehen von Rissen ein Gleichgewichtssystem zu erreichen, stehen folgende Möglichkeiten zur Verfügung:

- Kombination der Stahlfasern mit Betonstahlbewehrung (Bild 3d)
- Ausnutzung von Schnittgrößenumlagerungen innerhalb statisch unbestimmter Systeme
- Ansatz gesichert wirkender Normaldruckkräfte aus äußeren Einwirkungen.

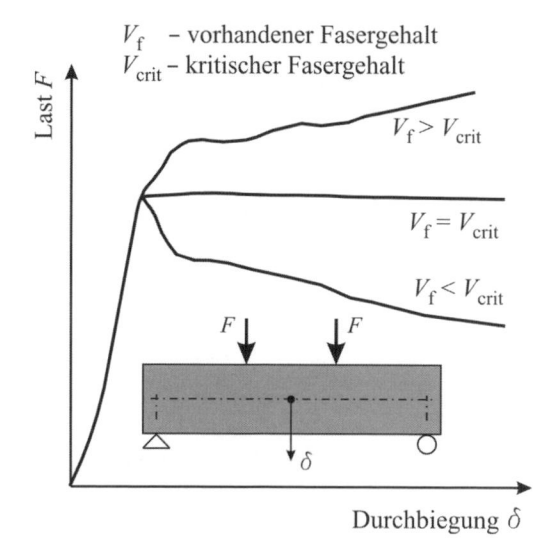

Bild 2: Kritischer Fasergehalt V_{crit}

a) Stahlfaserbetonbalken mit unterkritischem Fasergehalt
b) Stahlfaserbetonbalken mit überkritischem Fasergehalt
c) Stahlbetonbalken
d) Betonstahlbewehrter Stahlfaserbetonbalken

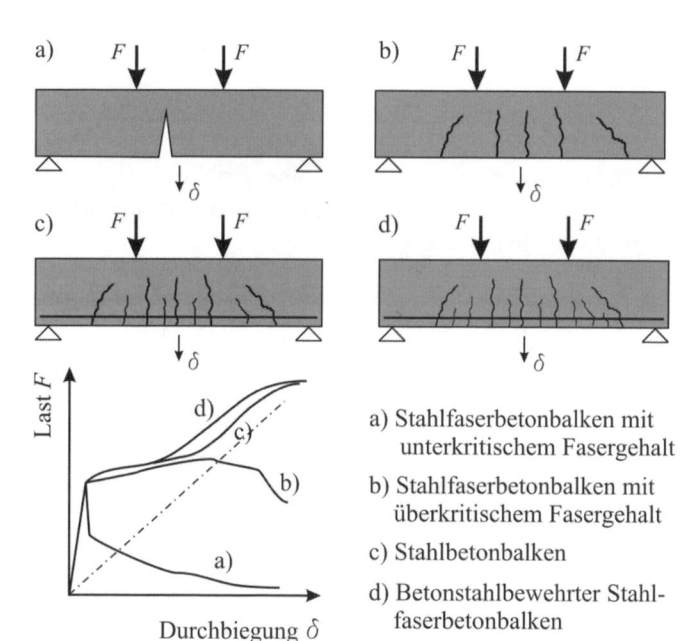

Bild 3: Tragverhalten von Bauteilen aus Stahlfaserbeton, betonstahlbewehrtem Stahlfaserbeton und Stahlbeton

In der DAfStb-Richtlinie Stahlfaserbeton ist die Bemessung und Konstruktion von Tragwerken des Hoch- und Ingenieurbaus aus Stahlfaserbeton bzw. Stahlfaserbeton mit Betonstahlbewehrung bis zur Druckfestigkeitsklasse C50/60 geregelt. Die Stahlfasern müssen dabei eine formschlüssige, mechanische Verankerung mit der umgebenden Matrix aufweisen, was für gewellte Fasern und Fasern mit Endveranke-

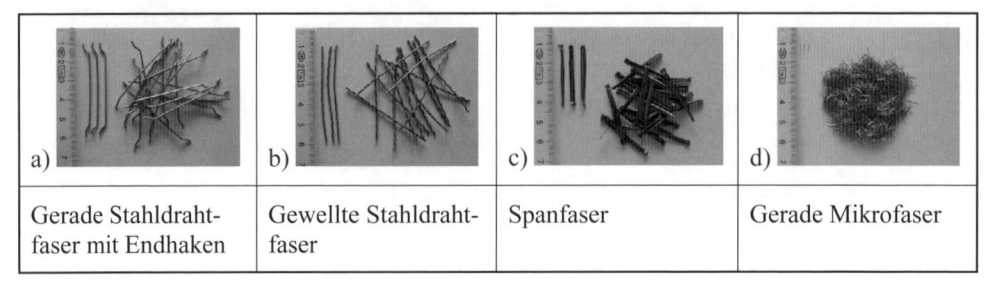

a)	b)	c)	d)
Gerade Stahldraht-faser mit Endhaken	Gewellte Stahldraht-faser	Spanfaser	Gerade Mikrofaser

Bild 4:   a) bis c) Fasern mit mechanischer Verankerung.
d) Mikrofaser ohne mechanische Verankerung.

rung zutrifft. Eine Auswahl von Fasern mit bzw. ohne mechanische Verankerung enthält Bild 4.

Die Richtlinie ist grundsätzlich nicht anwendbar für:
- vorgespannten Stahlfaserbeton
- Leichtbeton
- Beton $\geq$ C55/67 (hochfester Beton)
- selbstverdichtenden Beton.

In den genannten Fällen liegen derzeit noch keine ausreichenden Erfahrungen vor, die eine normative Regelung rechtfertigen können. Weiterhin gilt, dass bei dynamisch beanspruchten Bauteilen gesonderte Untersuchungen zu führen sind.

Ebenfalls nicht anwendbar ist die Richtlinie für Stahlfaserbeton ohne Betonstahlbewehrung in den Expositionsklassen XS2, XD2, XS3 und XD3. Hier ist die Korrosionsgefahr für die Stahlfasern so erheblich, dass Bedenken hinsichtlich der Aufrechterhaltung der Nachrisszugfestigkeit über den vorgesehenen Nutzungszeitraum hinweg bestehen.

Stahlfaserspritzbeton ist in DIN EN 14487 [11], [12] und DIN 18551 [13] geregelt und somit nicht Gegenstand der Richtlinie.

3   Sicherheitskonzept

In der Richtlinie sind ergänzende Angaben zur Bestimmung des Bemessungswertes des Tragwiderstandes und zur Sicherstellung eines duktilen Bauteilverhaltens in den Grenzzuständen der Tragfähigkeit enthalten.

3.1   Bemessungswert des Tragwiderstandes

Der Tragwiderstand von Bauteilen aus Stahlfaserbeton wird unter anderem durch die Nachrisszugfestigkeit bestimmt. Der Bemessungswert des Tragwiderstandes R_d ergibt sich bei linear-elastischer Schnittgrößenberechnung mit bzw. ohne Umlagerung oder bei der Anwendung von Verfahren der Plastizitätstheorie zu:

$$R_d = R\left(\alpha \cdot \frac{f_{ck}}{\gamma_c}; \alpha_c^f \cdot \frac{f_{ctR,j}^f}{\gamma_{ct}^f}; \frac{f_{yk}}{\gamma_s}; \frac{f_{tk,cal}}{\gamma_s}\right) \quad (1)$$

Gegenüber DIN 1045-1 werden dabei folgende Größen zusätzlich eingeführt:

$f_{ctR,j}^f$ Rechenwert der Nachrisszugfestigkeit des Stahlfaserbetons, siehe Abschnitt 4.2 in diesem Beitrag (j steht für L1, L2, u oder s)

α_c^f Abminderungsbeiwert, siehe Abschnitt 4.2 in diesem Beitrag

γ_{ct}^f Teilsicherheitsbeiwert für die Nachrisszugfestigkeit des Stahlfaserbetons.

Für den Teilsicherheitsbeiwert γ_{ct}^f, der zur Bestimmung des Bemessungswertes des Tragwiderstandes in den Grenzzuständen der Tragfähigkeit benötigt wird, gilt Tabelle 1.

Tabelle 1: Teilsicherheitsbeiwert γ_{ct}^f

Teilsicherheitsbeiwert γ_{ct}^f	Stahlfaserbeton	Stahlfaserbeton mit Betonstahlbewehrung
Nachrisszugfestigkeit des Stahlfaserbetons	1,25	1,25
Ungerissener Stahlfaserbeton [1)]	1,8	–

[1)] Nach DIN 1045-1, 5.3.3 (8) zur Bemessung unbewehrter Betonbauteile.

Für nichtlineare Verfahren der Schnittgrößenermittlung sind gesonderte Regelungen zu berücksichtigen, die an dieser Stelle nicht dargestellt werden.

3.2 Sicherstellung eines duktilen Bauteilverhaltens

In DIN 1045-1 wird gefordert, dass ein Bauteilversagen unter Erstrissbildung ohne Vorankündigung auszuschließen ist. Dies kann durch die Anordnung einer geeigneten Mindestbewehrung erfolgen. Nach der DAfStb-Richtlinie Stahlfaserbeton darf die Nachrisszugfestigkeit bei der Bestimmung der Mindestbewehrung berücksichtigt werden. Darauf wird im Abschnitt 7.1 dieses Beitrages noch detaillierter eingegangen.

Alternativ gilt für Stahlfaserbeton das duktile Bauteilverhalten auch als gesichert, wenn nachgewiesen werden kann, dass die Tragfähigkeit des Gesamtsystems nach der Ausbildung aller Fließgelenke höher ist, als die Einwirkung, die zum ersten Fließgelenk führt.

4 Festigkeits- und Formänderungskennwerte

4.1 Leistungsklassen

Betone werden generell zur eindeutigen Definition ihrer relevanten Eigenschaften klassifiziert, z.B. in Druckfestigkeitsklassen, Konsistenzklassen, Expositionsklassen usw. Da bei Stahlfaserbeton die Nachrisszugfestigkeit genutzt werden soll, ist es erforderlich, auch diesen Festigkeitskennwert zu klassifizieren. In diesem Zusammenhang werden die Leistungsklassen L1 und L2 für Stahlfaserbeton eingeführt, welche den Grenzzuständen der Tragfähigkeit bzw. der Gebrauchstauglichkeit zugeordnet sind, siehe Tabelle 2.

Tabelle 2: Leistungsklassen und zugehörige Verformungswerte für Stahlfaserbeton

Leistungsklasse	Nachweise in den Grenzzuständen der	Verformungswert im 4-Punkt-Biegezugversuch
L1	– Gebrauchstauglichkeit	$\delta_{L1} = 0{,}5$ mm
L2	– Tragfähigkeit – Gebrauchstauglichkeit bei Verwendung von Betonstahlbewehrung	$\delta_{L2} = 3{,}5$ mm

Ausgangspunkt für die Zuordnung eines Stahlfaserbetons zu einer bestimmten Leistungsklasse ist die Ermittlung der Nachrissbiegezugfestigkeit an Stahlfaserbetonbalken mit Abmessungen von 15/15/70 cm. Dazu werden mindestens 6 Prüfkörper unter festgeschriebenen Bedingungen im 4-Punkt-Biegezugversuch geprüft und die bei Durchbiegungen von 0,5 mm (maßgebend für die Leistungsklasse L1) und 3,5 mm (maßgebend für die Leistungsklasse L2) auftretenden Belastungen ermittelt. Aus diesen Belastungen können die zugehörigen Nachrissbiegezugfestigkeiten der Einzelversuche und daran anschließend der charakteristische Wert der Nachrissbiegezugfestigkeit (jeweils getrennt für die Leistungsklassen L1 und L2) berechnet werden. Genauere Angaben zur Bestimmung des charakteristischen Wertes der Nachrissbiegezugfestigkeit können Teil 2 der DAfStb-Richtlinie Stahlfaserbeton oder [14] entnommen werden.

Über die charakteristischen Werte der Nachrissbiegezugfestigkeit erfolgt die Klassifizierung eines konkreten Stahlfaserbetons in die Leistungsklassen L1 und L2 nach Tabelle 3. Wird z.B. bei der Durchbiegung $\delta_{L1} = 0{,}5$ mm der charakteristische Wert der Nachrissbiegezugfestigkeit mit 1,55 N/mm^2 ermittelt, so ist der Stahlfaserbeton der Leistungsklasse L1-1,5 zuzuordnen. In adäquater Weise wird für die Leistungsklasse L2 vorgegangen.

Tabelle 3: Leistungsklassen L1 und L2 für Stahlfaserbeton und zugehörige Grundwerte der zentrischen Nachrisszugfestigkeit

Grundwerte der zentrischen Nachrisszugfestigkeit f^f_{ct0} in N/mm²					
Verformung 1		Verformung 2			
L1	$f^f_{ct0,L1}$	L2	$f^f_{ct0,L2}$	$f^f_{ct0,u}$	$f^f_{ct0,s}$
0	< 0,16	0	–	–	–
0,4 a)	0,16	0,4 a)	0,10	0,15	0,15
0,6	0,24	0,6	0,15	0,22	0,22
0,9	0,36	0,9	0,23	0,33	0,33
1,2	0,48	1,2	0,30	0,44	0,44
1,5	0,60	1,5	0,38	0,56	0,56
...	...	...	...	...	...
2,4	0,96	2,4	0,60	0,89	0,89
2,7 b)	1,08	2,7 b)	0,68	1,00	1,00
3,0 b)	1,20	3,0 b)	0,75	1,11	1,11

a) Nur für flächenhafte Bauteile ($b > 5\,h$).
b) Allgemeine bauaufsichtliche Zulassung oder Zustimmung im Einzelfall notwendig.

$f^f_{ct0,L1}$ Grundwert der zentrischen Nachrisszugfestigkeit des Stahlfaserbetons in Leistungsklasse 1 bei Verwendung der vollständigen Spannungs-Dehnungs-Linie

$f^f_{ct0,L2}$ Grundwert der zentrischen Nachrisszugfestigkeit des Stahlfaserbetons in Leistungsklasse 2 bei Verwendung der vollständigen Spannungs-Dehnungs-Linie

$f^f_{ct0,u}$ Grundwert der zentrischen Nachrisszugfestigkeit des Stahlfaserbetons bei Verwendung des rechteckigen Spannungsblocks sowie in den Grenzzuständen der Tragfähigkeit bei der Verwendung von Betonstahlbewehrung

$f^f_{ct0,s}$ Grundwert der zentrischen Nachrisszugfestigkeit des Stahlfaserbetons in den Grenzzuständen der Gebrauchstauglichkeit bei der Verwendung von Betonstahlbewehrung

Die erforderliche Bezeichnung des Stahlfaserbetons unter Berücksichtigung der Leistungsklassen wird an folgendem Beispiel deutlich gemacht:

C30/37 L1,5/L1,2 XC1

C30/37 Betondruckfestigkeitsklasse

L1,5/L1,2 Stahlfaserbeton der Leistungsklasse L1-1,5 für die Verformung 1, Stahlfaserbeton der Leistungsklasse L2-1,2 für die Verformung 2

XC1 Expositionsklasse des Betons

Während die Klassifizierung des Stahlfaserbetons über die Nachrissbiegezugfestigkeit vorgenommen wird, sind für die rechnerische Nachweisführung die Grundwerte der zentrischen Nachrisszugfestigkeit anzusetzen, welche für die einzelnen Leistungsklassen ebenfalls in Tabelle 3 angegeben sind.

Beim Aufstellen der statischen Berechnung von Bauteilen aus Stahlfaserbeton sind daher zunächst die Leistungsklassen L1 und L2 sinnvoll durch den Aufsteller zu wählen und dann mit den in Tabelle 3 angegebenen zugehörigen Festigkeitskennwerten die Nachweise zu führen. Auf die letztlich zur Anwendung kommende Stahlfaserart und -menge hat der Aufsteller der statischen Nachweise somit keinen Einfluss. Es obliegt dem Bauunternehmer, nachzuweisen, dass der von ihm eingebaute Stahlfaserbeton den im Rahmen der rechnerischen Nachweisführung festgelegten und geforderten Leistungsklassen entspricht.

4.2 Rechen- und Bemessungswerte der Nachrisszugfestigkeit

Aus den Grundwerten der zentrischen Nachrisszugfestigkeit f^f_{ct0} lassen sich die zugehörigen Rechenwerte f^f_{ctR} und Bemessungswerte f^f_{ctd} ableiten.

Die **Rechenwerte der zentrischen Nachrisszugfestigkeit** werden aus den Grundwerten durch Multiplikation mit den Beiwerten κ^f_F und κ^f_G erhalten.

Aus experimentellen Untersuchungen geht hervor, dass infolge des Betoniervorganges eine Faserausrichtung erfolgen kann, wobei die Stahlfasern dann vorwiegend senkrecht zur Betonierrichtung orientiert sind [15]. Dies ist dann nachteilig, wenn die Hauptzugspannungen in Betonierrichtung auftreten, da dann nur wenige Fasern einen entstehenden Riss unter einem optimalen Winkel überbrücken würden. Dieser Sachverhalt wird durch den Beiwert κ^f_F berücksichtigt.

Mit dem Beiwert κ^f_G wird der Einfluss der Querschnittsfläche auf die Streuung der Nachrissbiegezugfestigkeit verfolgt. Aufgrund der vorliegenden experimentellen Untersuchungen kann davon ausgegangen werden, dass mit zunehmender Querschnittsfläche die Streuung der Nachrissbiegezugfestigkeit abnimmt [16].

$$f^f_{ctR,L1} = \kappa^f_F \cdot \kappa^f_G \cdot f^f_{ct0,L1} \tag{2}$$

$$f^f_{ctR,L2} = \kappa^f_F \cdot \kappa^f_G \cdot f^f_{ct0,L2} \tag{3}$$

$$f^f_{ctR,u} = \kappa^f_F \cdot \kappa^f_G \cdot f^f_{ct0,u} \tag{4}$$

$$f^f_{ctR,s} = \kappa^f_F \cdot \kappa^f_G \cdot f^f_{ct0,s} \tag{5}$$

Zur Bedeutung der Indizes L1, L2, u und s siehe Tabelle 3.

κ^f_F Beiwert zur Berücksichtigung der Faserorientierung

      $\kappa^f_F = 0{,}5$ im Allgemeinen

      $\kappa^f_F = 1{,}0$ für Biege- und Zugbeanspruchung bei ebenen, liegend hergestellten flächenhaften Bauteilen mit $b > 5\,h$

κ_G^f Beiwert zur Berücksichtigung des Einflusses der Bauteilgröße

$$\kappa_G^f = 1{,}0 + A_{ct}^f/2 \leq 1{,}70 \tag{6}$$

A_{ct}^f Querschnittsfläche der gerissenen Bereiche in m². Bei reiner Biegung gilt $A_{ct}^f = 0{,}9 \cdot A_c$.

Für die Bestimmung der **Bemessungswerte der zentrischen Nachrisszugfestigkeit** f_{ctd}^f gilt (Indizes L1, L2, u und s siehe Tabelle 3):

$$f_{ctd,L1}^f = \alpha_c^f \cdot f_{ctR,L1}^f / \gamma_{ct}^f \tag{7}$$

$$f_{ctd,L2}^f = \alpha_c^f \cdot f_{ctR,L2}^f / \gamma_{ct}^f \tag{8}$$

$$f_{ctd,u}^f = \alpha_c^f \cdot f_{ctR,u}^f / \gamma_{ct}^f \tag{9}$$

$$f_{ctd,s}^f = \alpha_c^f \cdot f_{ctR,s}^f / \gamma_{ct}^f \tag{10}$$

α_c^f Abminderungsbeiwert zur Berücksichtigung von Langzeitauswirkungen auf die Nachrisszugfestigkeit des Stahlfaserbetons, $\alpha_c^f = 0{,}85$

γ_{ct}^f Teilsicherheitsbeiwert, siehe Tabelle 1.

4.3 Spannungs-Dehnungs-Linie für die Querschnittsbemessung

Für die Querschnittsbemessung in den Grenzzuständen der Tragfähigkeit darf in gezogenen Querschnittsbereichen entweder die vollständige Spannungs-Dehnungs-Linie oder vereinfachend der Spannungsblock verwendet werden (Bild 4).

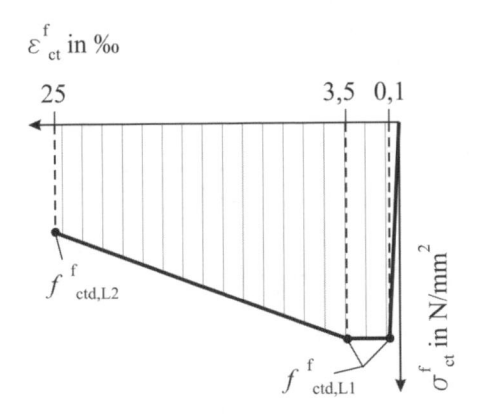

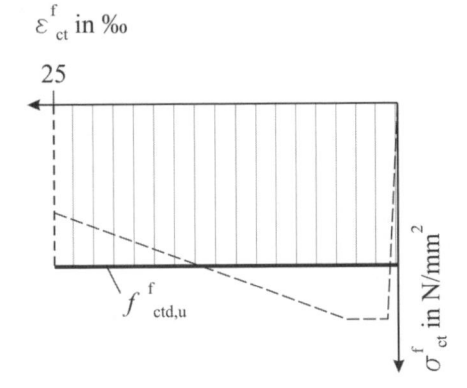

Vollständige Spannungs-Dehnungs-Linie   Spannungsblock

Bild 4: Spannungs-Dehnungs-Linien für die Querschnittsbemessung in den Grenzzuständen der Tragfähigkeit

Die Anwendbarkeit der Spannungs-Dehnungs-Linien wird durch das Verhältnis der Leistungsklassen L1 und L2 eingeschränkt:

- Vollständige Spannungs-Dehnungs-Linie: anwendbar für L2/L1 ≥ 0,7
- Spannungsblock: anwendbar für L2/L1 ≤ 1,0.

5 Nachweise in den Grenzzuständen der Tragfähigkeit

5.1 Allgemeines

Gegenüber DIN 1045-1 sind folgende zusätzliche Regelungen zu beachten:

- Zur Herstellung eines Gleichgewichtszustandes darf die Nachrisszugfestigkeit des Stahlfaserbetons, nicht jedoch die Zugfestigkeit des Betons oder Stahlfaserbetons herangezogen werden.
- Der Grenzzustand der Tragfähigkeit wird erreicht, wenn
  - die kritische Dehnung des Stahlfaserbetons und/oder
  - die kritische Stahldehnung und/oder
  - die kritische Betondehnung und/oder
  - am Gesamtsystem ein indifferenter Gleichgewichtszustand erreicht wird.
- Bei der Nachweisführung von knickgefährdeten Bauteilen ist die Berücksichtigung der Faserwirkung nicht erlaubt.

5.2 Biegung und Längskraft

Die Ermittlung der Querschnittstragfähigkeit erfolgt nach Bild 5. Dabei gilt:

- Die Dehnungen in der Zugzone werden auf $\varepsilon_{su} = \varepsilon^f_{ct,u} = 25‰$ begrenzt.
- Die statische Höhe von Querschnitten ohne Betonstahlbewehrung entspricht der Querschnittshöhe h. Bei Querschnitten mit Betonstahlbewehrung gilt DIN 1045-1.
- In Arbeitsfugen darf die Faserwirkung nicht berücksichtigt werden.

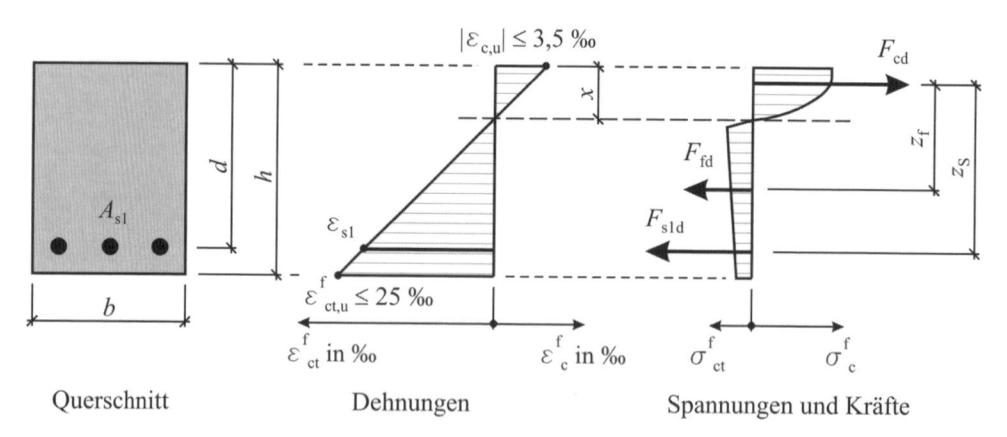

Bild 5: Dehnungs- und Spannungsverteilung für Querschnitte aus Stahlfaserbeton

Für das Aufstellen von Bemessungshilfsmitteln hat es sich als vorteilhaft erwiesen, die Nachrisszugfestigkeit des Stahlfaserbetons auf die Betonfestigkeit zu beziehen, siehe z.B. [17] bis [19].

5.3 Querkraft

Bauteile ohne rechnerisch erforderliche Querkraftbewehrung

Sofern keine Längszugspannungen auftreten, darf beim Nachweis der Querkrafttragfähigkeit von Bauteilen ohne rechnerische Querkraftbewehrung die Fasertragwirkung wie folgt berücksichtigt werden:

$$V_{Rd,ct}^f = V_{Rd,ct} + V_{Rd,cf} \tag{11}$$

$V_{Rd,ct}^f$ Bemessungswert der vom Stahlfaserbeton ohne Querkraftbewehrung aufnehmbaren Querkraft

$V_{Rd,ct}$ Bemessungswert der Querkrafttragfähigkeit nach DIN 1045-1

$V_{Rd,cf}$ Bemessungswert der durch die Stahlfaserwirkung aufnehmbaren Querkraft.

$$V_{Rd,cf} = \frac{\alpha_c^f \cdot f_{ctR,u}^f \cdot b_w \cdot h}{\gamma_{ct}^f} \tag{12}$$

α_c^f Abminderungsbeiwert, siehe Abschnitt 4.2 in diesem Beitrag

γ_{ct}^f Teilsicherheitsbeiwert, siehe Tabelle 1

$f_{ctR,u}^f$ Rechenwert der zentrischen Nachrisszugfestigkeit des Stahlfaserbetons, siehe Gln. (4). Bei der Ermittlung von $f_{ctR,u}^f$ gilt:

$A_{ct}^f = b_w \cdot d \leq b_w \cdot 1{,}50$, Einheiten in m.

Durch die Fasertragwirkung kann die Querkrafttragfähigkeit von Bauteilen ohne rechnerische Querkraftbewehrung deutlich heraufgesetzt werden. In Bild 6 wird dies am Beispiel eines Plattenstreifens verdeutlicht. Selbst bei geringen Leistungsklassen für Stahlfaserbeton ist der Anstieg der Querkrafttragfähigkeit deutlich spürbar.

Nach DIN 1045-1 ist bei stabförmigen Bauteilen ohne rechnerische Querkraftbewehrung eine Querkraftmindestbewehrung vorzusehen. Diese darf bei Stahlfaserbeton unter Berücksichtigung der Fasertragwirkung ermittelt werden:

$$a_{sw} = \rho \cdot b_w \cdot \sin \alpha \tag{13}$$

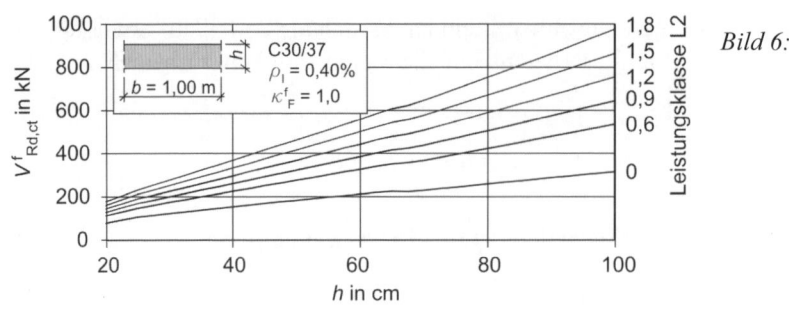

Bild 6: Einfluss der Fasertragwirkung auf die Querkrafttragfähigkeit von Bauteilen ohne rechnerische Querkraftbewehrung

$$\rho = \frac{(0{,}16 \cdot f_{ctm} - f^{f}_{ctR,u})}{f_{yk}} \geq 0 \tag{14}$$

a_{sw} Querschnittsfläche der Querkraftmindestbewehrung

b_w kleinste Querschnittsbreite innerhalb der Zugzone des Querschnitts

α Winkel zwischen Querkraftbewehrung und Bauteilachse

f_{ctm} Mittelwert der zentrischen Betonzugfestigkeit nach DIN 1045-1

f_{yk} Charakteristischer Wert der Streckgrenze des Betonstahls

$f^{f}_{ctR,u}$ Rechenwert der zentrischen Nachrisszugfestigkeit, siehe Gl. (4).

Aus Gl. (14) geht hervor, dass durch die Wirkung der Stahlfasern die Querkraftmindestbewehrung im Extremfall bis auf Null abgemindert und damit auf eine Bügelbewehrung komplett verzichtet werden kann. Weiterhin ist aus Bild 7 ersichtlich, dass sich insbesondere bei geringen Betonfestigkeitsklassen tatsächlich eine deutliche Reduzierung der Querkraftmindestbewehrungsgrades ρ_w ergeben kann. Ein vollständiger Ersatz der Querkraftmindestbewehrung durch die Fasertragwirkung ist allerdings bei den in der Praxis üblicherweise verwendeten Stahlfaserbetonen nicht möglich.

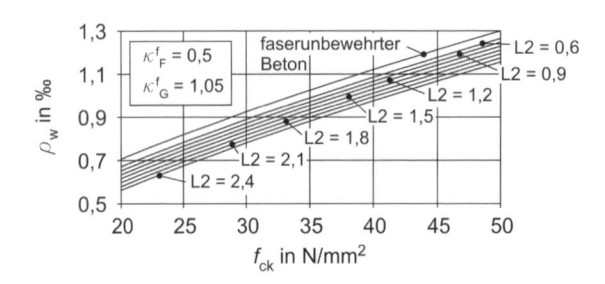

Bild 7: Reduzierung des Querkraftmindestbewehrungsgrades ρ_w durch die Fasertragwirkung

Bauteile mit rechnerisch erforderlicher Querkraftbewehrung

Bei der Bestimmung der rechnerisch erforderlichen Querkraftbewehrung darf der Traganteil der Stahlfasern ebenfalls berücksichtigt werden:

$$V^{f}_{Rd,sy} = V_{Rd,sy} + V_{Rd,cf} \leq V_{Rd,max} \tag{15}$$

$V_{Rd,sy}^f$ Bemessungswert der durch die Tragfähigkeit der Querkraftbewehrung und der Stahlfasern aufnehmbaren Querkraft

$V_{Rd,sy}$ Bemessungswert der durch die Tragfähigkeit der Querkraftbewehrung aufnehmbaren Querkraft nach DIN 1045-1

$V_{Rd,cf}$ Bemessungswert der durch die Stahlfaserwirkung aufnehmbaren Querkraft nach Gl. (12)

$V_{Rd,max}$ Bemessungswert der durch die Druckstrebenfestigkeit begrenzten maximalen Querkrafttragfähigkeit nach DIN 1045-1.

In Bild 8 wird am konkreten Beispiel eines Stahlbetonbalkens verdeutlicht, dass die Bügelbewehrung insbesondere bei geringen Querkraftbeanspruchungen durch die Fasertragwirkung deutlich reduziert werden kann. Mit zunehmender Beanspruchung erhöht sich die rechnerisch erforderliche Querkraftbewehrung, während der durch die Stahlfasern übertragene Querkraftanteil annähernd unverändert bleibt.

Die in DIN 1045-1 enthaltenen Angaben zu zulässigen Bügelabständen gelten unverändert, damit sichergestellt ist, dass Querkraftrisse unabhängig vom Ort ihres Auftretens auch tatsächlich von der Bügelbewehrung gekreuzt werden. Die maximale Querkrafttragfähigkeit $V_{Rd,max}$ wird von dem Vorhandensein von Stahlfasern nicht beeinflusst.

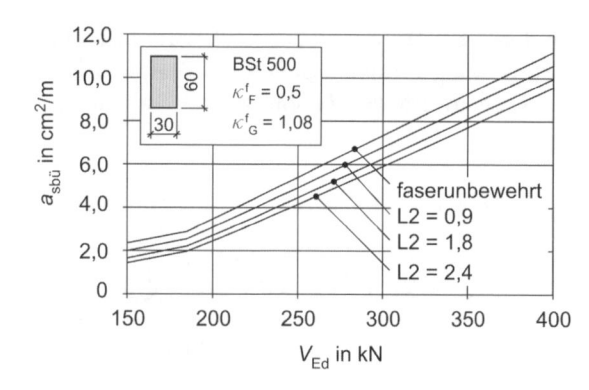

Bild 8: Reduzierung der Querkraftbewehrung $a_{sbü}$ in Abhängigkeit von der Leistungsklasse L2 des Stahlfaserbetons

5.4 Torsion

Die Wirkung der Stahlfasern darf beim Nachweis der Torsionstragfähigkeit nicht berücksichtigt werden.

5.5 Durchstanzen

Beim Nachweis der Durchstanztragfähigkeit von Platten und Fundamenten ohne Durchstanzbewehrung darf die Stahlfaserwirkung ähnlich wie beim Nachweis der Querkrafttragfähigkeit angesetzt werden. Genauere Informationen sind der DAfStb-Richtlinie Stahlfaserbeton zu entnehmen.

6 Nachweis der Rissbreitenbeschränkung

6.1 Stahlfaserbeton ohne zusätzliche Betonstahlbewehrung

Der Einsatz von Stahlfaserbeton ohne zusätzliche Betonstahlbewehrung ist aufgrund des dehnungsentfestigenden Materialverhaltens nur eingeschränkt möglich, siehe dazu die Ausführungen in Abschnitt 2. Nach der DAfStb-Richtline Stahlfaserbeton darf auf eine Betonstahlbewehrung zur Rissbreitenbeschränkung nur dann verzichtet werden, wenn folgende Bedingung eingehalten ist:

$$\alpha_f = \frac{f^f_{ctR,s}}{f_{ctm}} \geq k \cdot k_c \qquad (16)$$

α_f bezogene Nachrisszugfestigkeit

$f^f_{ctR,s}$ Rechenwert der zentrischen Nachrisszugfestigkeit, siehe Gl. (5)

f_{ctm} Mittelwert der Betonzugfestigkeit nach DIN 1045-1

k Beiwert zur Berücksichtigung von nichtlinear verteilten Betonzugspannungen, siehe DIN 1045-1

k_c Beiwert zur Berücksichtigung der Spannungsverteilung innerhalb der Zugzone, siehe DIN 1045-1

Darf die Rissbreitenbeschränkung allein durch die Wirkung der Stahlfasern, also ohne gleichzeitigen Einsatz einer Betonstahlbewehrung erfolgen, gelten die Anforderungsklassen, Einwirkungskombinationen und Rechenwerte der Rissbreite nach Tabelle 4.

Tabelle 4: Mindestanforderungsklassen für Stahlfaserbeton ohne zusätzliche Betonstahlbewehrung

Expositionsklasse	XC1	XC2, XC3	XC4	XD1, XS1
Mindestanforderungsklasse für den Rissbreitennachweis nach DIN 1045-1, Tab. 18	F	E	C	B
Einwirkungskombination für den Nachweis der Rissbreitenbeschränkung	quasi-ständig	quasi-ständig	häufig	selten
Rechenwert der Rissbreite w_k in mm	0,4	0,3	0,2	0,2

Der Nachweis der Rissbreitenbeschränkung darf nach Gl. (17) erfolgen. Die ermittelte Rissbreite ist auf Verträglichkeit mit den Systemverformungen zu prüfen.

$$w_k = s_w^f \cdot \varepsilon_{ct}^f \tag{17}$$

s_w^f Länge, über die ein Riss als verschmiert betrachtet wird, um die rechnerische Dehnung des Stahlfaserbetons unter Zugbeanspruchung zu erhalten

$s_w^f = 0{,}140 \text{ m}$

ε_{ct}^f Zugdehnung des Stahlfaserbetons

6.2 Stahlfaserbeton mit Betonstahlbewehrung

6.2.1 Mindestbewehrung für die Begrenzung der Rissbreite

Für die Ermittlung der Querschnittsfläche der Mindestbewehrung in Bauteilen aus Stahlfaserbeton mit Betonstahlbewehrung gilt:

$$A_s^f = f_{ct,eff} \cdot k_c \cdot k \cdot (1 - \alpha_f) \cdot \frac{A_{ct}}{\sigma_s} \tag{18}$$

α_f bezogene Nachrisszugfestigkeit, siehe Gl. (16)

σ_s Betonstahlspannung im Riss ohne Berücksichtigung der Faserwirkung

$f_{ct,eff}, k_c, k, A_{ct}$ siehe DIN 1045-1

Zur Bestimmung der Mindestbewehrung bei dickeren Bauteilen sind in der DAfStb-Richtlinie Stahlfaserbeton weitere Hinweise enthalten.

6.2.2 Begrenzung der Rissbreite ohne direkte Berechnung

Der Nachweis der Begrenzung der Rissbreite darf in indirekter Form über eine Durchmesserbegrenzung oder eine Stababstandsbegrenzung erfolgen. Bei Nachweis mittels der Durchmesserbegrenzung darf die Wirkung der Stahlfasern bei der Ermittlung des Grenzdurchmessers der Bewehrungsstäbe nach Gl. (19) berücksichtigt werden.

$$d_s^f = \max \begin{cases} d_s^* \cdot \dfrac{\sigma_s \cdot A_s}{4 \cdot b \cdot (h-d) \cdot f_{ct,0}} \cdot \dfrac{1}{(1-\alpha_f)^2} \\ d_s^* \cdot \dfrac{f_{ct,eff}}{f_{ct,0}} \cdot \dfrac{1}{(1-\alpha_f)^2} \end{cases} \tag{19}$$

d_s^f Modifizierter Grenzdurchmesser bei Verwendung von Stahlfaserbeton

α_f bezogene Nachrisszugfestigkeit, siehe Gl. (16)

σ_s Betonstahlspannung im Riss im Zustand II ohne Berücksichtigung der Faserwirkung

d_s^*, A_s, b, h, d, $f_{ct,eff}$, $f_{ct,0}$ siehe DIN 1045-1.

6.2.3 Berechnung der Rissbreite

Der Rechenwert der Rissbreite w_k darf für Bauteile mit Betonstahlbewehrung nach den Gln. (20) bis (22) berechnet werden.

$$w_k = s_{r,max} \cdot \left(\varepsilon_{sm}^f - \varepsilon_{cm}\right) \qquad (20)$$

$s_{r,max}$ maximaler Rissabstand bei abgeschlossenem Rissbild

ε_{sm}^f mittlere Dehnung des Betonstahls unter der maßgebenden Einwirkungskombination und unter Berücksichtigung der Faserwirkung

ε_{cm} mittlere Dehnung des Betons zwischen den Rissen

$$s_{r,max} = \min \begin{cases} (1-\alpha_f) \cdot \dfrac{d_s}{3{,}6 \cdot \text{eff}\,\rho} \\ (1-\alpha_f) \cdot \dfrac{\sigma_s \cdot d_s}{3{,}6 \cdot f_{ct,eff}} \end{cases} \qquad (21)$$

$$\left(\varepsilon_{sm}^f - \varepsilon_{cm}\right) = \max \begin{cases} \dfrac{(1-\alpha_f) \cdot \left(\sigma_s - 0{,}4 \cdot f_{ct,eff} \cdot \dfrac{1}{\text{eff}\,\rho}\right)}{E_s} \\ 0{,}6 \cdot (1-\alpha_f) \cdot \dfrac{\sigma_s}{E_s} \end{cases} \qquad (22)$$

α_f bezogene Nachrisszugfestigkeit, siehe Gl. (16)

σ_s Betonstahlspannung im Riss im Zustand II ohne Berücksichtigung der Faserwirkung

d_s, eff ρ, $f_{ct,eff}$ siehe DIN 1045-1.

7 Konstruktion- und Bewehrungsregeln

7.1 Mindestbewehrung

Die Mindestbewehrung zur Sicherstellung eines duktilen Bauteilverhaltens darf unter Berücksichtigung der Tragwirkung der Stahlfasern ermittelt werden, siehe Gln. (23) und (24).

$$\min A_s = \rho \cdot A_{ct} \tag{23}$$

$$\rho = \frac{k_c \cdot f_{ctm} - f_{ctR,u}^f}{f_{yk}} \tag{24}$$

$\min A_s$ Querschnittsfläche der Mindestbewehrung

$f_{ctR,u}^f$ Rechenwert der zentrischen Nachrisszugfestigkeit, siehe Gl. (4)

k_c, f_{ctm}, f_{yk} siehe DIN 1045-1.

Aus Gl. (24) wird ersichtlich, dass die Mindestbewehrung gegebenenfalls komplett durch Stahlfasern ersetzt werden kann. Auf eine Mindestbewehrung darf auch verzichtet werden, wenn nachgewiesen werden kann, dass nach der Erstrissbildung die Systemtragfähigkeit noch weiter gesteigert werden kann.

7.2 Sonstige Regelungen

Sonstige wesentliche Bewehrungs- und Konstruktionsregeln lassen sich wie folgt zusammenfassen:

– Bei der Zugkraftdeckung darf die Tragwirkung der Stahlfasern berücksichtigt werden.
– Eine Anrechnung der Stahlfasern auf die Querbewehrung von Druckgliedern ist nicht möglich.
– Der lichte Stababstand der Betonstahlbewehrung muss mindestens der Hälfte der Stahlfaserlänge entsprechen.

8 Zusammenfassung

Mit der DAfStb-Richtlinie Stahlfaserbeton werden die erforderlichen Grundlagen für die Berechnung und Konstruktion von Bauteilen aus Stahlfaserbeton mit und ohne Betonstahlbewehrung bereitgestellt. Nach der bauaufsichtlichen Einführung der Richtlinie wird es wesentlich einfacher sein, Stahlfaserbeton für konstruktive Zwecke zu verwenden. Insbesondere bei kombiniertem Einsatz von Stahlfasern und Betonstahlbewehrung lassen sich erhebliche Vorteile bei der Begrenzung der Rissbreiten, aber auch der Querkrafttragfähigkeit erreichen.

Da die DAfStb-Richtlinie Stahlfaserbeton auf DIN 1045-1 basiert, wird sich im Zuge der Einführung der Eurocodes eine kurzfristige Neuausgabe der Richtlinie jedoch nicht vermeiden lassen. Da aber die Unterschiede zwischen DIN 1045-1 und dem zukünftigen Eurocode 2 nicht so gravierend sind, sind die bei der Nachweisführung von Bauteilen aus Stahlfaserbeton zu erwartenden Änderungen überschaubar.

Literatur

[1] Holschemacher, K.; Dehn, F.; Klug, Y.: Grundlagen des Faserbetons. In: Bergmeister, K.; Fingerloos, F.; Wörner, J.-D.: Betonkalender 2011, Teil 2, S. 21 – 88. Ernst & Sohn, Verlag für Architektur und technische Wissenschaften, Berlin 2011.

[2] Deutscher Beton-Verein E.V.: Merkblatt „Grundlagen zur Bemessung von Industriefußböden aus Stahlfaserbeton". Überarbeitete Fassung 1996.

[3] Deutscher Beton-Verein E.V.: Merkblatt „Bemessungsgrundlagen für Stahlfaserbeton im Tunnelbau". Überarbeitete Fassung 1996.

[4] Deutscher Beton- und Bautechnik-Verein E.V.: Merkblatt „Stahlfaserbeton". Fassung 2001.

[5] Deutscher Ausschuss für Stahlbeton: DAfStb-Richtline Stahlfaserbeton. Ausgabe März 2010.

[6] DIN 1045-1 (08.2008): Tragwerke aus Beton, Stahlbeton und Spannbeton. Teil 1: Bemessung und Konstruktion. Ausgabe August 2008.

[7] DIN 1045-2 (08.2008): Tragwerke aus Beton, Stahlbeton und Spannbeton. Teil 2: Beton – Festlegung, Eigenschaften, Herstellung und Konformität – Anwendungsregeln zu DIN EN 206-1. Ausgabe August 2008.

[8] DIN 1045-3 (08.2008): Tragwerke aus Beton, Stahlbeton und Spannbeton. Teil 3: Bauausführung. Ausgabe August 2008.

[9] DIN EN 206-1 (07.2001): Beton. Teil 1: Festlegung, Eigenschaften, Herstellung und Konformität. Ausgabe Juli 2001.

[10] Alfes, C.; Wiens, U.: Stahlfaserbeton nach DAfStb-Richtlinie. Beton 60 (2010), H. 4, S. 128 – 135.

[11] DIN EN 14487-1 (03.2006): Spritzbeton. Teil 1: Begriffe, Festlegungen und Konformität; Deutsche Fassung EN 14487-1: 2005. Ausgabe März 2006.

[12] DIN EN 14487-2 (01.2007): Spritzbeton. Teil 2: Ausführung; Deutsche Fassung EN 14487-2: 2006. Ausgabe Januar 2007.

[13] DIN 18551 (02.2010): Spritzbeton – Nationale Anwendungsregeln zur Reihe DIN EN 14487 und Regeln für die Bemessung von Spritzbetonkonstruktionen. Ausgabe Februar 2010.

[14] Teutsch, M.; Wiens, U.; Alfes, C.: Erläuterungen zur DAfStb-Richtline Stahlfaserbeton. In: Bergmeister, K.; Fingerloos, F.; Wörner, J.-D.: Betonkalender 2011, Teil 2, S. 143–175. Ernst & Sohn, Verlag für Architektur und technische Wissenschaften, Berlin 2011.

[15] Empelmann, M.; Teutsch, M.: Faserorientierung und Leistungsfähigkeit von Stahlfaser- und Kunststofffaserbeton. Beton 59 (2009), H. 6, S. 254 – 259.

[16] Lingemann, J.: Zum Einfluss der Bauteilgröße auf das Tragverhalten von Bauteilen aus Stahlfaserbeton. Münchner Massivbau Seminar 2009.

[17] Gödde, L.; Strack, M.; Mark, P.: M-N-Interaktionsdiagramme für stahlfaserverstärkte Stahlbetonquerschnitte. Beton- und Stahlbetonbau 105 (2010), H. 5, S. 318 – 323.

[18] Gödde, L.; Strack, M.; Mark, P.: Bauteile aus Stahlfaserbeton und stahlfaserverstärktem Stahlbeton. Beton- und Stahlbetonbau 105 (2010), H. 2, S. 78 – 91.

[19] Glaser, R.; Schwitzke, M.; Wiebusch, D.: Hilfsmittel für die Bemessung von stahlfaserverstärktem Stahlbeton. Bautechnik 86 (2009), H. 5, S. 294 – 297.

Innovativ durch Kompetenz

IBC Ingenieurbau-Consult GmbH

55116 Mainz
Romano-Guardini-Platz 1
Telefon 0 61 31 / 9 49 11 -0
Telefax 0 61 31 / 9 49 11 -44
E-mail: info@ibc-ing.de

04288 Leipzig
Zum Denkmal 12
Telefon 03 42 97 / 14 98 38
Telefax 03 42 97 / 14 98 39
E-mail: ibc-leipzig@t-online.de

- Konstruktiver Ingenieurbau / Tragwerksplanung
- Bauphysik / Energieberatung
- Schallschutz- und Akustikplanung
- Brandschutz
- Fassadenbau
- Sanierungsplanung / Bauen im Bestand
- Ausschreibung / Bauleitung
- Bauwerksdiagnostik / Beweissicherung
- Projektentwicklung

IBC Ingenieurbau-Consult GmbH

Berechnungsbeispiele zur Bemessung von Stahlfaserbeton nach DAfStb-Richtlinie

Torsten Müller, Klaus Holschemacher

1 Einleitung

Der Werkstoff Stahlfaserbeton wird in Deutschland seit über 30 Jahren in bestimmten Bereichen des Betonbaus erfolgreich eingesetzt. Das Hauptanwendungsgebiet der Stahlfaserbetone stellt derzeit der Industriefußbodenbau dar. Weitere wichtige Anwendungsgebiete sind der Wohnungs- und Tunnelbau sowie die Herstellung von Betonfertigteilen. Auch für Bauteile mit hohen mechanischen Beanspruchungen und bei wasserrechtlichen Anforderungen wird Stahlfaserbeton aufgrund seiner besonderen Eigenschaften bevorzugt eingesetzt.

Stahlfaserbeton ist ein Beton nach DIN 1045-2 [1], dem zur Verbesserung seiner Eigenschaften Stahlfasern zugegeben werden. Besonderheiten dieses Baustoffes, die nicht durch [2] bis [4] sowie die DAfStb-Richtlinien „Betonbau beim Umgang mit wassergefährdenden Stoffen" [5] bzw. „Wasserundurchlässige Bauwerke aus Beton" [6] erfasst sind, werden durch das Merkblatt „Stahlfaserbeton" des Deutschen Beton- und Bautechnik-Vereins [7] und die DAfStb-Richtlinie „Stahlfaserbeton" [8] ergänzt.

Für die Bemessung von Bauteilen aus Stahlfaserbeton ist es erforderlich, die Nachrisszugfestigkeit zu kennen. Für die Prüfung und Klassifizierung der Nachbruchfestigkeiten stehen seit einigen Jahren unterschiedliche Prüfverfahren in Form von Platten-, Zugkörper- und Balkenversuchen mit zugehörigen Auswertungsvorschriften zur Verfügung [9].

Im Rahmen dieses Beitrages werden die auf dem 4-Punkt-Biegezugversuch basierenden Leistungsklassen gemäß DAfStb-Richtlinie [8] zugrunde gelegt. In diesem Regelwerk wird Stahlfaserbeton im Nachbruchbereich durch zwei Kennwerte charakterisiert. Der erste Wert wird bei geringer Verformung ermittelt und simuliert die Grenzzustände der Gebrauchstauglichkeit (GZG). Der zweite Kennwert wird auf der Basis größerer Verformungen bestimmt und kennzeichnet das Leistungsvermögen in den Grenzzuständen der Tragfähigkeit (GZT).

M.Sc. Torsten Müller, HTWK Leipzig, Institut für Betonbau
Prof. Dr.-Ing. Klaus Holschemacher, HTWK Leipzig, Institut für Betonbau

2 Bemessungsgrundlagen

2.1 Grenzzustände der Tragfähigkeit

2.1.1 Biegung mit oder ohne Längskraft und Längskraft allein

Die Ermittlung der Spannungen und Dehnungen für die gesuchte Querschnittstragfähigkeit beruht auf den in Bild 1 dargestellten Beziehungen. Weiterführende Erläuterungen und Annahmen sind in [10] gegeben.

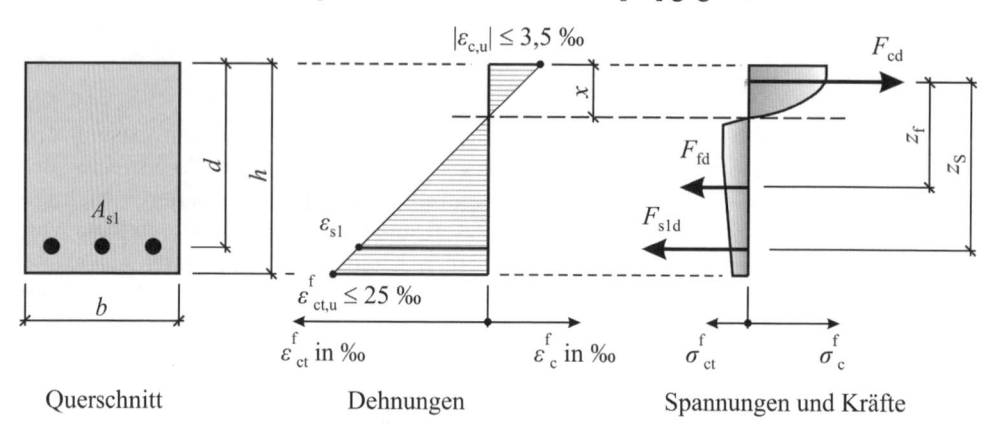

Bild 1: Dehnungs- und Spannungsverteilung für Querschnitte aus Stahlfaserbeton

In den Grenzzuständen der Tragfähigkeit kann für die Querschnittsbemessung unter bestimmten Voraussetzungen (siehe Tabelle 3) sowohl der Spannungsblock als auch die multilineare Spannungs-Dehnungs-Linie (SDL) angewendet werden. Im nachfolgenden Bild sind beide Varianten aufgeführt.

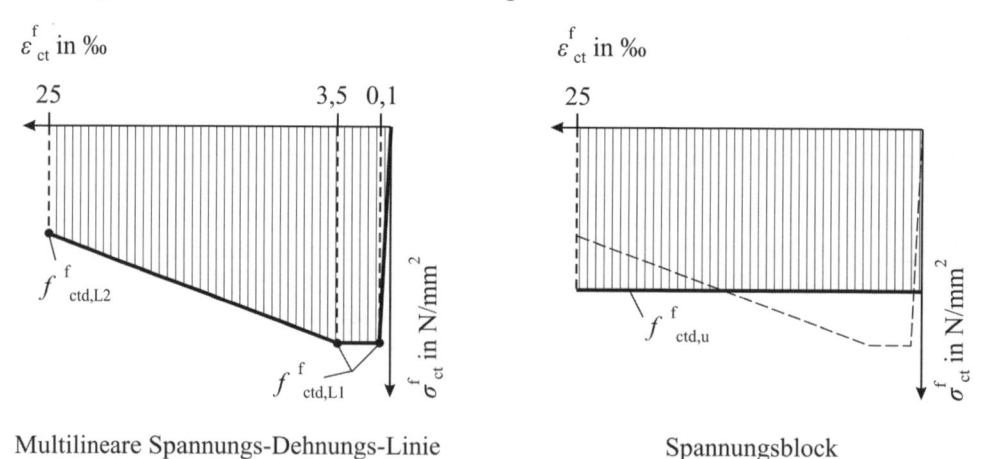

Bild 2: Spannungs-Dehnungs-Linien für die Querschnittsbemessung in den Grenzzuständen der Tragfähigkeit

3 Bemessungsbeispiele

3.1 Beispiel 1: Einfeldträger

Für einen Einfeldträger mit einem Rechteckquerschnitt und kombinierter Bewehrung (Stahlfasern + Betonstahl) wird die Bemessung für Biegung und Querkraft durchgeführt sowie die Mindestbewehrung zur Begrenzung der Rissbreite ermittelt. Untersucht wird ein Bauteil des üblichen Hochbaus unter einer vorwiegend ruhenden Einwirkung in einem Bürogebäude.

3.1.1 Baustoffe, System, Querschnitt und Betondeckung

Baustoffe:

- Stahlfaserbeton: C20/25 L2,4/2,1 XC1
- Normalduktiler Betonstahl BSt 500 S

System:

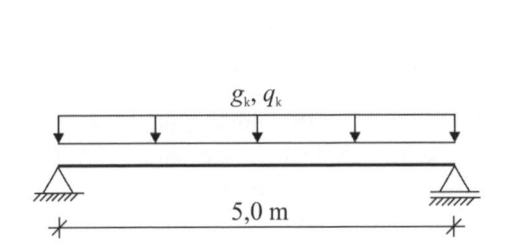

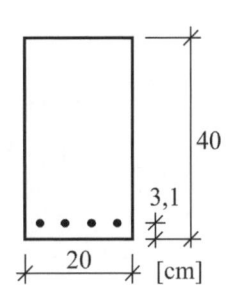

Betondeckung:

- Expositionsklasse XC1 & Verbundsicherung: $c_{min} = d_{sl} = 12\,mm$
- Vorhaltemaß: $\Delta c = 10\,mm$
- Nennmaß der Betondeckung: $c_{nom} = c_{min} + \Delta c = 22\,mm$

Verlegemaß: $c_v = 25\,mm$

Randabstand der Längsbewehrung: $d_1 = c_v + 0{,}5 \cdot d_{sl} = 31\,mm$

Statische Nutzhöhe: $d = h - d_1 = 400 - 31 = 369\,mm$

3.1.2 Einwirkungen

Ständige Einwirkungen: $g_k = 5{,}0\,kN/m$
Veränderliche Einwirkungen: $q_k = 9{,}5\,kN/m$

Teilsicherheitsbeiwerte: $\gamma_G = 1{,}35$ (ständige Einwirkungen)
$\gamma_Q = 1{,}50$ (veränderliche Einwirkungen)

Grenzzustände der Tragfähigkeit (GZT) – Grundkombination:

- $r_d = g_k \cdot \gamma_G + q_k \cdot \gamma_Q = 5{,}0 \cdot 1{,}35 + 9{,}5 \cdot 1{,}5 = 21{,}0\,\text{kN/m}$

Grenzzustände der Gebrauchstauglichkeit (GZG) – quasi-ständige Kombination:

- $r_{d,\text{perm}} = g_k + \psi_2 \cdot q_k = 5{,}0 + 0{,}3 \cdot 9{,}5 = 7{,}85\,\text{kN/m}$

3.1.3 Schnittgrößenermittlung

Schnittgrößen für GZT:

- $M_{\text{Ed}} = \dfrac{r_d \cdot l_{\text{eff}}^2}{8} = \dfrac{21{,}0 \cdot 5{,}0^2}{8} = 65{,}63\,\text{kNm}$

- $V_{\text{Ed,red}} = \dfrac{r_d \cdot l_{\text{eff}}}{2} - d \cdot r_d = \dfrac{21{,}0 \cdot 5}{2} - 0{,}369 \cdot 21{,}0 = 44{,}75\,\text{kN}$

Schnittgrößen für GZG infolge quasi-ständiger Kombination:

- $M_{\text{Ed,perm}} = \dfrac{r_{d,\text{perm}} \cdot l_{\text{eff}}^2}{8} = \dfrac{7{,}85 \cdot 5{,}0^2}{8} = 24{,}53\,\text{kNm}$

3.1.4 Bemessungswert der zentrischen Nachrisszugfestigkeit

Bezüglich der Anwendung der möglichen SDL (Spannungsblock oder multilineare SDL) wurde in der Richtlinie [8] keine eindeutige Aussage getroffen, ob für kombiniert bewehrte Querschnitte in den Grenzzuständen der Tragfähigkeit beide Varianten verwendet werden dürfen. Die Autoren dieses Beitrages sind der Auffassung, dass unter Einsatz von Betonstahl in Kombination mit Stahlfasern bei der Bemessung generell der Spannungsblock herangezogen werden sollte. Basierend auf dieser Annahme erfolgt die Ermittlung des Bemessungswertes der zentrischen Nachrisszugfestigkeit wie nachfolgend aufgeführt.

Zunächst muss der Grundwert der zentrischen Nachrisszugfestigkeit $f^f_{ct0,s} = f^f_{ct0,u}$ berechnet werden. Mit dem vorliegenden Verhältnis der Leistungsklassen L2/L1 = 0,88 ≤ 1,0 wird dieser wie folgt ermittelt:

- $f^f_{ct0,s} = f^f_{cflk,L2} \cdot \beta_s = 2{,}1 \cdot 0{,}37 = 0{,}777\,\text{N/mm}^2 = f^f_{ct0,u}$

Dieser Wert kann ebenfalls unter Zugrundelegung des Leistungsklassenwertes L2 = 2,1 aus der Tabelle R.3 in [8] abgelesen werden. Im Anschluss daran wird aus dem Grundwert der zentrischen Nachrisszugfestigkeit, unter Berücksichtigung der Faserorientierung und Bauteilabmessungen, der Rechenwert der zentrischen Nachrisszugfestigkeit $f^f_{ctR,s} = f^f_{ctR,u}$ ermittelt.

- $f^f_{ctR,s} = \kappa^f_F \cdot \kappa^f_G \cdot f^f_{ct0,s} = 0{,}5 \cdot 1{,}029 \cdot 0{,}777 = 0{,}400\,\text{N/mm}^2 = f^f_{ctR,u}$

    mit $\kappa^f_F = 0{,}5$ (Beiwert Faserorientierung)

    $\kappa^f_G = 1{,}0 + A^f_{ct} \cdot 0{,}5 = 1{,}0 + 0{,}057 \cdot 0{,}5 = 1{,}029 \leq 1{,}70$ (Beiwert Zugzonengröße)

$A_{ct}^f = (h - \xi \cdot d) \cdot b = (0,4 - 0,310 \cdot 0,369) \cdot 0,2 = 0,057 \, m^2$ (ξ siehe Tabelle 1)

$A_{ct}^f = 0,9 \cdot A_c = 0,9 \cdot 0,2 \cdot 0,4 = 0,072 \, m^2$ (Schätzung; gilt nur für Bauteile unter Biegung ohne Normalkraft)

Der maßgebende Bemessungswert der zentrischen Nachrisszugfestigkeit $f^f{}_{ctd,u}$ für die Querschnittsbemessung in den GZT ergibt sich unter Einbeziehung von Sicherheitsfaktoren für den Spannungsblock wie folgt:

- $f_{ctd,u}^f = \alpha_c^f \cdot f_{ctR,u}^f / \gamma_{ct}^f = 0,85 \cdot 0,400 / 1,25 = 0,272 \, N/mm^2$

Bei der Bemessung der Querkrafttragfähigkeit ohne rechnerisch erforderliche Querkraftbewehrung wird die Querschnittsfläche der gerissenen Bereiche ($A^f{}_{ct}$) wie nachfolgend dargestellt berechnet. Bei dieser Nachweisführung ergibt sich eine geringfügige Änderung des Rechenwertes der zentrischen Nachrisszugfestigkeit.

- $f_{ctR,u}^f = \kappa_F^f \cdot \kappa_G^f \cdot f_{ct0,u}^f = 0,5 \cdot 1,037 \cdot 0,777 = 0,403 \, N/mm^2$ (Querkraftbewehrung)

mit $\kappa_G^f = 1,0 + A_{ct}^f \cdot 0,5 = 1,0 + 0,074 \cdot 0,5 = 1,037 \leq 1,70$

$A_{ct}^f = b_w \cdot d = 0,2 \cdot 0,369 = 0,074 \, m^2 \leq b_w \cdot 1,50 = 0,2 \cdot 1,5 = 0,3 \, m^2$

3.1.5 Bemessung für Biegung

Die Bemessung erfolgt auf der Grundlage der Bemessungstabelle mit dimensionslosen Beiwerten, unter Berücksichtigung eines ansteigenden oberen Astes in der Spannungs-Dehnungslinie des Betonstahls. Die Dehnung des Stahlfaserbetons an der am stärksten gedehnten Faser wird dabei auf 25 ‰ begrenzt. Mit der Einhaltung der nachfolgend aufgeführten Gleichgewichtsbedingungen kann der vorliegende Dehnungszustand abgelesen sowie die erforderliche Betonstahlbewehrung berechnet werden.

- $N_{Ed} = N_{Rd} = F_s + F_f - F_c$ mit $N_{Ed} = 0$ (für reine Biegung)
- $M_{Ed} = M_{Rd} = F_c \cdot z_c - F_f \cdot z_f$ mit $M_{Ed} = M_{Eds}$

In Bild 3 sind die zuvor genannten Beziehungen dargestellt.

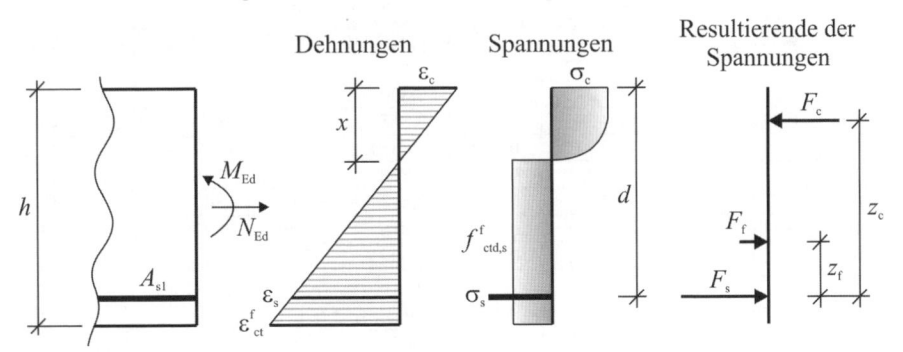

Bild 3: Dehnungs- und Spannungsverteilung

Als Eingangswert für die Bemessungstabelle dient das bezogene Moment μ_{Eds}. Dieses wird aus dem vorhandenen Bemessungsmoment M_{Eds} wie folgt errechnet:

- $\mu_{Eds} = M_{Eds}/(b \cdot d^2 \cdot f_{cd}) = 6563/(20 \cdot 36{,}9^2 \cdot 1{,}13) = 0{,}213$

Aus der Bemessungstabelle (siehe Tabelle 1) wird der mechanische Bewehrungsgrad ω abgelesen und die erforderliche Längszugbewehrung A_{s1}, wie nachfolgend dargestellt, ermittelt. Bei der Nutzung der Bemessungstabelle ist zu beachten, dass diese für balkenartige Querschnitte aufgestellt wurde ($\kappa^f_F = 0{,}5$) und zudem nur für eine bestimmte Betonfestigkeitsklasse (C20/25) sowie eine Betonquerschnittsfläche von $A_c = 0{,}08$ m^2 gilt. Der für die dargestellte Bemessungssituation resultierende Beiwert zur Berücksichtigung der Bauteilgröße ergibt sich zu $\kappa^f_G = 1{,}031$.

Tabelle 1: Bemessungstabelle mit dimensionslosen Beiwerten

$A_c = 0{,}08$ m^2 / C20/25 / L2 = 2,1									
μ_{Eds}	ω	κ^f_G	$f^f_{ctd,u}$	$\xi = x/d$	$\zeta = z/d$	ε_{c2} [‰]	ε^f_{c1} [‰]	ε_{s1} [‰]	σ_{s1}
0,010	-0,004	1,041	0,275	0,046	0,984	-1,126	25,000	23,121	454,73
0,020	0,006	1,041	0,275	0,058	0,979	-1,417	25,000	23,100	454,71
0,030	0,016	1,040	0,275	0,068	0,975	-1,691	25,000	23,080	454,69
0,040	0,026	1,040	0,275	0,078	0,971	-1,960	25,000	23,061	454,67
0,050	0,036	1,040	0,275	0,088	0,966	-2,235	25,000	23,041	454,66
0,060	0,047	1,039	0,275	0,099	0,961	-2,519	25,000	23,021	454,64
0,070	0,057	1,039	0,274	0,109	0,956	-2,813	25,000	23,000	454,62
0,080	0,068	1,038	0,274	0,119	0,951	-3,116	25,000	22,978	454,60
0,090	0,078	1,038	0,274	0,130	0,946	-3,429	25,000	22,955	454,57
0,100	0,089	1,037	0,274	0,143	0,941	-3,500	22,893	20,994	452,71
0,110	0,101	1,037	0,274	0,157	0,935	-3,500	20,581	18,849	450,66
0,120	0,112	1,036	0,274	0,171	0,929	-3,500	18,619	17,028	448,93
0,130	0,124	1,036	0,274	0,185	0,923	-3,500	16,930	15,461	447,44
0,140	0,136	1,035	0,273	0,199	0,917	-3,500	15,463	14,099	446,14
0,150	0,148	1,035	0,273	0,213	0,911	-3,500	14,175	12,903	445,00
0,160	0,161	1,034	0,273	0,228	0,905	-3,500	13,034	11,845	443,99
0,170	0,173	1,033	0,273	0,243	0,899	-3,500	12,018	10,902	443,09
0,180	0,186	1,033	0,273	0,258	0,893	-3,500	11,106	10,055	442,29
0,190	0,199	1,032	0,273	0,274	0,886	-3,500	10,282	9,291	441,56
0,200	0,212	1,032	0,273	0,289	0,880	-3,500	9,535	8,597	440,90
0,210	0,226	1,031	0,272	0,305	0,873	-3,500	8,853	7,965	440,30
0,220	0,239	1,030	0,272	0,322	0,866	-3,500	8,228	7,385	439,75
0,230	0,253	1,030	0,272	0,338	0,859	-3,500	7,654	6,851	439,24
0,240	0,267	1,029	0,272	0,355	0,852	-3,500	7,123	6,359	438,77
0,250	0,282	1,028	0,272	0,372	0,845	-3,500	6,631	5,902	438,33
0,260	0,297	1,028	0,271	0,390	0,838	-3,500	6,173	5,477	437,93
0,270	0,312	1,027	0,271	0,408	0,830	-3,500	5,746	5,081	437,55
0,280	0,327	1,026	0,271	0,426	0,823	-3,500	5,347	4,710	437,20
0,290	0,343	1,025	0,271	0,445	0,815	-3,500	4,971	4,362	436,87
0,300	0,360	1,025	0,271	0,465	0,807	-3,500	4,618	4,034	436,55
0,310	0,376	1,024	0,270	0,484	0,798	-3,500	4,285	3,725	436,26
0,320	0,394	1,023	0,270	0,505	0,790	-3,500	3,969	3,432	435,98
0,330	0,412	1,022	0,270	0,526	0,781	-3,500	3,670	3,154	435,72
0,340	0,430	1,021	0,270	0,548	0,772	-3,500	3,385	2,889	435,46
0,350	0,449	1,020	0,270	0,570	0,763	-3,500	3,113	2,637	435,22

Mit $\mu_{Eds} = 0{,}213$ ergibt sich: $\omega = 0{,}230$ (interpoliert)
$\sigma_{s1d} = 440{,}13$ N/mm² (interpoliert)

Mit diesen Werten kann die erforderliche Längsbewehrung A_{s1} berechnet werden.

- $A_{s1} = \dfrac{1}{\sigma_{s1d}} \cdot (\omega \cdot b \cdot d \cdot f_{cd} + N_{Ed}) = \dfrac{1}{44{,}013} \cdot (0{,}230 \cdot 20 \cdot 36{,}9 \cdot 1{,}13 + 0) = 4{,}36 \, \text{cm}^2$

Als Längsbewehrung wurde gewählt: 4 Ø 12 mm (vorh $A_{s1} = 4{,}52$ cm²)

Würde auf die Stahlfasern komplett verzichtet und ausschließlich Betonstahlbewehrung verwendet werden, so ergibt sich für diese eine erforderliche Querschnittsfläche von $A_{s1} = 4{,}54$ cm². Dies entspricht einem Zuwachs von ca. 4% im Vergleich zur ermittelten Betonstahlmenge aus kombinierter Bewehrung.

3.1.6 Berechnung der Mindestbewehrung zur Sicherstellung eines duktilen Bauteilverhaltens

Bei Verwendung von Stahlfaserbeton darf auf der Widerstandsseite $f^f_{ctR,u}$ berücksichtigt werden. Die Mindestbewehrung zur Sicherstellung eines duktilen Bauteilverhaltens kann wie folgt berechnet werden:

- $\min A_s = \rho \cdot A_{ct}$

mit $\rho = \dfrac{(k_c \cdot f_{ctm} - f^f_{ctR,u})}{f_{yk}} = \dfrac{(0{,}4 \cdot 2{,}2 - 0{,}400)}{500{,}0} = 0{,}00096$

- $\min A_s = \rho \cdot A_{ct} = 0{,}00096 \cdot 400 = 0{,}384 \, \text{cm}^2$

Unter der Annahme eines ausschließlich betonstahlbewehrten Balkens (Einfeldträger) würde sich eine Mindestbewehrung von $\min A_s = 0{,}704$ cm² ergeben. Durch die Kombination mit Stahlfasern konnte die Mindestbewehrung in diesem Beispiel um etwa 45% reduziert werden.

3.1.7 Bemessung für Querkraft

Der Bemessungswert der Querkrafttragfähigkeit $V^f_{Rd,ct}$ stahlfaserbewehrter Bauteile ohne rechnerisch erforderliche Querkraftbewehrung kann mit folgender Gleichung berechnet werden:

- $V^f_{Rd,ct} = V_{Rd,ct} + V_{Rd,cf}$

Gemäß DIN 1045-1, Gleichung (70), ergibt sich der Bemessungswert der Querkrafttragfähigkeit ohne Berücksichtigung der Faserwirkung $V_{Rd,ct}$ zu:

- $V_{Rd,ct} = \left[\dfrac{0{,}15}{\gamma_c} \cdot \kappa \cdot \eta_1 \cdot (100 \cdot \rho_1 \cdot f_{ck})^{1/3} - 0{,}12 \cdot \sigma_{cd} \right] \cdot b_w \cdot d \geq V_{Rd,ct,\min}$

mit $\quad \kappa = 1 + \sqrt{\dfrac{200}{d}} = 1 + \sqrt{\dfrac{200}{369}} = 1{,}736 \leq 2{,}0$

$\eta_1 = 1{,}0$ für Normalbeton

$\rho_1 = A_{sl}/(b_w \cdot d) = 4{,}52/(20 \cdot 36{,}9) = 0{,}0061 \leq 0{,}02$

- $V_{Rd,ct} = \left[\dfrac{0{,}15}{1{,}5} \cdot 1{,}736 \cdot 1 \cdot (100 \cdot 0{,}0061 \cdot 20)^{1/3} - 0{,}12 \cdot 0\right] \cdot 200 \cdot 369$

$V_{Rd,ct} = 29490\,\text{N} = 29{,}49\,\text{kN} \geq V_{Rd,ct,min}$

Gemäß [2] darf dabei jedoch ein Mindestwert der Querkrafttragfähigkeit $V_{Rd,ct,min}$ biegebewehrter Bauteile ohne Querkraftbewehrung nach DIN 1045-1, Gleichung (70a), angesetzt werden. Dieser berechnet sich zu:

- $V_{Rd,ct,min} = [\eta_1 \cdot v_{min} - 0{,}12 \cdot \sigma_{cd}] \cdot b_w \cdot d$

mit $\quad v_{min} = \left[\dfrac{\kappa_1}{\gamma_c}\sqrt{\kappa^3 \cdot f_{ck}}\right] = \left[\dfrac{0{,}0525}{1{,}5}\sqrt{1{,}736^3 \cdot 20}\right] = 0{,}358$

- $V_{Rd,ct,min} = [1{,}0 \cdot 0{,}358 - 0{,}12 \cdot 0] \cdot 200 \cdot 369 = 26422\,\text{N} = 26{,}42\,\text{kN} < V_{Rd,ct}$

Der Bemessungswert der durch die Stahlfaserwirkung aufnehmbaren Querkraft kann mit nachfolgender Gleichung ermittelt werden.

- $V_{Rd,cf} = \dfrac{\alpha_c^f \cdot f_{ctR,u}^f \cdot b_w \cdot h}{\gamma_{ct}^f}$

mit $\quad f_{ctR,u}^f = 0{,}403\,\text{N}/\text{mm}^2$ (aus Kapitel 3.1.4)

- $V_{Rd,cf} = \dfrac{0{,}85 \cdot 0{,}403 \cdot 200 \cdot 400}{1{,}25 \cdot 1000} = 21{,}92\,\text{kN}$

Daraus ergibt sich eine durch den Stahlfaserbeton aufnehmbare Querkraft von:

- $V_{Rd,ct}^f = 29{,}49 + 21{,}92 = 51{,}41\,\text{kN} > V_{Ed,red} = 44{,}75\,\text{kN}$

Es wird keine zusätzliche Querkraftbewehrung benötigt.

Die Mindestquerkraftbewehrung aus Betonstahl (siehe DIN 1045-1, 13.2.3 (5)) darf bei stahlfaserbewehrten balkenartigen Bauteilen ($b \leq 5h$) entfallen, wenn die Faserwirkung in ausreichendem Umfang gegeben ist. Die Überprüfung der Mindestbewehrung erfolgt wie dargestellt:

- $\rho = \left(0{,}16 \cdot f_{ctm} - f_{ctR,u}^f\right)/f_{yk} \geq 0\,\text{‰}$

$\rho = (0{,}16 \cdot 2{,}2 - 0{,}403)/500 = -0{,}000102 = -0{,}102\,\text{‰} < 0$

Auf eine Mindestbewehrung kann verzichtet werden, da die Stahlfasern eine ausreichende Tragwirkung erzielen.

3.1.8 Mindestbewehrung für die Begrenzung der Rissbreite

Für die Berechnung der Mindestbewehrung wird der Rechenwert der Rissbreite mit $w_k = 0{,}4$ mm (für Expositionsklasse XC1) festgelegt.

- $A_s^f = f_{ct,eff} \cdot k_c \cdot k \cdot (1 - \alpha_f) \cdot \dfrac{A_{ct}}{\sigma_s}$

mit $\quad f_{ct,eff} = 3{,}0\, \text{N}/\text{mm}^2$

$k = 0{,}8$ für min $[b; h] \leq 300$ mm

$A_{ct} = 200 \cdot 400/2 = 40000\, \text{mm}^2$

$\alpha_f = \dfrac{f_{ctR,s}^f}{f_{ctm}} = \dfrac{0{,}400}{2{,}2} = 0{,}182$

$k_c = 0{,}4$ für reine Biegebeanspruchung

$\sigma_s = \sqrt{\dfrac{1{,}5 \cdot k_c \cdot k \cdot h_t \cdot f_{ct,eff}}{d_s \cdot (h-d)} \cdot w_k \cdot E_s} \geq \sqrt{\dfrac{6 \cdot f_{ct,eff}}{d_s} \cdot w_k \cdot E_s}$ (Gleichung 11.3 aus [8])

$\sigma_s = \sqrt{\dfrac{1{,}5 \cdot 0{,}4 \cdot 0{,}8 \cdot 0{,}2 \cdot 3{,}0}{12 \cdot (0{,}4 - 0{,}369)} \cdot 0{,}4 \cdot 200000} = 248{,}87\, \text{N}/\text{mm}^2$

$\geq \sqrt{\dfrac{6 \cdot 3{,}0}{12} \cdot 0{,}4 \cdot 200000} = 346{,}41\, \text{N}/\text{mm}^2$

$\sigma_s = 346{,}41\, \text{N}/\text{mm}^2$

- $A_s^f = 3{,}0 \cdot 0{,}4 \cdot 0{,}8 \cdot (1 - 0{,}182) \cdot \dfrac{40000}{346{,}41} = 90{,}68\, \text{mm}^2 = 0{,}91\, \text{cm}^2 <$ vorh A_{s1}

Die Mindestbewehrung zur Begrenzung der Rissbreite wird eingehalten.

3.1.9 Berechnung der Rissbreite

Der Rechenwert der Rissbreite wird für Bauteile mit Betonstahlbewehrung wie folgt berechnet:

- $w_k = s_{r,max} \cdot (\varepsilon_{sm}^f - \varepsilon_{cm})$
- $s_{r,max} = (1 - \alpha_f) \cdot \dfrac{d_s}{3{,}6 \cdot \text{eff}\rho} \leq (1 - \alpha_f) \cdot \dfrac{\sigma_s \cdot d_s}{3{,}6 \cdot f_{ct,eff}}$

mit $\quad \alpha_f = \dfrac{f_{ctR,s}^f}{f_{ctm}} = \dfrac{0{,}400}{2{,}2} = 0{,}182$

$\text{eff}\rho = A_{s1}/A_{c,eff} = A_{s1}/(2{,}5 \cdot d_1 \cdot b) = 4{,}52/(2{,}5 \cdot 3{,}1 \cdot 20) = 0{,}0292$

Unter Gebrauchslasten wird im Allgemeinen ein annähernd linearer Verlauf der Betonspannungen angenommen. Hierfür sind in Tabelle 2 Hilfswerte zur Berechnung der maßgebenden Betonstahlspannung dargestellt. Als Eingangswerte in die Tabelle dienen die im Verhältnis der E-Moduln vervielfachten Bewehrungsgrade $\alpha_e \cdot \rho$.

$$\alpha_e = \frac{E_s}{E_{c,eff}} = \frac{200000}{28848} = 6{,}933$$

$$\alpha_e \cdot \rho = 6{,}933 \cdot A_{s1}/(b \cdot d) = 6{,}933 \cdot 4{,}52/(20 \cdot 36{,}9) = 0{,}0425$$

Tabelle 2: Hilfswerte zur Ermittlung der Beton- und Betonstahlspannungen für Rechteckquerschnitte ohne Druckbewehrung

$\alpha_e \cdot \rho$	ξ	κ	μ_c	μ_s
0,01	0,132	0,100	0,063	0,010
0,02	0,181	0,185	0,085	0,019
0,03	0,217	0,262	0,101	0,028
0,04	0,246	0,332	0,113	0,037
0,05	0,270	0,398	0,123	0,045
0,06	0,292	0,460	0,132	0,054
0,07	0,311	0,519	0,139	0,063
0,08	0,328	0,575	0,146	0,071

Aus der Tabelle kann das bezogene Moment zur Ermittlung der Stahlspannung σ_s abgelesen werden.

$\mu_s = 0{,}0389$ (interpoliert aus Tabelle 2)

$M_{Ed,perm} = 24{,}53\,\text{kNm}$

$$\sigma_s = \frac{\alpha_e \cdot M_{Ed,perm}}{b \cdot d \cdot \mu_s} = \frac{6{,}933 \cdot 24530000}{200 \cdot 369^2 \cdot 0{,}0389} = 160{,}54\,\text{N}/\text{mm}^2 \text{ (die Betonstahlspannung}$$

wird gemäß [8] ohne Berücksichtigung der Faserwirkung ermittelt)

- $s_{r,max} = (1-0{,}182) \cdot \dfrac{12}{3{,}6 \cdot 0{,}0292} = 93{,}38\,\text{mm} \leq (1-0{,}182) \cdot \dfrac{160{,}54 \cdot 12}{3{,}6 \cdot 2{,}2} = 198{,}97\,\text{mm}$

- $\varepsilon_{sm}^f - \varepsilon_{cm} = \dfrac{(1-\alpha_f) \cdot \left(\sigma_s - 0{,}4 \cdot f_{ct,eff} \cdot \dfrac{1}{\text{eff}\rho}\right)}{E_s} \geq 0{,}6 \cdot (1-\alpha_f) \cdot \dfrac{\sigma_s}{E_s}$

$$\varepsilon_{sm}^f - \varepsilon_{cm} = \frac{(1-0{,}182) \cdot \left(160{,}54 - 0{,}4 \cdot 2{,}2 \cdot \dfrac{1}{0{,}0292}\right)}{200000} = 0{,}000533$$

$$\geq 0{,}6 \cdot (1-0{,}182) \cdot \frac{160{,}54}{200000} = 0{,}000394$$

$\varepsilon_{sm}^f - \varepsilon_{cm} = 0{,}000533$

- $w_k = 93{,}38 \cdot 0{,}000533 = 0{,}0498\,\text{mm} < 0{,}4\,\text{mm}$

3.2 Beispiel 2: Kellersohlplatte

Für eine Kellersohlplatte aus reinem Stahlfaserbeton wird eine Bemessung für Biegung durchgeführt sowie die Mindestbewehrung zur Begrenzung der Rissbreite für einen ausgewählten Bauteilabschnitt ermittelt. Untersucht wird ein Bauteil des üblichen Hochbaus unter einer vorwiegend ruhenden Einwirkung. Die Umgebungsbedingungen an der Ober- und Unterseite der Platte sind unterschiedlich.

3.2.1 Baustoffe und System

Baustoffe:

- Stahlfaserbeton: C20/25 L2,4/2,1 XC2
  XC1 – Oberseite der Sohlplatte
  XC2 – Unterseite der Sohlplatte

System:

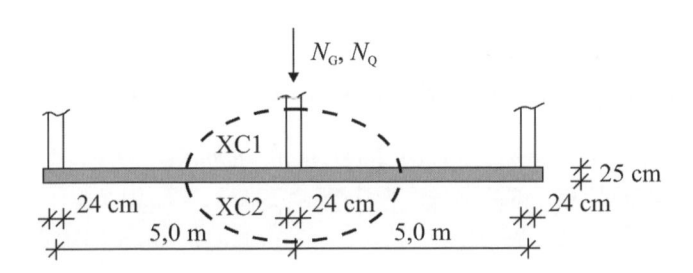

- Plattenlänge 8,0 m

3.2.2 Einwirkungen

Ständige Einwirkungen (G): $N_G = 120$ kN/m

Veränderliche Einwirkungen (Q): $N_Q = 60$ kN/m

3.2.3 Schnittgrößenermittlung

Einwirkungskombinationen in den GZT:

$$N_{Ed} = 120 \cdot 1{,}35 + 60 \cdot 1{,}5 = 252 \, \text{kN/m}$$

Einwirkungskombinationen in den GZG (quasi-ständig):

$$N_{Ed,perm} = 120 + 0{,}3 \cdot 60 = 138 \, \text{kN/m}$$

3.2.4 Bemessungswert der zentrischen Nachrisszugfestigkeit

Für die Bemessung von ausschließlich stahlfaserbewehrtem Beton kann in Abhängigkeit von dem vorliegenden Leistungsklassenverhältnis L2/L1 der Spannungsblock und/oder die multilineare SDL angesetzt werden (siehe Bild 2). Die Grundwerte der zentrischen Nachrisszugfestigkeit $f^f_{ct0,Li}$ werden aus den charakteristischen Werten der Nachrissbiegezugfestigkeiten für die maßgebende Leistungsklasse berechnet. Hierfür werden definierte Beiwerte (β_{L1}, β_{L2} und $\beta_s = \beta_u$) für die entsprechende Leistungsklasse unter Berücksichtigung des vorliegenden Leistungsklassenverhältnisses (L2/L1) vorgegeben.

- $f^f_{ct0,L1} = f^f_{cflk,L1} \cdot \beta_{L1}$
- $f^f_{ct0,L2} = f^f_{cflk,L2} \cdot \beta_{L2}$
- $f^f_{ct0,s} = f^f_{cflk,L2} \cdot \beta_s$ für L2/L1 ≤ 1,0
- $f^f_{ct0,s} = f^f_{cflk,L1} \cdot \beta_s$ für L2/L1 > 1,0
- $f^f_{ct0,u} = f^f_{cflk,L2} \cdot \beta_u$

In Tabelle 3 sind für mögliche Verhältnisse der Leistungsklassen L2/L1 die entsprechenden Beiwerte angegeben. Es ist zu beachten, dass ab einem Verhältnis L2/L1 > 1,0 der Spannungsblock nicht mehr verwendet werden darf.

Tabelle 3: Beiwerte für vorgegebene Leistungsklassenverhältnisse

Verhältnis	Beiwerte		
L2/L1 < 0,7	Spannungsblock mit $\beta_u = 0,37$		
0,7 ≤ L2/L1 ≤ 1,0	$\beta_{L1} = 0,40$	$\beta_{L2} = \frac{1}{3} \cdot L2/L1 + 0,02$ oder $\beta_{L2} = 0,25$ (vereinf. Annahme)	Spannungsblock mit $\beta_u = 0,37$
1,0 < L2/L1 ≤ 1,5	$\beta_{L1} = 0,40$	$\beta_{L2} = 0,18 \cdot L2/L1 + 0,17$	
L2/L1 > 1,5	-	$\beta_{L2} = 0,44$	

Grundwerte der zentrischen Nachrisszugfestigkeit $f^f_{ct0,Li}$ mit L2/L1 = 0,875 > 0,7:

- $f^f_{ct0,L1} = f^f_{cflk,L1} \cdot \beta_{L1} = 2,4 \cdot 0,4 = 0,960 \, \text{N}/\text{mm}^2$
- $f^f_{ct0,L2} = f^f_{cflk,L2} \cdot \beta_{L2} = 2,1 \cdot \left(\frac{1}{3} \cdot 2,1/2,4 + 0,02\right) = 0,655 \, \text{N}/\text{mm}^2$

Mit dem erzielten Verhältnis der Leistungsklassen (L2/L1 = 0,875) könnte ebenfalls der Spannungsblock verwendet werden. Auf diesen Ansatz wird im vorliegenden Beispiel verzichtet und eine genauere Berechnung mittels multilinearer SDL durchgeführt.

Rechenwerte der zentrischen Nachrisszugfestigkeit $f^f_{ctR,Li}$:

- $f^f_{ctR,L1} = \kappa^f_F \cdot \kappa^f_G \cdot f^f_{ct0,L1} = 1{,}0 \cdot 1{,}7 \cdot 0{,}960 = 1{,}632 \, \text{N}/\text{mm}^2$
- $f^f_{ctR,L2} = \kappa^f_F \cdot \kappa^f_G \cdot f^f_{ct0,L2} = 1{,}0 \cdot 1{,}7 \cdot 0{,}655 = 1{,}113 \, \text{N}/\text{mm}^2$

mit $\kappa^f_F = 1{,}0$ (Beiwert Faserorientierung)

$\kappa^f_G = 1{,}0 + A^f_{ct} \cdot 0{,}5 = 1{,}0 + 1{,}8 \cdot 0{,}5 = 1{,}90 \leq 1{,}70$ (Beiwert Zugzonengröße)

$A^f_{ct} = (h - \xi \cdot h) \cdot b = (0{,}25 - 0{,}100 \cdot 0{,}25) \cdot 8{,}00 = 1{,}80 \, \text{m}^2$ (ξ siehe Tabelle 4)

$A^f_{ct} = 0{,}9 \cdot A_c = 0{,}9 \cdot 8{,}00 \cdot 0{,}25 = 1{,}80 \, \text{m}^2$ (Schätzung; gilt nur für Bauteile unter Biegung ohne Normalkraft)

Bemessungswert der zentrischen Nachrisszugfestigkeit $f^f_{ctd,Li}$:

- $f^f_{ctd,L1} = \alpha^f_c \cdot f^f_{ctR,L1} / \gamma^f_{ct} = 0{,}85 \cdot 1{,}632 / 1{,}25 = 1{,}110 \, \text{N}/\text{mm}^2$
- $f^f_{ctd,L2} = \alpha^f_c \cdot f^f_{ctR,L2} / \gamma^f_{ct} = 0{,}85 \cdot 1{,}113 / 1{,}25 = 0{,}757 \, \text{N}/\text{mm}^2$

3.2.5 Bemessung für Biegung

Für die Ermittlung der maximalen Biegetragfähigkeit wird die multilineare SDL gemäß [8] Abschnitt 9.1.6 angesetzt. Eine schematische Darstellung der in Abhängigkeit von den Dehnungen angesetzten Spannungen ist in Bild 4 aufgeführt.

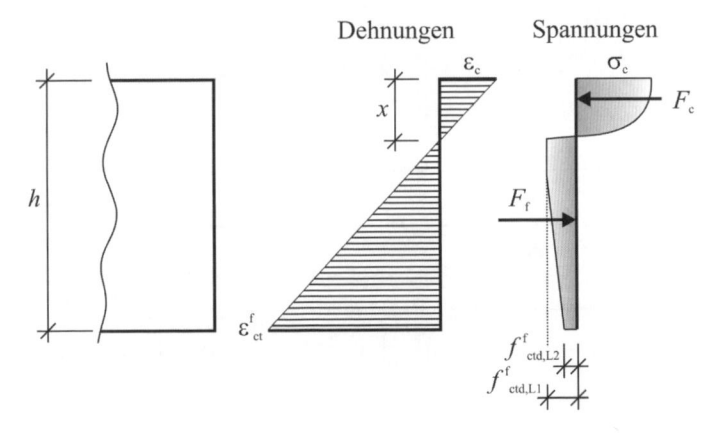

Bild 4: Darstellung der Spannungsverteilung in Abhängigkeit von den Dehnungen

Aus der Bemessungstabelle (siehe Tabelle 4) wird das bezogene aufnehmbare Moment μ_{Rd} unter Annahme eines mechanischen Bewehrungsgrades von $\omega = 0{,}0$ abgelesen. Bei der Nutzung der Bemessungstabelle ist zu beachten, dass diese für Platten aufgestellt wurde ($\kappa^f_F = 1{,}0$) und zudem nur für eine bestimmte Betonfestigkeitsklasse (C20/25) sowie eine Betonquerschnittsfläche von $A_c = 2{,}0 \, \text{m}^2$ gilt. Zusätzlich ist darauf hinzuweisen, dass für negative ω-Werte in der Tabelle generell keine Betonstahlbewehrung eingelegt werden muss. In diesen Bereichen ergibt sich ein Tragfähigkeitsüberschuss durch die Stahlfaserwirkung.

Tabelle 4: Bemessungstabelle mit dimensionslosen Beiwerten

$A_c = 2{,}0 \text{ m}^2$ / C20/25 / L1 = 2,4 / L2 = 2,1									
ω	μ_{Rd}	κ^f_G	$f^f_{ctd,L1}$	$f^f_{ctd,L2}$	$\xi = x/d$	$\zeta = z/d$	ε_{c2} [‰]	ε^f_{c1} [‰]
-0,027	0,010	1,700	1,110	0,757	0,075	0,972	-2,014	25,000
-0,017	0,020	1,700	1,110	0,757	0,084	0,968	-2,296	25,000
-0,007	0,030	1,700	1,110	0,757	0,094	0,963	-2,583	25,000
0,000	0,0365	1,700	1,110	0,757	0,100	0,960	-2,773	25,000
0,004	0,040	1,700	1,110	0,757	0,103	0,958	-2,881	25,000
0,014	0,050	1,700	1,110	0,757	0,113	0,954	-3,187	25,000
...	...	...	...	...	...	...	...	...
0,162	0,180	1,700	1,110	0,757	0,287	0,881	-3,500	8,709
0,175	0,190	1,699	1,109	0,756	0,301	0,875	-3,500	8,111
0,189	0,200	1,684	1,099	0,749	0,316	0,868	-3,500	7,561
0,202	0,210	1,668	1,089	0,743	0,332	0,862	-3,500	7,052

Mit $\omega = 0{,}0$ ergibt sich: $\quad \mu_{Rd} = 0{,}0365$ (aus Tabelle 4)

Damit berechnen sich die maximal aufnehmbaren Schnittgrößen zu:

- $M_{Rd} = \mu_{Rd} \cdot (b \cdot h^2 \cdot f_{cd}) = 0{,}0365 \cdot (8{,}00 \cdot 0{,}25^2 \cdot 11300) = 206{,}23 \text{ kNm}$
  $M_{Rd} = 206{,}23/8{,}00 = 25{,}78 \text{ kNm/m}$

Auf Grundlage der Plastizitätstheorie wird die Traglast ermittelt. Bei der Schnittgrößenermittlung wird ein plastisches Gelenk mit dem Abstand x_1 von der Wandaußenkante angesetzt (siehe Bild 5).

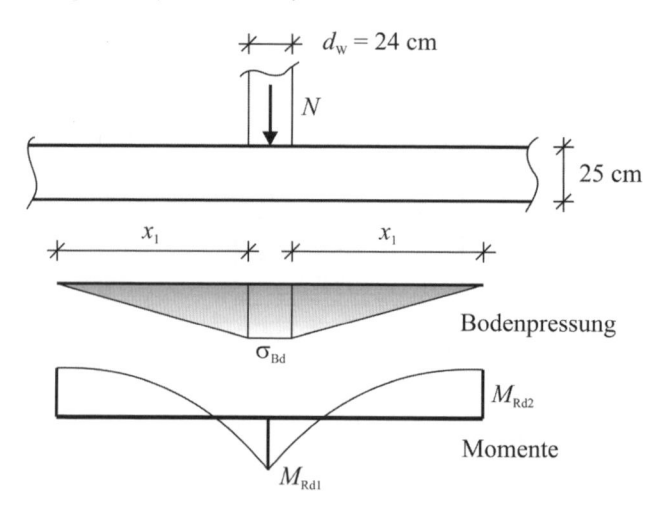

Bild 5: Darstellung der Bodenpressung und aufnehmbaren Momente

Die maximal zulässige Bodenpressung wird mit $\sigma_{zul} = 150 \text{ N/mm}^2$ angenommen. Hierbei wird die zulässige Bodenpressung mit dem resultierenden Lastteilsicherheitsbeiwert (γ_F) multipliziert, womit sich unter Abzug des Eigengewichtes der Platte der maßgebende Bemessungswert σ_{Bd} für die GZT ergibt.

- $\sigma_{Bd} = \gamma_F \cdot \sigma_{zul} - \gamma_G \cdot g_{Platte} = 1{,}40 \cdot 150 - 1{,}35 \cdot 24 \cdot 0{,}25 = 201{,}9\,\text{N}/\text{mm}^2$

mit $\quad \gamma_F = N_{Ed}/N_{Ek} = 252/180 = 1{,}40$

Die Ermittlung des Gelenkabstandes x_1 erfolgt unter Einhaltung des Gleichgewichtes zwischen den aufnehmbaren Momenten (M_{Rd1}, M_{Rd2}) und der maßgebenden Bodenpressung (σ_{Bd}). Auf eine Darstellung der Herleitung wird in diesem Fall verzichtet. Mit der nachfolgend aufgeführten Formel kann der Gelenkabstand näherungsweise berechnet werden.

- $x_{1,2} \approx -\dfrac{3 \cdot d_W}{4} \pm \sqrt{\dfrac{6 \cdot (M_{Rd1} + M_{Rd2})}{\sigma_{Bd}}} = -\dfrac{3 \cdot 0{,}24}{4} \pm \sqrt{\dfrac{6 \cdot (25{,}78 + 25{,}78)}{201{,}9}}$

$x_1 \approx 1{,}06\,\text{m}$; $x_2 < 0$

- $N_{Rd} = \sigma_{Bd} \cdot (d_W + x) = 201{,}9 \cdot (0{,}24 + 1{,}06) = 262{,}5\,\text{kN/m} > N_{Ed} = 252\,\text{kN/m}$

Die Tragfähigkeit der Kellersohlplatte auf Biegung ist somit nachgewiesen.

3.2.6 Berechnung der Rissbreite ohne Betonstahlbewehrung

Der Nachweis für die Begrenzung der Rissbreite bei Stahlfaserbeton ohne zusätzliche Betonstahlbewehrung wird unter Einhaltung der Bedingungen gemäß [8] Abschnitt 11.2.1 (10) geführt. Der Rechenwert der Rissbreite ergibt sich damit zu:

- $w_k = s_w^f \cdot \varepsilon_{ct}^f$

$s_w^f = 0{,}140\,\text{m}$ (verschmierte Risslänge)

ε_{ct}^f - Zugdehnung des Stahlfaserbeton

Die Zugdehnung des Stahlfaserbetons wird vereinfacht über den Gelenkdrehwinkel ermittelt. Hierbei wird für ein plastisches Gelenksystem der Gleichgewichtszustand unter quasi-ständiger Einwirkungskombination gesucht. Dazu muss zunächst das Kräftegleichgewicht zwischen $N_{Ed,perm}$ und der resultierenden Bodenpressung $\sigma_{Bd,perm}$ berechnet werden, um den maßgebenden Gelenkabstand x_s zu erhalten. Eine schematische Abbildung des Systems mit den entsprechenden Widerständen und Reaktionen ist in Bild 6 aufgezeigt.

Annahme Fließgelenk in Feldmitte: $x_s = (5{,}0 - 0{,}24)/2 = 2{,}38\,\text{m}$

- $\sigma_{Bd,perm} = N_{Ed,perm}/(x_s + d_w) = 138/(2{,}38 + 0{,}24) = 52{,}67\,\text{kN}/\text{m}^2$

- $x_s = \sqrt{\dfrac{6 \cdot (M_{Rd1} + M_{Rd2})}{\sigma_{Bd,perm}}} = \sqrt{\dfrac{6 \cdot (25{,}78 + 25{,}78)}{52{,}67}} = 2{,}424\,\text{m}$ (erste Iteration)

Durch weitere Iterationen wird der Fließgelenkabstand x_s ermittelt (siehe Tabelle 5).

Tabelle 5: Darstellung der ausgeführten Iterationsschritte zur Ermittlung der resultierenden Bodenpressung

	x_s [m]	$\sigma_{Bd,perm}$ [kN/m²]
Annahme	2,380	52,67
Iteration 1	2,424	51,81
Iteration 2	2,444	51,42
Iteration 3	2,453	51,25
Iteration 4	2,457	51,17
Iteration 5	2,459	51,13
Iteration 6	2,460	51,12
Iteration 7	2,460	51,11
Iteration 8	2,460	51,11
Iteration 9	2,460	51,10
Iteration 10	2,460	51,10

- $x_s = \sqrt{\dfrac{6 \cdot (25{,}78 + 25{,}78)}{51{,}10}} = 2{,}460\,\text{m}$ (letzte Iteration)
- $\sigma_{Bd,perm} = 138/(2{,}460 + 0{,}24) = 51{,}10\,\text{kN}/\text{m}^2$ (letzte Iteration)

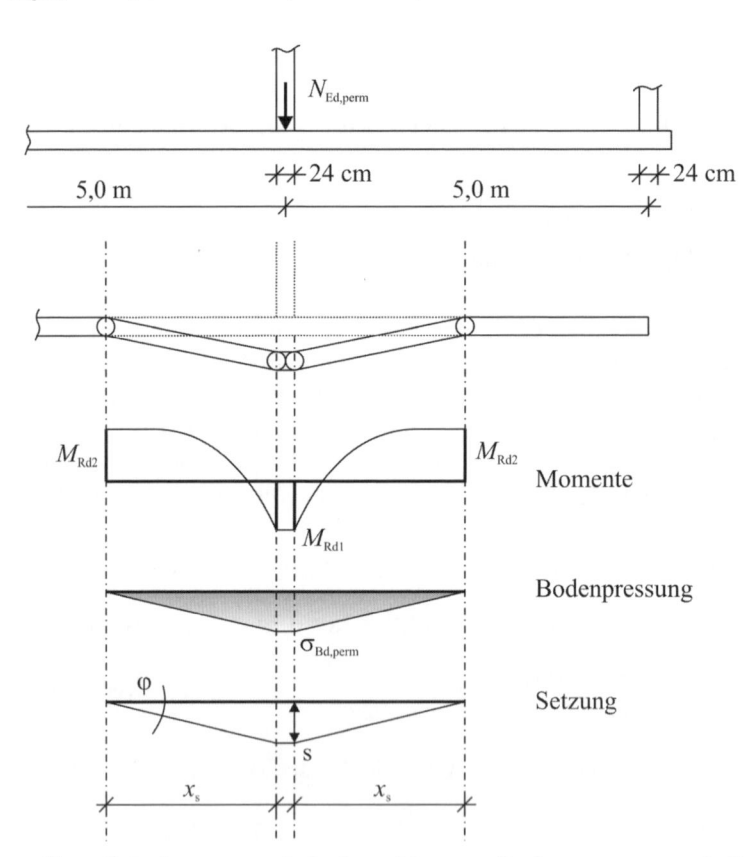

Bild 6: Darstellung Gelenksystem, aufnehmbare Momente, Bodenpressung sowie Setzung

Die Setzung s der Kellersohlplatte errechnet sich zu:

- $s = \sigma_{Bd,perm}/k = 0{,}0511/0{,}040 = 1{,}278\,\text{mm}$

mit $\quad k = 0{,}040$ N/mm² (Bettungsmodul angenommen)

Die Dehnung im Zugbereich ergibt sich vereinfacht aus der geometrischen Beziehung zwischen der Setzung s und dem Fließgelenkabstand x_s.

- $\varphi = s/x_s = 1{,}278/2{,}460 = 0{,}520\,\text{mm/m} = \varepsilon_{ct}^{f}$

Der Rechenwert der Rissbreite kann somit, wie folgt, berechnet werden:

- $w_k = 0{,}140 \cdot 0{,}520 = 0{,}073\,\text{mm} \quad < \quad 0{,}4$ mm für XC1
- $\phantom{w_k = 0{,}140 \cdot 0{,}520 = 0{,}073\,\text{mm} \quad }< \quad 0{,}3$ mm für XC2

Der Nachweis der Rissbreite für die Ober- und Unterseite der Platte ist eingehalten.

4 Interaktionsdiagramme für einachsige Biegung

Die in Bild 7 bis Bild 9 dargestellten Interaktionsdiagramme beziehen sich auf Rechteckquerschnitte unter einachsiger Biegung mit oder ohne Längskraft. Als eine „neue" Eingangsgröße für die Anwendung der Diagramme ist die Querschnittsfläche des Betons (A_c) angegeben. Diese ist der maßgebende Einflussfaktor für die Berechnung des Beiwertes zur Berücksichtigung der Bauteilgröße (κ_G^f) und bestimmt somit auch die Rechen- sowie die Bemessungswerte der zentrischen Nachrisszugfestigkeiten. Der Faktor κ_G^f ist abhängig von der Lage der Nulllinie und ist über den Bemessungsbereich variabel, sofern die zum jeweiligen Gleichgewichtszustand gehörige Querschnittsfläche der gerissenen Bereiche (A_{ct}^f) nicht über 1,40 m² liegt.

Alle aufgeführten Diagramme beziehen sich auf liegend hergestellte flächenhafte Bauteile, wobei für die Bemessung des reinen Stahlfaserbetons (Bild 7) eine multilineare Spannungs-Dehnungs-Beziehung angesetzt wurde und für die Bemessung des stahlfaserverstärkten Stahlbetons (Bild 8, Bild 9) unter Berücksichtigung der Angaben in [8] der Spannungsblock Anwendung fand. Im Betondruckbereich bildete das Parabel-Rechteckdiagramm nach [2] die Grundlage für die Ermittlung der Gleichgewichtsbeziehungen.

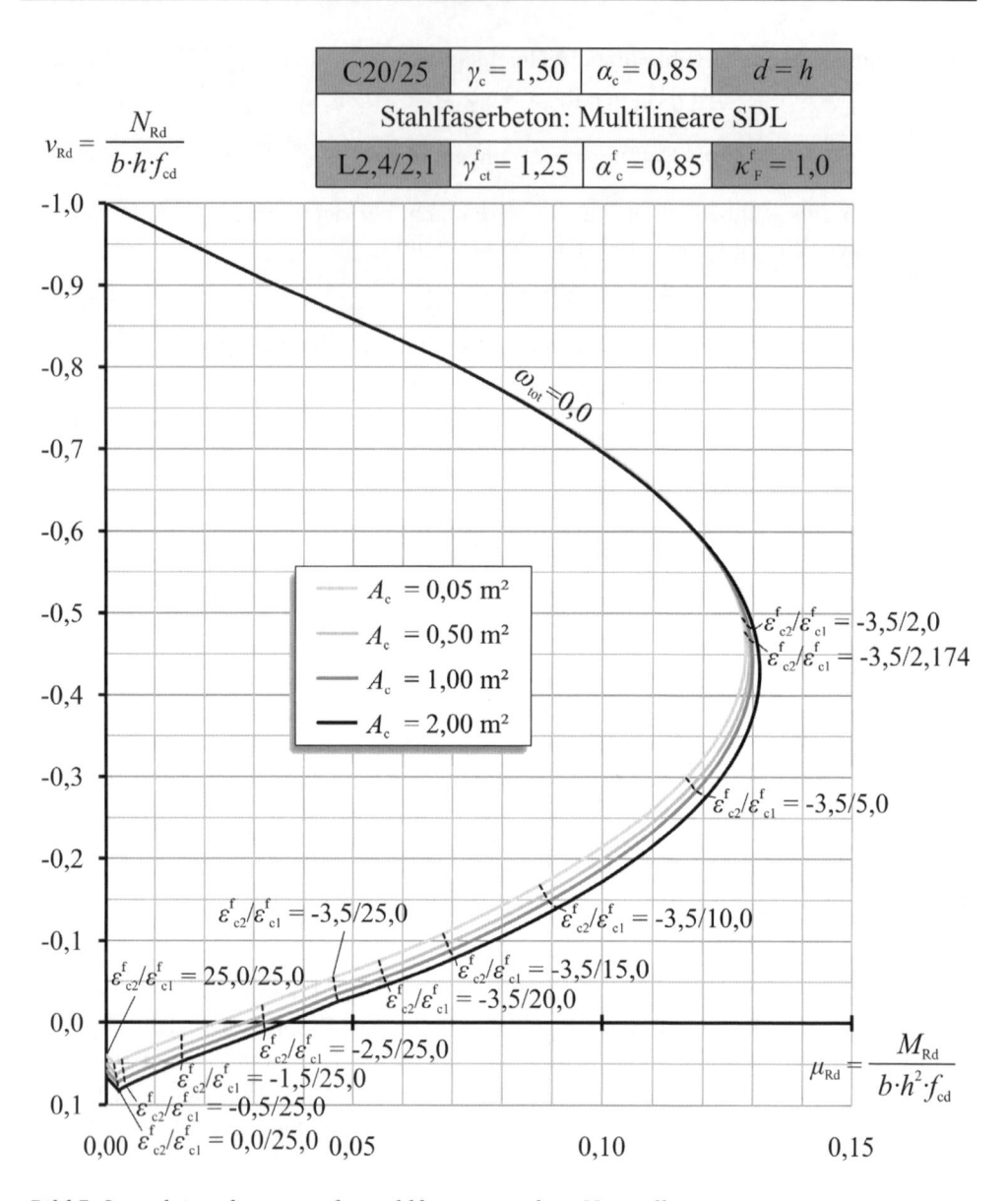

Bild 7: Interaktionsdiagramm für stahlfaserverstärkten Normalbeton

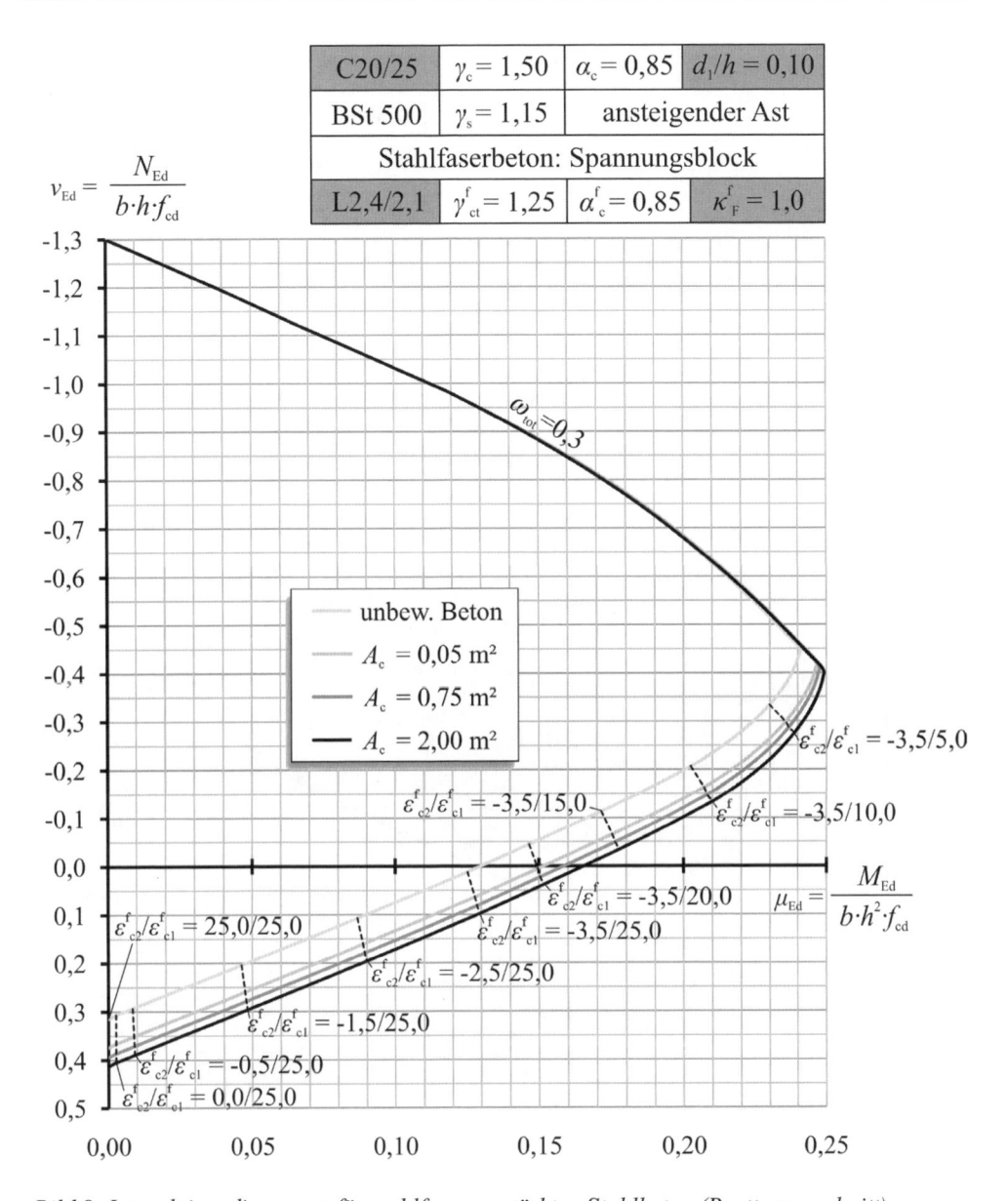

C20/25	$\gamma_c = 1{,}50$	$\alpha_c = 0{,}85$	$d_1/h = 0{,}10$
BSt 500	$\gamma_s = 1{,}15$	\multicolumn{2}{c}{ansteigender Ast}
\multicolumn{4}{c}{Stahlfaserbeton: Spannungsblock}
L2,4/2,1	$\gamma_{ct}^f = 1{,}25$	$\alpha_c^f = 0{,}85$	$\kappa_F^f = 1{,}0$

$$v_{Ed} = \frac{N_{Ed}}{b \cdot h \cdot f_{cd}}$$

$$\mu_{Ed} = \frac{M_{Ed}}{b \cdot h^2 \cdot f_{cd}}$$

Bild 8: Interaktionsdiagramm für stahlfaserverstärkten Stahlbeton (Bruttoquerschnitt)

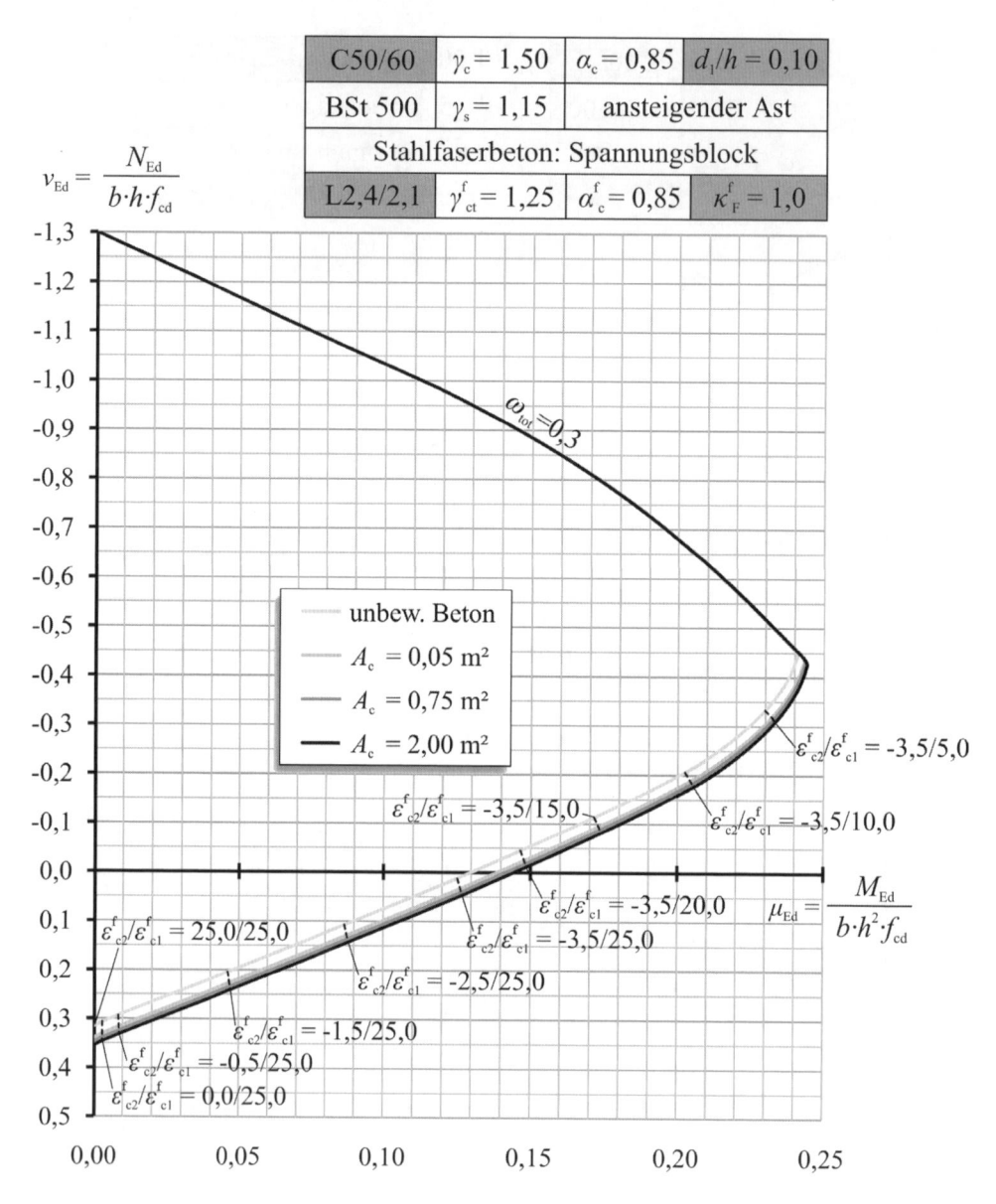

Bild 9: Interaktionsdiagramm für stahlfaserverstärkten Stahlbeton (Bruttoquerschnitt)

Der Unterschied im Kurvenverlauf zwischen den Diagrammen in Bild 8 und Bild 9 wird durch die differierenden Betondruckfestigkeitsklassen erzeugt. Hierbei entstehen mit größerer Druckfestigkeit geringere bezogene Nachrisszugfestigkeiten, wodurch die aufnehmbaren Schnittgrößen reduziert werden.

Literatur

[1] DIN 1045-2 (08.2008): Tragwerke aus Beton, Stahlbeton und Spannbeton. Teil 2: Beton – Festlegung, Eigenschaften, Herstellung und Konformität – Anwendungsregeln zu DIN EN 206-1. Ausgabe August 2008.

[2] DIN 1045-1 (08.2008): Tragwerke aus Beton, Stahlbeton und Spannbeton. Teil 1: Bemessung und Konstruktion. Ausgabe August 2008.

[3] DIN 1045-3 (08.2008): Tragwerke aus Beton, Stahlbeton und Spannbeton. Teil 3: Bauausführung. Ausgabe August 2008.

[4] DIN EN 206-1 (07.2001): Beton. Teil 1: Festlegung, Eigenschaften, Herstellung und Konformität. Ausgabe Juli 2001.

[5] Deutscher Ausschuss für Stahlbeton (DAfStb): Richtlinie „Betonbau beim Umgang mit wassergefährdenden Stoffen". Beuth Verlag, Berlin, 2004.

[6] Deutscher Ausschuss für Stahlbeton (DAfStb): Richtlinie „Wasserundurchlässige Bauwerke aus Beton". Beuth Verlag, Berlin, November 2003.

[7] Deutscher Beton- und Bautechnik-Verein E.V.: DBV-Merkblatt „Stahlfaserbeton". Fassung 2001.

[8] Deutscher Ausschuss für Stahlbeton (DAfStb): Richtlinie „Stahlfaserbeton" – Ergänzungen und Änderungen zu DIN 1045, Teile 1 bis 3 und DIN EN 206-1. Ausgabe März 2010, Beuth Verlag, Berlin, 2010.

[9] Holschemacher, K.; Dehn, F.; Klug, Y.: Grundlagen des Faserbetons. In: Bergmeister, K.; Fingerloos, F.; Wörner, J.-D.: Betonkalender 2011, Teil 2, S. 21 – 88. Ernst & Sohn, Verlag für Architektur und technische Wissenschaften, Berlin, 2011.

[10] Holschemacher, K.: Bemessung von Stahlfaserbeton nach DAfStb-Richtlinie. In: Neue Normen und Werkstoffe im Betonbau, 9.Tagung Betonbauteile, Leipzig, 2011.

[11] Deutscher Beton- und Bautechnik-Verein E.V.: Stahlfaserbeton, Beispielsammlung zur Bemessung nach DBV-Merkblatt. Berlin, 2004.

baustahlgewebe
DIE SEELE DES BETONS

Kaiser-Omnia-Gitterträger KTP

AUF EINEN BLICK

Höhe: 100 - 300 mm
OG: ø 10 mm   B500 A oder B
Diag: 2 ø 8 mm   B500 A + G
UG: 2 ø 6 mm   B500 A oder B

Zulassung: Z-15.1-289

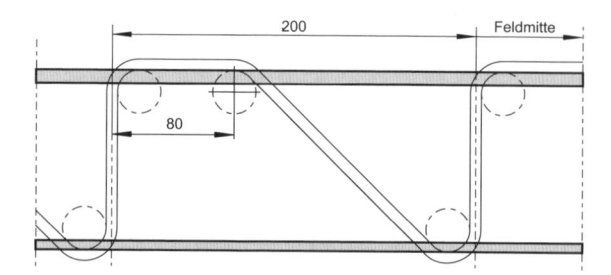

Bautechnische Anwendung:

- Durchstanzbewehrung mit $v_{Rd,max} = 1,6 \cdot v_{Rd,ct}$
- Querkraft- / Verbundbewehrung
- Bemessung nach DIN 1045-1:2008
  online unter www.baustahlgewebe.com

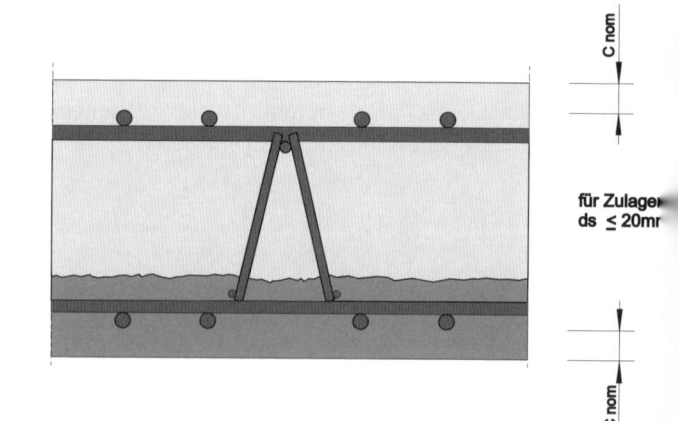

- hohe Wirtschaftlichkeit
- schnelle Verfügbarkeit
- leichter Einbau im Fertigteilwerk
- keine Behinderung im Transport wegen Obergurtgleichheit
- Stapelung der Bewehrung auf den Obergurten (ohne Einfädeln)

Für Rückfragen und Angebote stehen wir Ihnen gerne jederzeit zur Verfügung - sprechen Sie uns an

Vertrieb durch:
☎ 00 49 6271 82 120 +++ 🖨 00 49 6271 82 368 +++ ✉ info@best-gmbh.net +++ 🌐 www.best-gmbh.net

best gmbh
marketing service

Neuerungen bei Beton- und Spannstahlbewehrungen

Jörg Moersch

1 Einführung

Der Beitrag informiert über die Neuerungen in den Regelwerken zu den Baustoffen Betonstahl und Spannstahl. Wesentliches hat sich in den zurückliegenden zwei Jahren bei Betonstahl ergeben. Die Einführung der neuen DIN 488 in 2009 durch das DIN sowie die Aufnahme in die Bauregelliste A 02/2010 in 2010 ist ebenso vollzogen, wie die Verabschiedung der DAfStb-Richtlinie „Qualität der Bewehrung". Zum Spannstahl haben sich die wesentlichen Neuerungen bei der Ausarbeitung der entsprechenden europäischen Normenentwürfe ergeben, die sich aber derzeit national noch nicht auswirken.

2 Nationale Regelungen

2.1 Betonstahl nach DIN 488

2.1.1 Betonstahlsorten, Lieferformen, Kennzeichnung

Die Teile 1 bis 6 der DIN 488 in der Ausgabe von 1984 bzw. 1986 sind vom Deutschen Institut für Normung (DIN) im August 2009 zurückgezogen und durch die Teile 1 bis 6 der neuen DIN 488 in der Ausgabe 08.2009 ersetzt worden. Die allgemeine bauaufsichtliche Einführung der neuen DIN 488, Teile 1 bis 6, ist mit der Ausgabe 02/2010 der Bauregelliste A erfolgt.

Die neue DIN 488-08.2009 besteht aus den folgenden 6 Teilen:

- DIN 488-1, Betonstahl – Teil 1: Stahlsorten, Eigenschaften, Kennzeichnung
- DIN 488-2, Betonstahl – Teil 2: Betonstabstahl
- DIN 488-3, Betonstahl – Teil 3: Betonstahl in Ringen, Bewehrungsdraht
- DIN 488-4, Betonstahl – Teil 4: Betonstahlmatten
- DIN 488-5, Betonstahl – Teil 5: Gitterträger
- DIN 488-6, Betonstahl – Teil 6: Übereinstimmungsnachweis

Dr.-Ing. Jörg Moersch, Institut für Stahlbetonbewehrung e.V.

Der Teil 7 der alten DIN 488 –Schweißeignung- aus dem Jahre 1986 existiert zwar noch, ist aber für den Nachweis der Schweißeignung von Betonstahl nicht mehr gefordert, da dies nunmehr über das Kohlenstoffäquivalent und somit über die chemische Zusammensetzung nachgewiesen ist.

Die neue Norm unterscheidet die zwei Stahlsorten B500A und B500B hinsichtlich der Festlegungen für die Duktilitätseigenschaften Verhältnis Zugfestigkeit/Streckgrenze R_m/R_e und der prozentualen Gesamtdehnung bei Höchstkraft A_{gt} (siehe Tabelle 1). Die Stahlsorten BSt 420 S und BSt 500 M wurden gestrichen.

Folgende Lieferformen werden von der DIN 488 abgedeckt:

- Die Stahlsorte B500A wird als gerippter Betonstahl in Ringen und als abgewickeltes Erzeugnis geliefert. Der Begriff entstammt der Übersetzung „decoiled product" aus der EN 10080. Darunter ist schlicht das gerichtete Ringmaterial zu verstehen.
- Bewehrungsdraht mit glatter oder profilierter Oberfläche wird ebenfalls ausschließlich als B500A sowohl in Form von Ringen als auch von Stäben geliefert.
- Die Stahlsorte B500B wird als gerippter Betonstabstahl, als gerippter Betonstahl in Ringen und als abgewickeltes Erzeugnis geliefert.
- Betonstahlmatten können entweder aus der Betonstahlsorte B500A und/oder aus der Stahlsorte B500B hergestellt werden.
- Gitterträger werden aus den Stahlsorten B500A und/oder B500B sowie mit oder ohne Blechstreifen hergestellt.

Die Nenndurchmesser, die Nennquerschnittsflächen und die dazugehörigen Massen der o. g. Lieferformen können der Tabelle 2 entnommen werden. Gegenüber der bisherigen Norm wurde der Nenndurchmesserbereich für Betonstabstahl bis 40 mm und für Betonstahlmatten bis 14 mm erweitert.

Tabelle 1: Stahlsorteneinteilung und Eigenschaften der Betonstähle nach DIN 488-1; 08.2009, Tabelle 2

		1	2	3	4	5	6
1	Kurzname	B500A	B500B	B500A	B500A		Quantile p (%) bei $W = 1 - \alpha$ (einseitig)
2	Werkstoffnummer	1.0438	1.0439	1.0438	1.0438		
3	Oberfläche	gerippt	gerippt	glatt (+G)	profiliert (+P)		
4	Erzeugnisform/Lieferform	Betonstahl in Ringen, abgewickelte Erzeugnisse, Betonstahlmatten, Gitterträger	Betonstabstahl, Betonstahl in Ringen, abgewickelte Erzeugnisse, Betonstahlmatten, Gitterträger	Bewehrungsdraht in Ringen und Stäben, Gitterträger			
5	Streckgrenze R_e^a MPa^b	500	500	500	500		5,0 bei $W = 0,90$
6	Verhältnis R_m/R_e	$1,05^c$	1,08	$1,05^c$	$1,05^c$		10,0 bei $W = 0,90$
7	Verhältnis $R_{e,ist}/R_{e,nenn}$	—	1,30	—	—		90,0 bei $W = 0,90$
8	Prozentuale Gesamtdehnung bei Höchstkraft A_{gt} %	$2,5^c$	5,0	$2,5^c$	$2,5^c$		10,0 bei $W = 0,90$
9	Schwingbreite $2\sigma_a$ in MPa^b bei 1×10^6 Lastwechseln; Spannungsexponenten k_1 und k_2 der Wöhlerkurve (Oberspannung von 0,6 $R_{e,nenn}$)	175^d $k_1 = 4^{d,i}$; $k_2 = 9^{d,i}$	$d \leq 28{,}0$ mm: 175^d $k_1 = 4^{d,i}$; $k_2 = 9^{d,i}$ $d > 28$ mm: 145 $k_1 = 4^i$; $k_2 = 9^i$	—	—		5,0 bei $W = 0,75$ (einseitig)
10	Biegefähigkeit	- ermittelt im Rückbiegeversuch bis $d = 32$ mm (siehe DIN 488-2 und DIN 488-3), - ermittelt im Biegeversuch für $d = 40$ mm (siehe DIN 488-2), - ermittelt im Biegeversuch an der Schweißstelle (siehe DIN 488-4)					Mindestwert 5,0 bei $W = 0,90$
11	Unter- oder Überschreitung der Nennquerschnittsfläche A_n %	+ 6/- 4	+ 6/- 4	+ 6/- 4	+ 6/- 4		95,0/5,0 bei $W = 0,90$
12	Knotenscherkraft von Betonstahlmatten^e	$0,3 \times A_n \times R_e^{e,f}$	$0,3 \times A_n \times R_e^{e,f}$	^{e}	^{e}		5,0 bei $W = 0,90$
13	Bezogene Rippenfläche f_R	4,0 und 4,5:0,036 5,0 bis 6,0:0,039 6,5 bis 8,5:0,045 9,0 bis 10,0:0,052 11,0 bis 40,0:0,056		—	^{g}		5,0 bei $W = 0,90$
14	Schweißeignung^h	$C_{eq}^i \leq 0{,}50\ (0{,}52)$ für $d \leq 28$ mm $C_{eq}^i \leq 0{,}47\ (0{,}49)$ für $d > 28$ mm $C \leq 0{,}22\ (0{,}24)$ $P \leq 0{,}050\ (0{,}055)$ $S \leq 0{,}050\ (0{,}055)$ $N \leq 0{,}012\ (0{,}014)^j$ $Cu \leq 0{,}60\ (0{,}65)^k$					

a Die Streckgrenze (und Zugfestigkeit) wird errechnet aus der Kraft bei Erreichen der Streckgrenze (und Höchstkraft) dividiert durch die Nennquerschnittsfläche ($A_n = \pi d^2/4$). Als Streckgrenze gilt die obere Streckgrenze R_{eH}. Tritt keine ausgeprägte Streckgrenze auf, ist die 0,2 %-Dehngrenze $R_{p0,2}$ zu ermitteln.
b 1 MPa = 1 N/mm².
c $R_m/R_e \geq 1{,}03$ und $A_{gt} \geq 2{,}0$ für die Nenndurchmesser 4,0 mm bis 5,5 mm.
d 100 MPa sowie $k_1 = 4^i$ und $k_2 = 5^i$ für Betonstahlmatten. Keine Anforderungen bei Gitterträgern und bei Durchmessern ≤ 5,5 mm. Gitterträger nach dieser Norm dürfen nur für Bauteile verwendet werden, die durch vorwiegend ruhende Belastung beansprucht werden.
e Knotenscherkräfte für Gitterträger siehe DIN 488-5.
f Kein Einzelwert darf kleiner sein als $0{,}25 \times A_n \times R_e$.
g Für Profilmaße siehe DIN 488-3.
h Die Werte (Massenanteil in %) gelten für die Schmelzenanalyse. Die Werte in Klammern gelten für die Stückanalyse.
i $C_{eq} = C + Mn/6 + (Cr+Mo+V) / 5 + (Ni+Cu) / 15$.
j Höhere Anteile sind zulässig, wenn Stickstoff abbindende Elemente in ausreichender Menge vorhanden sind.
k Cu-Anteile bis 0,80 % (0,85 %) sind bei besonderem Nachweis zulässig, siehe DIN 488-6.
l Die Spannungsexponenten k_1 und k_2 gelten als nachgewiesen, wenn der Konformitätsnachweis nach DIN 488-6 erbracht ist. Ein Variationskoeffizient $v < 0{,}40$ in Richtung der Lastwechsel wird vorausgesetzt.

Tabelle 2: Nenndurchmesser, -querschnittsflächen und -massen nach DIN 488-1; 08.2009, Tabelle 3

Nenndurchmesser mm	Betonstabstahl	Betonstahl in Ringen	Bewehrungsdraht[a]	Betonstahlmatte	Gitterträger	Nennquerschnittsfläche mm²	Nennmasse kg/m
4,0		X[a,b]	X	X[a]	X[a]	12,6	0,099
4,5		X[a,b]	X	X[a]	X[a]	15,9	0,125
5,0		X[a,b]	X	X[a]	X[a]	19,6	0,154
5,5		X[a,b]	X	X[a]	X[a]	23,8	0,187
6,0	X	X	X	X	X	28,3	0,222
6,5		X[b]	X	X	X	33,2	0,260
7,0		X[b]	X	X	X	38,5	0,302
7,5		X[b]	X	X	X	44,2	0,347
8,0	X	X	X	X	X	50,3	0,395
8,5		X[b]	X	X	X	56,7	0,445
9,0		X[b]	X	X	X	63,6	0,499
9,5		X[b]	X	X	X	70,9	0,556
10,0	X	X	X	X	X	78,5	0,617
11,0		X[b]	X	X	X	95,0	0,746
12,0	X	X	X	X	X	113	0,888
14,0	X	X[c]	X[d]	X[c]	X[c,d]	154	1,21
16,0	X	X[c]	X[d]		X[c,d]	201	1,58
20,0	X					314	2,47
25,0	X					491	3,85
28,0	X					616	4,83
32,0	X					804	6,31
40,0	X					1257	9,86

[a] Nicht für Anwendung nach DIN 1045-1.
[b] Nur zur Verwendung für die Herstellung von Betonstahlmatten und Gitterträgern.
[c] Nur B500B.
[d] Nur zur Herstellung von Obergurten von Gitterträgern mit glatter Oberfläche.

Die Kennzeichnung der Betonstähle hat sich vom Prinzip nicht geändert. Die Stahlsorten unterscheiden sich voneinander nach wie vor durch die Oberflächengestalt. Die Stahlsorte B500A wird mit 3 Rippreihen, die Stahlsorte B500B mit 2 bzw. 4 Rippreihen produziert. Die Länder- und Herstellerkennzeichen (Werkkennzeichen) sind durch die Anzahl von normalbreiten Schrägrippen zwischen verbreiterten oder ausgelassenen Schrägrippen markiert. Bei Betonstahlmatten befinden sich die entsprechenden Schrägrippen zwischen kürzeren oder punktförmigen, zusätzlich eingeschalteten Zwischenrippen.

Bei Betonstahl in Ringen ist wie bisher üblich auf einer weiteren Rippreihe eine zusätzliche Markierung z. B. eine verdickte Rippe aufgebracht. Das Verarbeiterkennzeichen kann entweder direkt auf dem abgewickelten Erzeugnis angebracht oder auf einem befestigten Etikett gedruckt werden.

Bei Betonstahlmatten und Gitterträgern ist zusätzlich zum Werkkennzeichen auf den Einzelstäben noch je Bund ein Etikett mit Angabe des Herstellerwerkes erforderlich.

Profilierter Bewehrungsdraht muss ein Werkkennzeichen besitzen, das sinngemäß dem der gerippten Stäbe entspricht. Auch glatter Bewehrungsdraht muss ein aus Punkten oder kurzen Längsrippen bestehendes Werkkennzeichen aufweisen. Bei kaltgezogenem Bewehrungsdraht darf auch ein Etikett angebracht werden.

2.1.2 Betonstahleigenschaften

Im Folgenden wird nur auf die wesentlichen Änderungen eingegangen. Details können der Tabelle 1 entnommen werden.

Die Anforderungen an die Bruchdehnung A_{10} wurde durch die Anforderung an die prozentuale Gesamtdehnung bei Höchstkraft A_{gt} ersetzt.

Für die Unterschreitung der Nennquerschnittsfläche wurde ein 5%-Quantilwert bei -4% eingeführt. Neu ist die entsprechende Einführung des 95%-Quantilwertes von +6% für die Überschreitung des Nennquerschnittes. Die Anforderung an den Mittelwert der Gesamtproduktion ist entfallen.

Die Festlegungen für die Dauerschwingfestigkeit haben sich signifikant geändert. Eine Auswertung von mehr als 6000 Einzelergebnissen aus Überwachungsprüfungen hat zu folgendem Ergebnis geführt: Erstmalig wurde die gesamte Wöhlerkurve als 5%-Quantile über die Festlegung der ertragbaren Schwingbreite $2\sigma_a$ bei 10^6 Lastwechseln und den dazugehörigen Spannungsexponenten k_1 und k_2 definiert. Für die Lieferformen Betonstabstähle mit Nenndurchmesser ≤ 28 mm, Betonstahl in Ringen und abgewickelte Erzeugnisse jeweils aus den Stahlsorten B500A und B550B wurden gleiche Wöhlerkurven festgelegt. Für die „dicken" Betonstabstähle ($d > 28$ mm) liegen die Wöhlerkurven ebenso niedriger wie für die geschweißten Betonstahlmatten (Werte siehe Tabelle 1).

2.1.3 Qualitätssicherung

Der gesamte Teil 6 der neuen DIN 488 ist ausschließlich der Qualitätssicherung gewidmet. Gegenüber der „alten" DIN 488 hat sich am generellen Prozedere nichts geändert. Das System 1+, die höchstmögliche Qualitätsstufe, bleibt erhalten und besteht nach wie vor aus der Kombination von werkseigener Produktionskontrolle und Fremdüberwachung. Die Anzahl der erforderlichen Prüfungen in der Erstprüfung und der Fremdüberwachung hat sich nur unwesentlich verändert.

Mit den neuen Festlegungen zur werkseigenen Produktionskontrolle wurde für die Betonstahlhersteller ein modernes Qualitätssicherungswerkzeug geschaffen. Abgestimmt auf die eigenen Produktionsmengen und Produktionsstreuungen können die Hersteller Ihre Produktionskontrolle auslegen. Auf der Grundlage anerkannter statistischer Methoden (Annahmewahrscheinlichkeiten) können gezielt die erforderlichen Schwellenwerte und/oder Probenzahlen gewählt werden. Damit ist der Schritt in Richtung eines modernen Qualitätssicherungssystems gelungen.

Davon profitieren auch die Weiterverarbeiter von Betonstahl in Ringen. Die Hersteller von Betonstahl in Ringen werden im Rahmen ihrer werkseigenen Produktionskontrolle nunmehr dazu verpflichtet, bei jeder Charge einen Vorhaltewert auf die mechanischen Eigenschaften wie z.B. das Streckgrenzenverhältnis R_m/R_e oder die Dehnung bei Höchstlast A_{gt} aber auch auf die Oberflächengeometrie (f_R-Wert) einzuhalten.

Der Vorhaltewert stellt im Prinzip das Maß über dem geforderten Quantilwert des Endproduktes (hier gerichtetes Ringmaterial) dar, welches dem Weiterverarbeiter in seinem Prozess quasi „zum Verbrauch" zur Verfügung steht. Am Beispiel „Dehnung bei Höchstlast A_{gt}" wird das deutlich. Beim Vorgang des Richtens nimmt die Verformungsfähigkeit des Betonstahls ausgedrückt durch A_{gt} ab. Die langjährige Praxis hat gezeigt, dass i. d. R nicht mehr als 0,5% dabei eingebüßt werden. Diese 0,5% sind als Mindestvorhaltewert festgeschrieben. Im Rahmen seiner eigenen werkseigenen Produktionskontrolle wird vom Weiterverarbeiter von Betonstahl in Ringen erwartet, dass er eine angemessene Eingangskontrolle anhand von Lieferpapieren und Etikettierung vornimmt. Ferner sollen das Werkkennzeichen und die Stahlsorte ermittelt und dokumentiert werden. Generell empfiehlt sich die Messung der Rippenhöhen, da nur so der vereinfachte Nachweis geführt werden kann, dass durch den Richtprozess keine Verringerung der Rippenhöhe um mehr als bis zu 10% aufgetreten ist. Zugversuche sind vom Weiterverarbeiter produktionsbegleitend durchzuführen, wobei nach wie vor die Zugprüfung selbst im Herstellerwerk stattfinden darf. Allerdings sollte das „Sammeln" der Proben über mehr als 2 Monate vermieden werden.

Der Normungsausschuss war sich ferner einig, dass dem Weiterverarbeiter die Beurteilung seines langfristigen Qualitätsniveaus mit geeigneten statistischen Methoden nicht zuzumuten ist. Alleine die Tatsache, dass dieser Material von unterschiedlichen Herstellern bezieht, lässt eine entsprechende Streuung der Materialeigenschaften erwarten. Man hat deshalb die Beurteilung der fremdüberwachenden Prüfstelle zugewiesen. Diese wird die dokumentierten Daten gemeinsam mit den Ergebnissen aus der zweimal im Jahr stattfindenden Stichprobenkontrolle auswerten.

2.2 Spannstahl nach Zulassung

Derzeit benötigen Spannstähle in Deutschland grundsätzlich eine allgemeine bauaufsichtliche Zulassung. Dabei wird nach folgenden Produktgruppen unterschieden:

- Spannstahldraht – dabei handelt es sich um kaltgezogene oder vergütete, runde Drähte im Festigkeitsbereich zwischen 1325 MPa und 1770 MPa mit Nenndurchmessern von 4,0 mm bis 12,2 mm.
- Spannstahllitzen – hergestellt aus drei oder sieben kaltgezogenen Einzeldrähten im Festigkeitsbereich zwischen 1770 MPa und 1860 MPa mit Nenndurchmessern von 6,9 mm bis 18,3 mm, z. T. ausgerüstet mit Korrosionsschutzsystem für die Durchmesser von 12,5 mm bis 15,7 mm.
- Spannstahlstäbe – warmgewalzt, z. T. aus der Walzhitze wärmebehandelt, gereckt und vereinzelt angelassen im Festigkeitsbereich zwischen 1050 MPa und 1230 MPa mit Nenndurchmessern von 18,0 mm bis 40,0 mm. Die Stäbe werden glatt oder mit Gewinderippen (nur St 950/1050) geliefert.
- Schalungsanker – Stabstahl mit umlaufenden Gewinde oder Gewinderippen mit Festigkeiten von 875 MPa und 1100 MPa für die Durchmesser 15,0 mm und 20,0 mm.

Die Hersteller der o. g. Produkte sind gemäß den Bestimmungen in den allgemeinen bauaufsichtlichen Zulassungen dazu angehalten, dem Verwender bzw. Anwender Kopien zur Verfügung zu stellen, die dann am Verwendungsort auch vorliegen müssen. Den allgemeinen bauaufsichtlichen Zulassungen sind die Regelungen zum Anwendungsbereich, zur Verpackung, Transport und Lagerung zu entnehmen. Die Kennzeichnung hat über ein Etikett am Produkt (z. B. Stabbündel oder Ring) unter Angabe der Zulassungsnummer, der Stahlsorte, Durchmesser, Schmelzennummer, Auftragsnummer und Datum der Lieferung zusammen mit dem Ü-Zeichen zu erfolgen. Ferner muss das Lieferzeugnis mit dem Ü-Zeichen versehen sein.

Insbesondere sind den allgemeinen bauaufsichtlichen Zulassungen die Abmessungen und Gewichte, die Festigkeits- und Verformungseigenschaften, die Spannungsverluste infolge Relaxation und die Ermüdungsfestigkeiten (***Hinweis: In den DIBt-Mitteilungen 2/2010 wird auf neue Zulassungen mit modifizierten Wöhlerlinien verwiesen***) jeweils unter Angabe der Quantilwerte zu entnehmen. Die Bestimmungen zur Qualitätssicherung sind ebenso aufgeführt wie besondere Anforderungen an die Bemessung oder Bauausführung.

2.3 DAfStb-Richtlinie „Qualität der Bewehrung"

2.3.1 Anwendungsbereich und Sachstand

Die neue Richtlinie wurde im Oktober 2010 vom Deutschen Ausschuss für Stahlbeton e.V. (DAfStb) verabschiedet und zur Notifizierung den relevanten EU-Behörden vorgelegt. Es wird damit gerechnet, dass die Richtlinie im ersten Quartal 2011 in gedruckter Form vorliegt.

Die Richtlinie legt ergänzend zu DIN 1045-3 bzw. DIN EN 13670 weitergehende Anforderungen an die Weiterverarbeitung von Betonstahl und den Einbau der Bewehrung fest. Die Regelungen dieser Richtlinie beschränken sich auf die normativ geregelten Bewehrungselemente des Stahlbetonbaus, des Verbundbaus sowie auf die nicht vorgespannte Bewehrung des Spannbetonbaus. Darüber hinaus enthält die Richtlinie Empfehlungen zu Qualitätssicherungssystemen.

Die Richtlinie wird aller Voraussicht nach nicht bauaufsichtlich eingeführt werden. Demzufolge müssen Arbeiten nach der vorliegenden Richtlinie zwischen den Vertragspartnern ausdrücklich vereinbart werden. Es ist anzumerken, dass die Richtlinie nur dann sinnvoll angewendet werden kann, wenn im Rahmen des Projektes alle beteiligten Gewerke (z. B. Bewehrungsplaner, Biegebetrieb, Rohbauunternehmer, Schalungsbau, Verlegebetrieb und Fertigteilhersteller) auf die Anwendung der Richtlinie verpflichtet sind.

2.3.2 Regeln für die Verarbeitung von Betonstahl

In der Richtlinie sind alle technischen Regeln für die Verarbeitung des Betonstahls zusammengefasst. Neben den Anforderungen aus dem bauaufsichtlich geregelten Bereich, wie z. B. die Überwachung des Richtens von Betonstahl in Ringen nach DIN 488 oder die Ausführung der Schweißarbeiten nach DIN EN ISO 17660-1, sind in der Richtlinie erstmalig auch Anforderungen an die Qualität der Verarbeitung über die Festlegung von Toleranzen für Längenmaße und Passmaße (siehe Tabelle 3), für Biegerollendurchmesser, Bügelabstände und die Ebenheit von Biegeformen (siehe Bild 1) eingeführt worden.

Vom Biegebetrieb sind die vom Auftraggeber gelieferten Ausführungsunterlagen auf Ausführbarkeit bezüglich der Weiterverarbeitung von Betonstahl zu Bewehrung im Biegebetrieb und der Transportfähigkeit zu überprüfen. Etwaige Unstimmigkeiten hat der Biegebetrieb seinem Auftraggeber mitzuteilen.

Für die Lieferung gemäß den Angaben des Auftraggebers sind die Bewehrung sowie die Zubehörteile mit unverlierbaren Positionsnummern gemäß der Stahllisten zu kennzeichnen und so zu verladen, dass die Bewehrung sowie die Zubehörteile unbeschädigt zum Zielort gelangen können.

Tabelle 3: Grenzabweichungen für Längen- und Passmaße (in cm)

Grenzabwei-chung Δl (cm)	Ablängen		Längenangaben in Biegeformen [1)]		Hier: Toleranzen der zugehörigen Bügel beachten!			
	Stablänge l		Stabdurchmesser d_s		Stabdurchmesser d_s		Stabdurchmesser d_s	
	≤ 5.0m	>5.0m	≤ 14 mm	> 14 mm	≤ 14 mm	> 14 mm	≤ 10 mm	> 10 mm
allgemein	± 1.5	± 2.0	+0 / -1.5	+0 / -2.5	+0 / -1.0	+0 / -2.0	+0 / -1.0	+0 / -1.5
bei Passmaßen	+0 / -0.5	+0 / -1.0	+0 / -1.0	+0 / -1.5	+0 / -1.0	+0 / -2.0	+0 / -0.5	+0 / -1.0

[1)] L-förmige Biegeformen können der Spalte 2 oder der Spalte 3 zugeordnet werden.

Biegerollendurchmesser $d_{br-T} = d_{br-DIN} + 1\,d_s$	Abstand bei gestoßenen Bügelschenkeln $d_s \leq 12$ mm: $s_{la} \leq 4\,d_s$ $d_s > 12$ mm: $s_{la} \leq 2\,d_s$	Ebenheit von Biegeformen 8 mm $\leq d_s \leq$ 16 mm: $\alpha_E \leq 10°$ $d_s > 16$ mm: $\alpha_E \leq 5°$
d_s Stabdurchmesser d_{br-T}: Biegerollendurchmesser mit Grenzabweichung d_{br-DIN}: Biegerollendurchmesser nach DIN 1045-1 $D_{min-EC2}$: Biegerollendurchmesser nach Eurocode 2	d_s Stabdurchmesser s_{la} lichter Abstand von gestoßenen Stäben und Bügelschenkeln	d_s Stabdurchmesser α_E Ebenheit von Biegeformen (Winkelmaß)

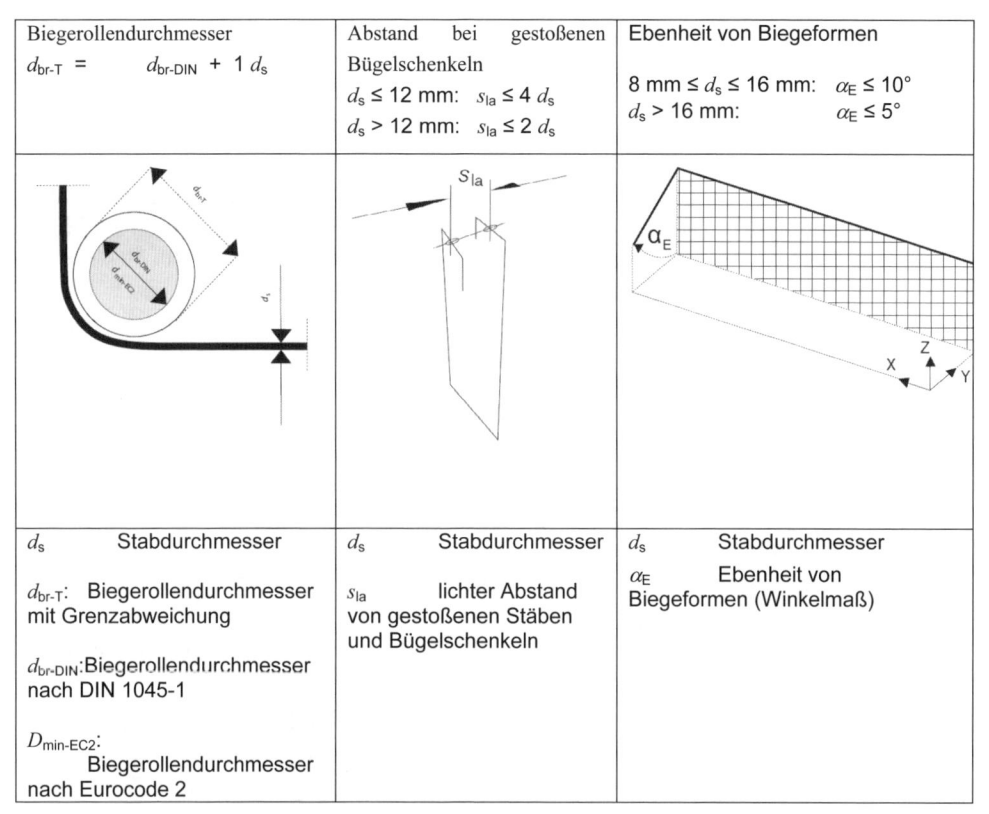

Bild 1: Toleranzen für Biegerollendurchmesser, Abstände der Bügelschenkel und die Ebenheit von Biegeformen

2.3.3 Regeln für den Einbau der Bewehrung

Für Verlegebetriebe, die Betonstahl bzw. Bewehrung auf der Baustelle ablängen, biegen und schweißen, gelten dieselben Regelungen und Anforderungen wie für Biegebetriebe mit stationären Anlagen (siehe Abschnitt 2.3.2). Ferner werden für das Warmbiegen auf der Baustelle zusätzliche Maßnahmen gemäß DIN 1045-3 bzw. DIN EN 13670 gefordert.

In die Richtlinie sind zunächst alle Anforderungen aus dem bauaufsichtlich geregelten Bereich aufgenommen worden. Dies gilt für die Ausführung der Schweißarbeiten nach DIN EN ISO 17660-1 und den Zusammenbau von mechanischen Verbindungen gemäß den Bestimmungen in den gültigen allgemeinen bauaufsichtlichen Zulassungen ebenso, wie für die Forderungen aus DIN 1045-1 bzw. DIN EN 1992-1-1 und DIN 1045-3 bzw. DIN EN 13670. Sie lauten:

- Bei der Anlieferung und Lagerung der Bewehrung hat der Verlegebetrieb darauf zu achten, dass sich die Bewehrung nicht verformt, die Rippen nicht beschädigt und die angelieferte Bewehrung zum Schutz vor schädlichen sowie korrosionsfördernden Stoffen nicht unmittelbar auf dem Erdreich gelagert wird.
- Zur Sicherstellung der Betondeckung und Krafteinleitung ist die Längsbewehrung mit der Querbewehrung, den Verteiler- und Montagestäben oder Bügeln mittels Bindedraht, anderen Befestigungsmitteln oder Befestigungstechniken zu einem steifen Gerippe zu verbinden und so zu befestigen, dass sich diese beim Einbringen und Verdichten des Beton nicht verschieben kann.
- Werden besondere Anforderungen an die Steifigkeit des Bewehrungsgerippes gestellt, z.B. aufgrund einer Anwendung besonderer Betonierverfahren, muss der Verlegebetrieb die erforderlichen gesonderte Maßnahmen mit seinem Auftraggeber abstimmen.
- Zur Sicherung der Lage der Bewehrung sind durch den Verlegebetrieb die passenden Abstandhalter und Unterstützungen in ausreichender Anzahl und geeigneter Verteilung nach den Regeln der DBV-Merkblätter „Abstandhalter" und „Unterstützungen" einzubauen.
- Sofern Rückbiegeanschlüsse für nachfolgende Betonierabschnitte eingebaut werden, sind die in der DIN 1045-1, 12.3.2 und dem DBV-Merkblatt „Rückbiegen von Betonstahl und Anforderungen an Verwahrkästen" genannten Bedingungen einzuhalten.

Neben den Anforderungen aus dem bauaufsichtlich geregelten Bereich sind in der Richtlinie erstmalig Qualitätsanforderungen an den Einbau der Bewehrung über die Festlegung von Toleranzen für das Verlegemaß c_v, für Verlegeabstände s_v (Stab- bzw. Bügelabstände), für allgemeine Längenmaße l_v, für Übergreifungslängen l_s in Stößen, für den lichten Abstand bei gestoßenen Stäben s_{la} und für Verankerungslängen l_{sv} eingeführt worden (siehe Tabelle 4).

Die Festlegungen zu Grenzabweichungen von den Sollmaßen leiten sich direkt aus den allgemein bauaufsichtlich eingeführten Vorschriften zur Bemessung und Konstruktion von Stahl- und Spannbetonbauwerken (DIN 1045-1 bzw. DIN EN 1992-1-1) und zur Bauausführung (DIN 1045-3 bzw. DIN EN 13670) ab. Sie sollen sicherstellen, dass die dem Sicherheitskonzept zugrundeliegenden Annahmen bezüglich der Bewehrungsregeln eingehalten werden und somit Standsicherheit und Gebrauchstauglichkeit der Stahlbetonbauwerke sichergestellt sind.

Da sich die festgelegten Grenzabweichungen bzw. Toleranzen immer auf die in den Ausführungsunterlagen angegebenen Sollmaße wie z. B. die Stahlliste gemäß DIN EN ISO 3766 bzw. Bewehrungspläne beziehen, formuliert die Richtlinie als grundlegende Voraussetzung für die Qualitätsarbeiten der Biegebetriebe, dass die Ausführungsunterlagen die Forderungen der DIN 1045-1 bzw. DIN EN 1992-1-1, DIN 1045-3 bzw. DIN EN 13670 sowie der DIN EN ISO 3766 erfüllen.

Tabelle 4: Grenzabweichungen für den Einbau der Bewehrung

Bereich	Anforderungen/ Toleranzen laut Rili
Verlegemaß c_v	Mindestbetondeckung c_{min}, Überschreitung von c_v: Für $h \leq 150$ mm: $\Delta c_{(plus)} = +\ 5$ mm Für $h = 400$ mm: $\Delta c_{(plus)} = +\ 10$ mm Für $h \leq 2500$ mm: $\Delta c_{(plus)} = +\ 20$ mm
Verlegeabstände s_v (Stab- bzw. Bügelabstände)	$\Delta s_v = \pm\ 20$ mm *Öffnungsklauseln beachten Anzahl der erforderlichen Stäbe und Bügel je lfd. Meter ist wichtig
Längenmaße l_v	$l_v \leq 5$ m: $\Delta l_v = \pm\ 15$ mm *Öffnungsklausel beachten $l_v > 5$ m: $\Delta l_v = \pm\ 20$ mm
Übergreifungslängen l_s	*Mindestlängen – DIN EN 13670: -0,06 l*
Verankerungslängen l_{sv}	Mindestlängen
Lichter Abstand gestoßener Stäbe s_{la}	s_{la} höchstens $4\ d_s$ *DIN 1045-1/EC2: Verlängerung der Übergreifung möglich*

3 Europäische Regelungen

3.1 Betonstahl nach EN 10080

Die europäische Betonstahlnorm EN 10080, Ausgabe 2005, existiert zwar nach wie vor als europäische Norm, kann aber ohne ergänzende nationale Regelungen nicht angewendet werden. Die EN 10080 enthält keine bestell- bzw. lieferbaren Stahlsorten (z. B.: B500B) sondern lediglich Angaben darüber, welche Eigenschaften generell nachzuweisen sind. Darüber hinaus enthält sie Angaben zur Qualitätsprüfung und Zertifizierung.

Grund für das Fehlen von Stahlsorten in der EN 10080 war die Vielzahl der verschiedenen, derzeit in Europa gehandelten Varianten von Betonstählen (ca. 200). Vorgesehen war deshalb seitens des europäischen Normungsausschusses, dass die unterschiedlichen Stahlsorten außerhalb des eigentlichen Normungstextes in einer geschützten Datenbank allgemein zugänglich gemacht werden sollten. Diese Datenbank sollte auch die Kennzeichnung enthalten und damit die Rückverfolgbarkeit der einzelnen Stahlsorten zum Hersteller gewährleisten, obwohl das seinerzeit gültige Mandat dies nicht ausdrücklich verlangte.

Gegen diese Vorgehensweise gab es Vorbehalte seitens einiger Mitgliedsstaaten der EU. Auch aus diesem Grund wurde die EN 10080 aus dem europäischen Amtsblatt gestrichen. Ferner wurde auf Antrag einiger Mitgliedsstaaten einerseits die Dauer der Parallelgeltung der EN 10080 zu den einzelnen nationalen Standards verlängert und für einzelne Mitgliedsstaaten darüber hinaus noch die Einhaltung des sogenannten Stillhalteabkommens ausgesetzt, so dass nationale Betonstahlnormen überarbeitet werden durften. Dies ist in Deutschland mit der neuen DIN 488 nunmehr geschehen.

Für den nächsten Anlauf der europäischen Betonstahlnormung wurde das Mandat M115 überarbeitet. Folgende Änderungen bzw. Ergänzungen sind an der neuen Fassung der EN 10080 vorzunehmen:

- Das Mandat fordert nach wie vor nicht ausdrücklich, dass die Stahlsorten im Normungstext enthalten sein müssen. Allerdings wird dies seitens der EU-Kommission erwartet. Wie das technisch zu bewerkstelligen sein soll, ist nach wie vor unklar. Es deutet sich an, dass sogenannte „Classes of Convenience" in der Norm enthalten sein könnten. Darunter ist eine Klasseneinteilung zu verstehen, die Betonstahlsorten mit ähnlichen Eigenschaften in einzelnen Gruppen zusammenfasst.
- Die Rückverfolgbarkeit der einzelnen Betonstähle zum Hersteller ist auch im neuen Mandat noch nicht hinreichend geklärt. Es ist aber davon auszugehen, dass ein Werkkennzeichen zwingend auf der Betonstahloberfläche aufzuwalzen ist.
- Die Anzahl der nachzuweisenden technologischen Eigenschaften wurde um 3 auf insgesamt 12 erweitert. Neu hinzugekommen sind die Zugfestigkeit, die Festigkeit bei erhöhten Temperaturen und die Ermüdungsfestigkeit im Falle seismischer Beanspruchung (low cycle fatigue).

Der zuständige Normungsausschuss ECISS TC 104 WG1 hat inzwischen die Arbeiten aufgenommen. Eine Aussage zum möglichen Erscheinungstermin wäre an dieser Stelle zu gewagt. Ferner in Bearbeitung befinden sich prEN 10348 – feuerverzinkte Betonstähle und prENcrrs – nichtrostende Betonstähle.

3.2 Spannstahl nach EN 10138

Die Entwürfe der europäischen Spannstahlnorm prEN 10138 befanden sich Ende 2009 noch in der Schlussabstimmung und damit quasi auf der Zielgeraden. Bei der Schlussabstimmung wurde von einigen Ländern moniert, dass die in prEN 10138 festgelegten Eigenschaften der Spannstähle unzureichend mit den Festlegungen in EN 1992-1-1 harmonierten. Zudem wurde von der Kommission das überarbeitete Mandat M 115 vorgelegt, das einerseits die Aufnahme der Zugfestigkeit als eigenständige Eigenschaft und andererseits Änderungen in der Überwachung nach System 1+ fordert. Aus diesem Grund wurde beschlossen, das gesamte Normungspaket bestehend aus den vier Teilen

- prEN 10138, Teil 1 – Generelle Anforderungen
- prEN 10138 Teil 2 – Spannstahldraht
- prEN 10138 Teil 3 – Spannstahllitzen
- prEN 10138 Teil 4 – Spannstahlstäbe

zur Überarbeitung an den zuständigen Normungsausschuss ECISS TC 104 zurückzugeben. Ferner in Bearbeitung befinden sich prEN 10337 – Verzinkte Spannstahldrähte und –litzen sowie prEN p+s – geschützte und umhüllte Litzen.

Einsatz nichtrostender Stähle als Betonstahl- und Spannstahlbewehrung

Ulf Nürnberger, Yuan Wu

1 Sachverhalt

Wegen ihrer ausgezeichneten Korrosionsschutzeigenschaften im Vergleich zu Kohlenstoffstahl und ihrer guten Gebrauchseigenschaften werden nichtrostende Stähle im verstärkten Maße auch im Betonbau eingesetzt. Schwerpunkte einer bisherigen Anwendung sind Betonstähle und Bauteile für die Befestigungstechnik. Ein Einsatz empfiehlt sich insbesondere dann, wenn Chloride, beispielsweise in Form von Auftaumitteln, an die Bauteiloberfläche gelangen und/oder wenn besonders hohe Anforderungen an die Bauteilsicherheit vorliegen und die geforderte Tragfähigkeit mit anderweitigen Korrosionsschutzmaßnahmen nicht dauerhaft garantiert werden kann.

Der vorliegende Bericht fasst zunächst den Kenntniszustand zum Verhalten von nichtrostenden Stählen im Kontakt mit Beton zusammen. Er bringt dann neuere Ergebnisse zum Korrosionsverhalten hochfester kaltumgeformter austenitischer Drähte und Litzen im Kontakt mit chloridhaltigen Mörtel bzw. Beton im Hinblick auf eine Anwendung im Spannbetonbau. Die untersuchten Drähte und Litzen werden bisher in der Bautechnik für frei bewitterte Seilkonstruktionen verwendet.

2 Betonstahl

2.1 Warum nichtrostende Betonstähle?

Beim Stahlbeton gewährt der Beton der eingebetteten Bewehrung aus unlegiertem Stahl einen doppelten Korrosionsschutz [1]: Der hochalkalische Porenelektrolyt passiviert den Stahl und die Überdeckung aus Beton hält aufgrund ihrer geringen Durchlässigkeit für Gase und wässrige Lösungen die für die Korrosion notwendigen Angriffsmittel vom eingebetteten Betonstahl fern. Im Hinblick auf eine hohe Dauerhaftigkeit von Stahlbetonbauteilen regelt die zuständige DIN EN 206-1 bzw. DIN 1045-1 [2] die betontechnologischen und konstruktiven Maßnahmen zur Sicherung des Korrosionsschutzes.

Prof. Dr.-Ing. habil Prof. h.c. Ulf Nürnberger, Universität Stuttgart, Institut für Werkstoffe im Bauwesen
Dr. Yuan Wu, VSL (Switzerland) Ltd., Subingen, Schweiz

Stahlbetonbauwerke sind nicht unbeschränkt dauerhaft und nicht frei von Unterhaltungsaufwand. In besonderen Fällen, vor allem wenn mit einer Carbonatisierung der Betondeckung oder mit dem Zutritt von Chloriden und somit mit Bewehrungsstahlkorrosion und Abplatzung der Betondeckung zu rechnen ist, ist es daher technisch und auch wirtschaftlich sinnvoll, zusätzliche Korrosionsschutzmaßnahmen anzuwenden. Andernfalls müssten u. U. kostspielige Instandsetzungsmaßnahmen in Kauf genommen werden. Unter den folgenden Voraussetzungen ist die Anwendung zusätzlicher Korrosionsschutzmaßnahmen sinnvoll [3, 4]:

- Es liegen extrem ungünstige, korrosionsfördernde Umgebungsverhältnisse vor (z.B. bei tausalzbeaufschlagten Parkdecks, Treppen und Stützwänden entlang befahrener Straßen).

- Aufgrund einer erforderlichen Wärmedämmung oder aus Gewichtsgründen werden bewehrte nichtgefügedichte Leichtbetone eingesetzt, deren poröse Gefügestruktur keinen dauerhaften Korrosionsschutz gewährleistet.

- Es sind Sonderkonstruktionen, wie Anschlussbewehrungen zwischen Ortbetonbauteilen und Fertigteilen oder wärmegedämmte Übergänge zwischen einem Baukörper und außen liegenden Anbauten (z.B. Balkone), zu erstellen. In diesen Fällen kann die Bewehrung Fugen kreuzen, wobei der alkalische Schutz an dieser Stelle entfällt. Oder es werden wärmegedämmte Sandwich-Elemente für Wände und Decken konstruiert. Hier muss für die im Wandinnern teilweise nicht im Beton eingebettete Bewehrung korrosionsgeschützter Stahl eingesetzt werden.

- Es wird bezüglich der Güte des Betons und der in Abhängigkeit von den Umgebungsbedingungen notwendigen Betondeckung von anerkannten Regeln der Bauausführung bewusst oder unbewusst abgewichen (z.B. Herstellung sehr filigraner Bauteile).

Es existieren die unterschiedlichsten Ansätze, um im bewehrten Betonbau durch zusätzliche vorbeugende oder Instandsetzungsmaßnahmen eine Bewehrungsstahlkorrosion auszuschließen. Zu unterscheiden sind Maßnahmen beim Beton und beim Stahl und sonstige Maßnahmen [1, 5]. Zu den zusätzlichen Maßnahmen zählen die Zugabe von Inhibitoren zum Beton, die Beschichtung von Bewehrungsstählen und Betonoberflächen, die Verwendung feuerverzinkter und nichtrostender Betonstähle sowie der kathodische Korrosionsschutz.

Abschnitt 2 fasst den Stand der Erkenntnisse zum Korrosionsverhalten nichtrostender Stähle und insbesondere nichtrostender Betonstähle zusammen. Die Verwendung nichtrostender Betonstähle ist eine der zuverlässigsten Möglichkeiten eines zusätzlichen Korrosionsschutzes für die Bewehrung. Bei geeigneter Legierungszusammensetzung sind diese Werkstoffe auch unter extremen Korrosionsbeanspruchungen absolut sicher vor einem Angriff. Ein Nachteil der nichtrostenden Stähle ist der vergleichsweise hohe Beschaffungspreis. Bei Verwendung nichtrostender Stähle fallen bei geeigneter Auswahl jedoch keine zusätzlichen Betriebskosten für Instandsetzung und Erneuerungsmaßnahmen während der gesamten Lebensdauer des Bauwerkes an

[3]. Letztendlich sind Konstruktionen, die unter Verwendung nichtrostender Betonstähle erstellt werden, kostengünstiger und zuverlässiger über lange Zeiträume. Zusammenfassende Darstellungen zum weltweiten Einsatz nichtrostender Bewehrungsstähle im Betonbau sind in [5, 6] enthalten.

In der Folge wird schwerpunktmäßig über die Eigenschaften nichtrostender Betonstähle berichtet, die als Stabstahl, Betonstahlmatten oder bei Gitterträgern im Stahlbetonbau Anwendung finden. Die in Deutschland verwendeten nichtrostenden Betonstähle besitzen im Regelfall eine bauaufsichtliche Zulassung des Deutschen Instituts für Bautechnik in Berlin. In der Bautechnik können allerdings auch anderweitige Konstruktionsteile aus nichtrostendem Stahl in Beton eingebettet werden. Beispielhaft zu nennen sind Einlegeteile für Befestigungen im Betonbau wie Ankerschienen und Kopfbolzenverankerungen, anderweitige Verankerungen und Anschlussbewehrungen sowie Befestigungsmittel für Porenbetonwandplatten. Die Anwendung solcher Bauteile aus Edelstahl wird teilweise durch Bauteilzulassungen geregelt. So weit es zum generellen Verständnis des Verhaltens nichtrostender Stähle im Betonbau erforderlich ist, wird auch auf das korrosionstechnische Verhalten der gegenwärtig nicht als Betonstahl zugelassenen, aber dennoch im Kontakt mit Beton verwendeten Edelstähle eingegangen.

2.2 Allgemeine Gebrauchseigenschaften nichtrostender Stähle unter besonderer Berücksichtigung der Betonstähle [1]

2.2.1 Passivität

Als nichtrostende Stähle werden hochlegierten Stähle bezeichnet, bei denen, im Gegensatz zu den unlegierten und niedriglegierten Stählen, unter üblichen Umweltbedingungen (Sauerstoff, Feuchtigkeit) und in wässrigen, annähernd neutralen Lösungen keine Flächenkorrosion und merkliche Rostbildung erfolgen. Deshalb erübrigt sich bei diesen Stählen ein zusätzlicher Korrosionsschutz. Voraussetzung für das genannte Verhalten ist ein Minimalgehalt des Stahls an bestimmten Legierungselementen und die Anwesenheit eines Oxidationsmittels (z.B. Sauerstoff) im umgebenden Medium. Hierdurch wird eine Passivierung der Oberfläche bewirkt. Der Begriff „Passivität" beschreibt den Zustand einer starken Reaktionshemmung der anodischen Eisenauflösung nach Bildung von Passivschichten auf der Oberfläche. Solche Schutzschichten sind sehr dünne Oxidschichten. Vor allem Chrom ist ein zu Passivierung neigendes Element. Durch Legieren überträgt es diese Eigenschaft auf Eisen bzw. Stahl: Die aktive Korrosion nimmt in korrosionsfördernden Medien mit steigendem Chromgehalt ab. Der Chromgehalt, bei dessen Überschreitung Passivität eintritt, hängt vom Angriffsmittel ab. In Wasser und in der Atmosphäre sollte der Chromgehalt mindestens etwa 12 M.-% betragen.

Passive nichtrostende Stähle sind zwar beständig gegenüber Flächenkorrosion, bei nicht ausreichendem Legierungsgehalt jedoch empfindlich gegenüber Lochkorrosion, Spaltkorrosion und Spannungsrisskorrosion in Gegenwart spezifischer Medien (z.B. Chloridionen). Die Beständigkeit gegenüber solchen Angriffen ist abhängig von der Art und Konzentration von korrosionsfördernden Stoffen des angreifenden Mediums.

Durch höhere Gehalte an Chrom und dem Gehalte weiterer Legierungselemente wie Nickel (Ni) und/oder Molybdän (Mo) sowie Stickstoff (N) kann Beständigkeit des Stahls auch gegenüber den genannten örtlichen Korrosionsarten erzielt werden. Die erforderliche Legierungszusammensetzung des Stahls ergibt sich in erster Linie aus der jeweils vorherrschenden Korrosionsbelastung und der erforderlichen Beständigkeit gegenüber Lochkorrosion und über Rissbildung verlaufende Korrosion.

2.2.2 Nichtrostende Stahlsorten

Die nichtrostenden Stähle stellen ein komplexes Legierungssystem dar, wobei mit der Auswahl und dem Gehalt der Legierungselemente ein bestimmter Gefügezustand erzeugt wird. Durch den Zustand des Grundgefüges werden die Verarbeitungseigenschaften, die mechanischen und physikalischen sowie die korrosionschemischen Eigenschaften festgelegt. Nach ihrem Gefügezustand werden nichtrostende Stähle in ferritische, martensitische, austenitische und ferritisch-austenitische Stähle eingeteilt. Martensitische nichtrostende Stähle haben für den Betonbau jedoch keine Bedeutung. Die genannten Edelstähle werden grundsätzlich nach ihrer Beständigkeit im angreifenden Medium ausgewählt, aber es werden auch bestimmte technologische Eigenschaften in Hinblick auf Verarbeitung und Anwendung angestrebt. Der Legierungsgehalt sollte aus wirtschaftlichen Gründen nicht unangemessen hoch sein, jedoch unter den beabsichtigten Einsatzbedingungen auch nicht zu niedrig sein, so dass die erforderliche Beständigkeit im angreifenden Medium erzielt wird.

Ferritische nichtrostende Betonstähle

Eisen-Chrom-Legierungen haben ein ferritisches Gefüge. Im Bauwesen werden hauptsächlich ferritische nichtrostende Stähle mit einem Chromgehalt bis 18 M.-% technisch genutzt. Zusätzlich können Legierungselemente wie Molybdän zur Erhöhung der Korrosionsbeständigkeit zugegeben werden. Ein Vorteil der ferritischen nichtrostenden Stähle gegenüber den austenitischen ist ihre vergleichsweise höhere Streck- bzw. 0,2-Dehngrenze im lösungsgeglühten und warmgefertigten Zustand. Dagegen ist die Zähigkeit im Vergleich zu den austenitischen Stählen geringer und die Verarbeitbarkeit schwieriger.

Ferritische nichtrostende Stähle sind ferromagnetisch, also magnetisierbar. Der lineare Wärmeausdehnungskoeffizient zwischen 20 und 100 °C beträgt wie bei Beton etwa $10 \times 10^{-6} K^{-1}$. Bei Verwendung als Betonstahl können somit keine Spannungen und Verbundstörungen im Kontaktbereich Stahl/Beton aufgrund einer hohen Temperaturbelastung entstehen. Die Wärmeleitfähigkeit von nichtrostenden Stählen ist gegenüber anderen Baumetallen generell niedrig und verhält sich etwa wie folgt:

austenitischer, ferrit.-austen. nichtrostender Stahl	ferritischer nichtrostender Stahl	unlegierter Stahl	Zink	Aluminium	Kupfer
1	: 2	: 4	: 8	: 15	: 25

Ferritische nichtrostende Stähle weisen unter den üblicherweise im Bauwesen vorherrschenden Bedingungen (Angriff schwach saurer bis alkalischer wässriger Medien) eine ausreichende Beständigkeit gegenüber Flächenkorrosion auf. Bei Zugabe ausreichend hoher Gehalte an Chrom und Molybdän kann auch Beständigkeit gegenüber Lochkorrosion erreicht werden. Ferritische nichtrostende Stähle weisen generell eine hohe Beständigkeit gegenüber Spannungsrisskorrosion in chloridhaltiger Umgebung auf.

Zur Herstellung von kaltumgeformtem ferritischen nichtrostenden Betonstahl in Ringen von 4 bis 14 mm Durchmesser wird die Edelstahlsorte 1.4003 (X2CrNi12) verwendet. Hergestellt werden beispielsweise Betonstahlmatten und Gitterträger. Der Stahl 1.4003 ist mit den für herkömmliche Betonstähle üblichen Verfahren schweißbar. Nichtrostender Betonstahl 1.4003 kann in allen Stahlbetonkonstruktionen aus Normal- und Leichtbeton, auch in Bereichen in denen mit Carbonatisierung zu rechnen ist, angewendet werden, sofern erhöhte Belastungen durch Chloride ausgeschlossen werden können.

Austenitische nichtrostende Betonstähle

Durch Zugabe von ca. 10 bis 12 M.-% Nickel zu einem Edelstahl mit 17 bis 18 M.-% Chrom verändert sich das Gefüge, es wird austenitisch. Dabei verändern sich die mechanisch-technologischen, physikalischen und Korrosionseigenschaften.

Gegenüber den ferritischen nichtrostenden Stählen weisen lösungsgeglühte Edelstähle mit austenitischem Gefüge niedrigere Festigkeitswerte, dagegen hohe Zähigkeitswerte auf. Auch bei tiefen Temperaturen treten bei den austenitischen nichtrostenden Stählen nur unwesentliche Einbußen an Verformbarkeit ein. Für die meisten Einsatzgebiete im konstruktiven Ingenieurbau, so auch im Betonbau, werden Stähle mit höheren 0,2-Dehngrenzen gefordert. Austenitische nichtrostende Stähle weisen gegenüber den ferritischen ein deutlich höheres Verfestigungsvermögen bei Kaltumformung auf. Dadurch lassen sich die Dehngrenzen, aber auch die Zugfestigkeit, beachtlich steigern, ohne dass die Verformbarkeit unakzeptabel eingeschränkt wird. Deshalb kann man bei diesen Edelstählen, z. B. bei den Werkstoffen 1.4301 (X5CrNi 18-10) und 1.4571 (X6CrNiMoTi 17-12-2), über Kaltumformung, jedoch auch über die Zugabe mischkristallverfestigender Elemente wie Kohlenstoff und Stickstoff, die Festigkeitseigenschaften verbessern.

Bei Betonstählen aus austenitischem nichtrostenden Stahl werden bei dünneren Abmessungen von zumeist 4 bis 20 mm Durchmesser die erforderlichen Festigkeitswerte über eine Kaltumformung erzielt. Die für glatte Rundstäbe und Rippenstahl größerer Abmessung (Durchmesser 10 bis 40 mm) in Deutschland verwendeten Edelstähle 1.4429 (X2CrNiMoN 17-13-3) und 1.4529 (X1NiCrMoCuN 25-20-7) sind stickstofflegiert. Durch Warmwalzen und anschließendes sog. „warmworking" (Walzen unterhalb der Rekristallisationstemperatur bei nur wenigen 100 °C) werden über spezielle Ausscheidungszustände hohe Festigkeitswerte erzielt. Diese dickeren Stabstähle werden nicht als Bewehrung im herkömmlichen Sinn verwendet und haben keine bauaufsichtliche Zulassung als Betonstahl.

Austenitische Chrom-Nickel-Stähle sind im lösungsgeglühten Zustand nicht ferromagnetisch, also nicht magnetisierbar und haben mit $18 \times 10^{-6} \, K^{-1}$ eine deutlich größere Wärmedehnung als Beton (etwa $10 \times 10^{-6} \, K^{-1}$). Bei einer Verwendung als Betonstahl könnten bei Erwärmung theoretisch in der Grenzfläche Stahl/Beton Spannungen mit Verbundstörungen als Folge auftreten. Jedoch wurde diese Erscheinung bisher nicht festgestellt. Die austenitischen Stähle weisen eine deutlich niedrigere Wärmeleitfähigkeit als andere Metalle auf. Dieser geringere Wärmefluss wird im Betonbau beispielsweise bei wärmedämmenden Kragplattenanschlüssen zur thermischen Trennung außen liegender Bauteile vom warmen Innenbereich genutzt.

Austenitische nichtrostende Stähle haben im Vergleich zu den ferritischen nichtrostenden Stählen bei vergleichbarem Chromgehalt eine höhere Beständigkeit gegenüber Flächen-, Loch- und vor allem Spaltkorrosion. Sie sind in der typischen Zusammensetzung mit etwa 10 M.-% Nickel grundsätzlich empfindlich gegen Spannungsrisskorrosion. Im Betonbau liegen die medienseitigen Voraussetzungen für diese Korrosionsart allerdings kaum vor. Eine Zugabe von Molybdän verbessert das Verhalten gegenüber Loch-, Spalt- und Spannungsrisskorrosion.

Während die dünneren Abmessungen bis 14 mm vom Ring neben Betonrippenstahl vor allem für Betonstahlmatten und Gitterträger eingesetzt werden, werden die dickeren warmgewalzten glatten Rundstäbe und gerippten Stäbe (Betonrippenstähle) als Bewehrungen, Verankerungen und Anschlussbewehrungen verwendet. Insbesondere die dünneren Abmessungen werden geschweißt. Sie sind mit den für herkömmliche Betonstähle üblichen Verfahren schweißbar und weisen eine bessere Schweißeignung auf als die ferritischen Edelstähle.

Die in Deutschland im Betonbau verwendeten austenitischen nichtrostenden Stähle 1.4571, 1.4429 und 1.4529 sind in chloridhaltigem alkalischen und carbonatisierten Beton gegenüber allen Korrosionsarten ausreichend beständig. Zulassungen (Beispiele siehe [7]) empfehlen den Edelstahl 1.4571 für eine mäßige Korrosionsbelastung durch Chloride. Die molybdänfreie Edelstahlsorte 1.4301 ist, insbesondere im Schweißnahtbereich, in chloridangereichertem Beton allerdings nicht ausreichend beständig gegenüber Lochkorrosion.

Ferritisch-austenitische nichtrostende Betonstähle

Ferritisch-austenitische nichtrostende Stähle besitzen ein Zweiphasengefüge aus Ferrit und Austenit. Gegenüber den Austeniten wird dieses Mischgefüge durch Anheben der Gehalte an ferritstabilisierenden Elementen wie Chrom und durch Absenken des austenitstabilisierenden Nickels erreicht. Die typische Zusammensetzung der für Betonstähle verwendeten Güten liegt bei 21 bis 24 M.-% Chrom und 3,5 bis 6,5 M.-% Nickel. Molybdän kann zur Verbesserung der Korrosionsbeständigkeit zugegeben werden. Die mit Abstand wichtigsten Vertreter sind die Edelstähle 1.4462 (X2CrNiMoN 22-5-3) und 1.4362 (X2CrNiN 23-4). Der relativ niedrige Nickelgehalt im Vergleich zum konventionellen nichtrostenden Austenit macht die Werkstoffe auch vom ökonomischen Standpunkt interessant.

Bei den ferritisch-austenitischen nichtrostenden Stählen sichert die Ferritphase die Festigkeit, die Austenitphase die Zähigkeit. Diese Edelstähle vereinigen dadurch günstige Eigenschaften der Ferrite (hohe Streckgrenze) und Austenite (gute Zähigkeit, verbesserte Korrosionseigenschaften). Auch bei den ferritisch-austenitischen nichtrostenden Stählen können die Festigkeitseigenschaften neben Kaltumformung noch durch Mischkristallverfestigung des Austenits verbessert werden. Stickstoff hat eine positive Wirkung auf die Festigkeit und steigert die Korrosionsbeständigkeit. Die Verwendbarkeit der ferritisch-austenitischen nichtrostenden Betonstähle bei tiefen Temperaturen ist beschränkt. Die Edelstähle 1.4462 und 1.4362 sind nur für den Einsatz bei Tieftemperaturen bis -100 °C bzw. -50 °C geeignet. Ferritisch-austenitische nichtrostende Stähle sind ferromagnetisch, also magnetisierbar. Bei diesen Edelstählen beträgt der lineare Wärmeausdehnungskoeffizient zwischen 20 und 100 °C 13×10^{-6} K^{-1}. Die ferritisch-austenitischen nichtrostenden Stähle weisen eine hohe Beständigkeit gegenüber Loch- und Spaltkorrosion und eine sehr geringe Gefährdung gegenüber chloridinduzierter Spannungsrisskorrosion auf.

Die ferritisch-austenitischen Edelstähle 1.4462 und neuerlich auch 1.4362 werden zur Herstellung von kaltumgeformten und warmgewalzten nichtrostenden Betonstählen verwendet. Sie dürfen in allen Stahlbetonkonstruktionen aus Normal- und Leichtbeton eingesetzt werden, wenn mit Carbonatisierung und Chloridbelastung zu rechnen ist. Die Zulassung empfiehlt den Edelstahl 1.4362 für eine mäßige und den Edelstahl 1.4462 für eine hohe Korrosionsbelastung durch Chloride (z.B. bei Bauteilen mit Tausalzbelastung und im Meerwasser).

Produkte

In Deutschland kommt ausschließlich Betonstahl mit einer Streck- bzw. 0,2-Dehngrenze von mind. 500 N/mm² zur Anwendung. Die erforderlichen Eigenschaften der bauaufsichtlich zugelassenen Produkte sind in der DIN EN 206-1 bzw. DIN 1045-1 [2] bzw. in DIN 488 [8] geregelt. Wichtige Gebrauchseigenschaften von nichtrostenden Betonstählen in Ringen sind in Tabelle 1 aufgeführt. Insbesondere bei den kaltumgeformten ferritisch-austenitischen Edelstählen lassen sich deutlich höhere Festigkeitswerte als bisher von den Regelwerken für Betonstähle gefordert erzielen. Hierdurch sind im Vergleich zu den austenitischen Güten Querschnittsreduzierungen und damit Materialeinsparungen möglich.

Tabelle 1: Gebrauchseigenschaften von nichtrostenden Betonstählen in Ringen BSt 500 NR und BSt 500 NG nach bauaufsichtlicher Zulassung

Werkstoff-Nr.		1.4003, 1.4571	1.4362, 1.4462
Durchmesser	(mm)	4 bzw. 6-14	
Zugfestigkeit	(N/mm²)	≥ 500	≥ 700
0,2-Dehngrenze	(N/mm²)	≥ 550	≥ 800
Bruchdehnung A_{10}	(%)	15	10
Gleichmaßdehnung A_g	(%)	5	5
Dauerschwingfestigkeit[1] (N/mm²)		165 (1.4003)	165 (1.4362)
		175 (1.4571)	175 (1.4462)

[1] Prüfung an freien geraden Stäben, Schwingbreite $2\sigma_A$ bei 2×10^6 Schwingspielzahlen

Nichtrostender kaltumgeformter Betonstahl BSt 500 NR (gerippt) und BSt 500 NG (glatt) in Ringen wird aus den Edelstählen 1.4003, 1.4571, 1.4362 und 1.4462, Nenndurchmesser von 4 bis 14 mm, angeboten. Des Weiteren ist kaltumgeformter gerippter Betonstahl, Nenndurchmesser 6-14 mm, aus dem Edelstahl 1.4301 (aktuell nicht bauaufsichtlich zugelassen) lieferbar. Nichtrostender Betonstahl in Ringen wird durch Kaltverformung, d.h. durch Ziehen und/oder Kaltwalzen des warmgewalzten glatten Ausgangserzeugnisses hergestellt. Profilierter Betonstahl BSt 500 NR und glatter Betonstahl BSt 500 NG wird auf Spulen in Ringform geliefert. Zwecks Weiterverarbeitung zu Bewehrungen wird das Ringmaterial werksmäßig gerichtet und geschnitten. Insbesondere aus dem profilierten Betonstahl werden Stabstahl, Betonstahlmatten oder Gitterträger oder anderweitige Bewehrungen hergestellt.

Nichtrostende warmgewalzte glatte Rundstäbe und gerippte Stäbe (Betonrippenstähle) werden aus den stickstofflegierten Edelstählen 1.4429, 1.4529, 1.4362 und 1.4462, Nenndurchmesser von 6 bis 52 mm (nicht bauaufsichtlich zugelassen), gefertigt. Die dickeren warmgewalzten glatten Rundstäbe und gerippten Stäbe (Betonrippenstähle) werden als Bewehrungen und für Verankerungen und Anschlussbewehrungen angewendet. Die mechanischen Kennwerte der warmgewalzten Stäbe sind durchmesserabhängig, wobei die 0,2-Dehngrenze und Zugfestigkeit mit zunehmendem Durchmesser abnehmen, während sich die Bruchdehnung umgekehrt verhält. Bei dünnen Abmessungen sind Festigkeiten bis zu 1000 N/mm² herstellbar

Nichtrostende Betonstähle können auf der Baustelle und in Betrieben geschweißt werden. Für das Schweißen gelten die Bestimmungen der „Allgemeinen bauaufsichtlichen Zulassung" [9] in Verbindung mit EN ISO 17660 [10].

2.3 Korrosionsverhalten nichtrostender Stähle

2.3.1 Mögliche Korrosionsarten bei Beton- und Spannstählen [1, 11]

Flächenkorrosion

Nichtrostende Stähle können lediglich in sauren wässrigen Medien durch gleichmäßige Flächenkorrosion angegriffen werden. Für die atmosphärische Korrosion ist von Bedeutung, dass bei ansteigendem pH-Wert die Korrosionsgeschwindigkeit im aktiven Zustand stark abnimmt. Oberhalb pH 4 besteht i.a. Korrosionsbeständigkeit. In schwach sauren Medien, also auch in üblicher Atmosphäre und erst recht im Beton, sind daher Chromstähle mit > 12 M.-% Chrom und alle höher legierten Stähle passiv.

Lochkorrosion, Spaltkorrosion

In korrosiven Medien können nicht ausreichend legierte Stähle durch Loch- und Spaltkorrosion gefährdet sein. Bei der Lochkorrosion vom Stahl kommt es zu einer Wechselwirkung zwischen Chloridionen und der Passivschicht, wobei diese lokal durchbrochen wird Depassivierung eintritt. Es bilden sich nadelstichartige Vertiefungen und durch deren Wachstum Lochkorrosionsstellen. Im Bauwesen sind es meist die Chloridionen aus Meerwasser, Aerosolen oder Tausalznebeln, die Korrosion bewirken.

Unter Spaltbedingungen kann es zu einer Aufkonzentrierung von Chloridionen unter Korrosionsprodukten im Spalt und zu einem Absinken des pH-Wertes infolge Hydrolyse der Korrosionsprodukte kommen. Die Gefährdung durch Spaltkorrosion in chloridionenhaltigen Angriffsmitteln ist immer größer als die durch Lochkorrosion. Bei Stählen im Kontakt mit ungerissenem Mörtel und Beton (Stahlbeton, Spannbeton) ist Spaltkorrosion aufgrund des Haftverbundes praktisch auszuschließen.

Die Korrosionsgefährdung der nichtrostenden Stähle nimmt bei steigendem Chloridgehalt, steigender Temperatur und fallendem pH-Wert zu. Besonders kritisch sind daher chloridangereicherte saure Medien, die im Betonbau nicht vorkommen.

Werkstoffseitig wird die Lochkorrosion insbesondere durch die Legierungselemente Chrom, Nickel und Molybdän, des Weiteren auch durch Stickstoff beeinflusst. Die Beständigkeit lässt sich annähernd durch die Wirksumme W = % Cr + 3,3 x % Mo + (16 bis 30) x % N abschätzen (der Einfluss von Stickstoff ist gefügeabhängig). Mit steigender Wirksumme nimmt die Beständigkeit gegenüber chloridinduzierter Korrosion zu. Die Wirksumme der gebräuchlichen nichtrostenden Stähle, die sich für den bewährten Betonbau empfehlen:

Werkstoff-Nr.	*Struktur*	*Kurzname*	*Wirksumme*
1.4003	ferritisch	X2CrNi 12	12
1.4301	austenitisch	X5CrNi1 8-10	18
1.4401		X5CrNiMo 17-12-2	24
1.4571		X6CrNiMoTi 17-12-2	24
1.4436		X3CrNiMo 17-13-3	27
1.4429		X2CrNiMoN17-13-3	33
1.4529		X1NiCrMoCuN 25-20-7	49
1.4362	ferritisch-austenitisch	X2CrNiN 23-4	27
1.4462		X2CrNiMoN 22-5-3	37

Schweißverbindungen weisen eine höhere Anfälligkeit gegenüber Lochkorrosion auf als ungeschweißte Edelstahlabschnitte. Schweißverbindungen sind vor allem dann hinsichtlich Lochkorrosion stärker gefährdet als ungeschweißte gleichartige Edelstähle, wenn bei Verbindungsschweißungen infolge fehlender Schutzgasführung Oxidfilme (Anlauffarben) oder Zunderschichten im Schweißnahtbereich vorhanden sind (Bild 1). Betonstähle werden auf der Baustelle überwiegend nicht unter Schutzgas geschweißt und es erfolgt auch keine besondere Behandlung zur Entfernung von schweißbedingten Belägen.

Spannungsrisskorrosion

Bei dieser Korrosionsart entstehen Risse im Werkstoff, wenn die folgenden drei Bedingungen gleichzeitig vorliegen:
- die Oberfläche des Bauteils steht unter Zugspannungen,
- es wirkt ein spezifisch wirkendes (meist chloridhaltiges) Medium ein,
- es besteht eine Neigung des Werkstoffs hinsichtlich Spannungsrisskorrosion.

Bild 1: Korrosion im Schweißnahtbereich eines nichtrostenden Stahls 1.4003 in chloridhaltigem Beton

Bei nichtrostenden Stählen steht das Verhalten gegenüber lochfraßinduzierter Spannungsrisskorrosion im Vordergrund des Interesses. Falls es bei gefügeinstabilen austenitischen Stählen („Spannstählen") durch eine hohe Kaltumformung zur Bildung von Verformungsmartensit kommt (Abschnitt 3), kann es bei Beladung mit Korrosionswasserstoff auch zu einer gewissen Anfälligkeit gegenüber wasserstoffinduzierter Spannungsrisskorrosion kommen.

Lochfraßinduzierter Spannungsrisskorrosion. Mit Spannungsrisskorrosion ist nur in chloridhaltigen Medien zu rechnen, wobei die Gefährdung generell mit steigendem Chloridgehalt, fallendem pH-Wert und steigender Temperatur zunimmt. Seitens der Werkstoffzusammensetzung wird die Anfälligkeit des Stahls zunächst vom Nickgehalt des Stahls beeinflusst: Ausgehend von einem kritischen Nickelgehalt um 10 M.-% nimmt die Anfälligkeit mit fallendem und steigendem Nickelgehalt ab. Die im Betonbau verwendeten austenitischen nichtrostenden Stähle weisen häufig Nickelgehalte um 10 M.-% auf und sind daher in kritischen Medien anfällig.

Bei der lochfraßinduzierten Spannungsrisskorrosion entstehen die Risse im Lochgrund einer Korrosionsnarbe (Bild 2) und die Rissbildung verläuft über eine lokale Metallauflösung. In der Korrosionsnarbe findet unter Sauerstoffabschluss in Gegenwart von Neutralsalzen (Chloriden) eine Ansäuerung des Lochelektrolyten durch Hydrolyse statt. Durch diese Ansäuerung kann bei einem diesbezüglich empfindlichen Edelstahl Rissbildung ausgelöst werden. Legierungstechnische Maßnahmen zur Minimierung von Lochkorrosion sind deshalb grundsätzlich geeignet, auch die Empfindlichkeit gegenüber lochfraßinduzierter Spannungsrisskorrosion herabzusetzen. Chrom und vor allem Molybdänzugaben zum Stahl wirken sich daher günstig aus, da sie die Lochkorrosion und eine lochfraßinduzierte Spannungsrisskorrosion behindern (siehe oben). Selbst bei empfindlichen nichtrostenden Stählen kann Spannungsrisskorrosion bei Raumtemperatur jedoch nur dann auftreten, wenn das Angriffsmittel in der Lage ist, in einem Primärschritt Lochkorrosion zu bewirken. Gegenüber Lochkorrosion ausreichend hoch legierte Stähle sind im alkalischen Milieu des Betons im Regelfall ausreichend sicher gegenüber Spannungsrisskorrosion.

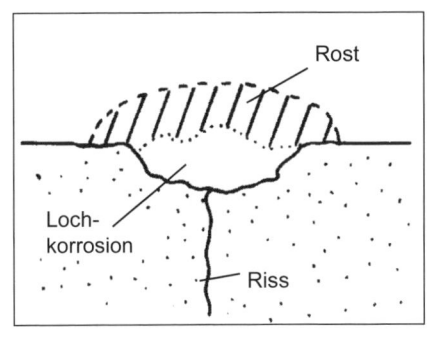

- Lochkorrosion infolge Chloridangriff.
- Ansäuerung des Lochelektrolyten infolge Hydrolyse von Eisenchloriden

$$FeCl_2 + 2H_2O \rightarrow Fe(OH)_2 + 2HCl$$

Bild 2: Prinzip der lochfraßinduzierten Spannungsrisskorrosion bei nichtrostendem Stahl

Wasserstoffinduzierte Spannungsrisskorrosion. Damit wasserstoffinduzierte Spannungsrisskorrosion stattfinden kann, ist es erforderlich, dass während eines Korrosionsprozesses an der Stahloberfläche Wasserstoff freigesetzt wird, welcher dann als atomarer Wasserstoff vorliegt und vom Stahl absorbiert werden kann. Korrosionswasserstoff entsteht bei der Metallkorrosion vor allem in sauren Medien als Reaktionsprodukt der kathodischen Teilreaktion

$$H^+ + e^- \rightarrow H_{ad}$$

also z. B. bei der Lochkorrosion in Gegenwart von Neutralsalzen, nachdem eine Ansäuerung des Spaltelektrolyten durch Hydrolyse stattgefunden hat (Bild 2). Der Wasserstoff diffundiert in atomarer Form in den Stahl und rekombiniert an Schwachstellen im Gefüge (z. B. Korngrenzen) zu molekularem Wasserstoff. Die damit verbundene Volumenvergrößerung bewirkt letztlich die Rissbildung.

Gegenüber Wasserstoff empfindlich sind vor allem hochfeste unlegierte und niedriglegierte Stähle (z. B. herkömmliche Spannstähle) und martensitische Stähle, was in der Baupraxis wiederholt zu schwerwiegenden Schäden geführt hat. Die Anfälligkeit der rein austenitischen Stähle gegenüber wasserstoffinduzierter Spannungsrisskorrosion ist dagegen vernachlässigbar gering, da die Diffusionsgeschwindigkeit des Wasserstoffs im Austenit sehr gering ist und Wasserstofflöslichkeit im Austenit groß ist [12]. Eine höhere Wasserstoffempfindlichkeit ist nur bei instabil austenitischen Stählen zu erwarten, was auf die Bildung von Verformungsmartensit zurückzuführen ist.

2.3.2 Lochkorrosionsverhalten nichtrostender Betonstähle

Bei in Beton eingebetteten nichtrostenden Betonstählen ist das Verhalten gegenüber Lochkorrosion zu beachten. Es galt, zunächst unter den zur Verfügung stehenden

Werkstoffen eine optimale und wirtschaftlich sinnvolle Auswahl hinsichtlich folgender Eigenschaften zu treffen:

- Verhalten in alkalischem plus chloridhaltigem, carbonatisiertem sowie carbonatisiert plus chloridhaltigem Beton;

- Verhalten der Betonstähle in den typischen Ausführungen (glatte und gerippte Oberfläche, auch zusätzlich geschweißt).

Unter Beachtung dieser Gesichtspunkte wurden in der Vergangenheit zahlreiche Ergebnisse von Labor- und Auslagerungsversuchen veröffentlicht. Die in Deutschland an nichtrostenden Betonstählen durchgeführten Versuche sind vor allem in [3, 5, 13-15] wiedergegeben. Eine zusammenfassende Darstellung der weltweit durchgeführten Versuche, die sich im Hinblick auf die Wirkung der wesentlichen Einflussparameter nicht widersprechen, erfolgte in [4, 6].

Nichtrostende Betonstähle sind sowohl in alkalischem als auch carbonatisiertem Beton passiv. Sind im Beton zusätzlich Chloride vorhanden, dann ist je nach Stahlzusammensetzung, Chloridgehalt und pH-Wert des Betons Korrosion in Form lokaler Angriffe möglich. Diesbezüglich am ehesten gefährdet sind Bereiche von Schweißnähten (Bild 1).

In den elektrochemischen Untersuchungen in alkalischen Lösungen und an Mörtelelektroden dient das in sog. potentiostatischen Halteversuchen ermittelte sog. Lochkorrosionspotential zur Beschreibung des Lochkorrosionsverhaltens [1]: Mit fallendem (negativer werdendem) Lochkorrosionspotential nimmt die Gefährdung hinsichtlich Lochkorrosion im betreffenden Korrosionssystem Stahl/Medium zu. Die in der Folge dargestellten Ergebnisse zum Einfluss wichtiger Parameter auf das Lochkorrosionspotential sind [13, 15] entnommen.

Da Betonstähle bei der Verarbeitung häufig geschweißt werden, interessiert, um bei der Beurteilung auf der sicheren Seite zu liegen, vor allem das eher ungünstigere Korrosionsverhalten im Bereich der Schweißnaht. In Bild 3 wird das Verhalten unterschiedlich hoch legierter Stähle und eines unlegierten Stahls in Abhängigkeit vom Chloridgehalt des Betons aufgezeigt. Die kaltgezogenen Rundstäbe erhielten eine mittels Lichtbogenhandschweißens aufgetragene Längsschweißnaht. Zum Aufbringen einer Schweißraupe wurden die zum Lichtbogenschweißen dieser Stähle gebräuchlichen umhüllten Schweißelektroden verwendet. Die Schweißnähte wurden, wie im Betonbau üblich, nicht behandelt. Die Prüfung erfolgte mit vorhandenen Resten von festhaftendem Schweißzunder und dünnen Oxidschichten (Anlauffarben) auf dem Drahtumfang im Bereich der Schweißung. In Bild 3 lassen sich bezüglich der Einordnung des Korrosionswiderstandes drei Gruppen von nichtrostenden Stählen unterscheiden:

- die austenitischen nichtrostenden Stähle 1.4439 und 1.4571 sowie der ferritisch-austenitische nichtrostende Stahl 1.4462 mit einer hohen Korrosionsbeständigkeit;

- die ferritischen nichtrostenden Stähle 1.4016, 1.4021 und 1.4003 mit > 10 M.-% Chrom und einer gegenüber unlegierten Stählen verbesserten Korrosionsbeständigkeit;
- der ferritische Stahl 1.4713 mit Chromgehalten ≤ 7 M.-% und der unlegierte Stahl mit Korrosionsanfälligkeit.

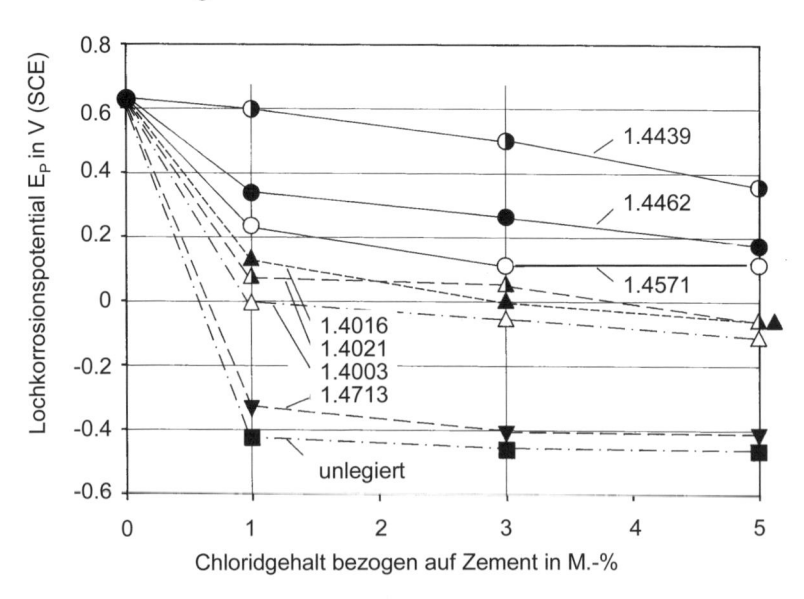

Bild 3: Lochkorrosionspotentiale geschweißter kaltumgeformter glatter legierter Rundstäbe und eines unlegierten Stahls in chloridhaltigem Beton (1 bis 5 M.-% Chlorid); die durch Lichtbogenhandschweißen hergestellten Schweißnähte wurden nicht behandelt [13]

Mit steigendem Chloridgehalt des Betons fällt das Lochkorrosionspotential erwartungsgemäß ab. Im Bereich zwischen 0 und 1 M.-% Chlorid ist diese Abminderung bei den geringer legierten Stahlsorten deutlich ausgeprägter als zwischen 1 und 5 M.-% Chlorid.

Der Einfluss der Stahlsorte und des pH-Wertes auf den sog. kritischen Chloridgehalt, bei dessen Überschreitung bei der jeweiligen Stahlsorte mit Korrosion zu rechnen ist, ist in Bild 4 wiedergegeben. Der pH-Wert 9 steht für den carbonatisierten Beton, die pH-Werte 12,6 und 13,9 geben die mögliche Spannweite der Alkalität eines nichtcarbonatisierten Betons wieder.

Das Bild verdeutlicht, dass der kritische Chloridgehalt in erster Linie von der Stahlzusammensetzung und vom pH-Wert des wässrigen Angriffsmediums (der Zementsteinporenlösung) abhängt. In chloridhaltigem carbonatisiertem Beton ist demnach die Beständigkeit deutlich geringer als in chloridhaltigem alkalischem Beton. Im Hinblick auf Grenzbetrachtungen sollte das Verhalten in chloridhaltigem carbonatisiertem Beton herangezogen werden, da in bestimmten Anwendungsfällen (Parkdecks, Stützmauern neben verkehrsreichen Straßen) häufig Trennrisse entstehen, die verhältnismäßig rasch carbonatisieren. Im Betonriss wäre der Stahl dann u. U. einem chloridhaltigen carbonatisierten Beton ausgesetzt.

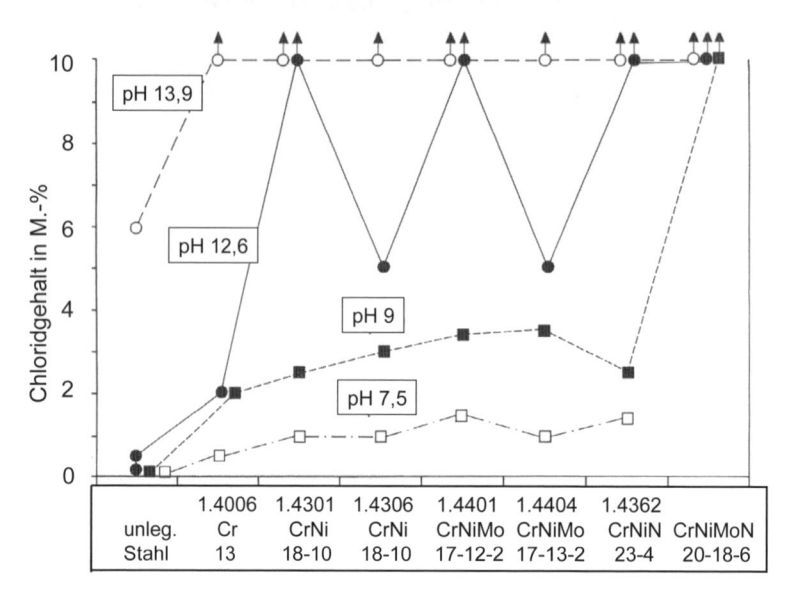

Bild 4: Kritischer Chloridgehalt von legierten Stählen und eines unlegierten Stahls in Lösungen von pH 7,7 bis 13,9 (potentiostatische Versuche bei +0,2 V (GKE) [16]

Bild 5 zeigt die Ergebnisse von elektrochemischen Untersuchungen an nichtrostenden Betonrippenstählen der Güten 1.4003, 1.4571 und 1.4462 sowie eines herkömmlichen (unlegierten) Stahls, die in Deutschland als kaltumgeformte Betonrippenstähle zugelassen sind. Aufgetragen sind die Lochkorrosionspotentiale an ungeschweißten und geschweißten Proben in alkalischem und carbonatisiertem Beton C25/20 mit 5 M.-% Chlorid (bezogen auf den Zementgehalt). Aus der Darstellung lässt sich folgendes ableiten:

– Es besteht eine deutliche, durch den Legierungsgehalt der Stähle bedingte Abstufung im Korrosionsverhalten: In der Reihenfolge unlegiert - 1.4003 - 1.4571 - 1.4462 nimmt die Beständigkeit deutlich zu, wobei der Unterschied zwischen den beiden letztgenannten Stählen eher gering ist.

– In carbonatisiertem chloridhaltigem Beton ist das Lochkorrosionspotential gegenüber dem alkalischen chloridhaltigen Beton stets zu negativeren Werten verschoben.

– Geschweißte Betonrippenstähle aus nichtrostendem Stahl sind in chloridhaltigem Beton deutlich korrosionsanfälliger als ungeschweißte. Dennoch sind diese erheblich beständiger als geschweißte unlegierte Betonstähle.

Der Edelstahl 1.4362 wurde bisher nicht in gleicher Weise wie die in Bild 5 dargestellten Stähle im Hinblick auf eine Anwendung im Betonbau untersucht. Aufgrund von Untersuchungen zum Korrosionsverhalten in der Atmosphäre wird jedoch davon ausgegangen, dass sein Korrosionsverhalten in etwa jenem des Edelstahls der Güte 1.4571 gleichkommt.

Zur ingenieurmäßigen Beurteilung der in den Bildern 2 und 4 dargestellten Ergebnisse können folgende Überlegungen dienen: Aufgrund von Potentialmessungen an im Freien ausgelagerten chloridhaltigen, mit nichtrostenden Betonrippenstählen bewehrten Bauteilen [14] wurde erkannt, dass das Korrosionspotential von Stählen, die nach Chloridbeaufschlagung Lochkorrosion erleiden, in frei bewittertem Beton stets negativer als etwa -100 mV (GKE) ist. D.h., dass Korrosion bei Stahlbeton im Freien nur dann zu erwarten ist, wenn das Lochfraßpotential negativer als -100 mV (GKE) ist. Dann ist die notwendige Forderung für Korrosion erfüllt (Lochfraßpotential < Korrosionspotential). Aufgrund dieser Definition und der in Bild 4 dargestellten Ergebnisse können diese kaltgerippten nichtrostenden Betonrippenstähle unter folgenden korrosiven Bedingungen als korrosionssicher eingestuft werden:

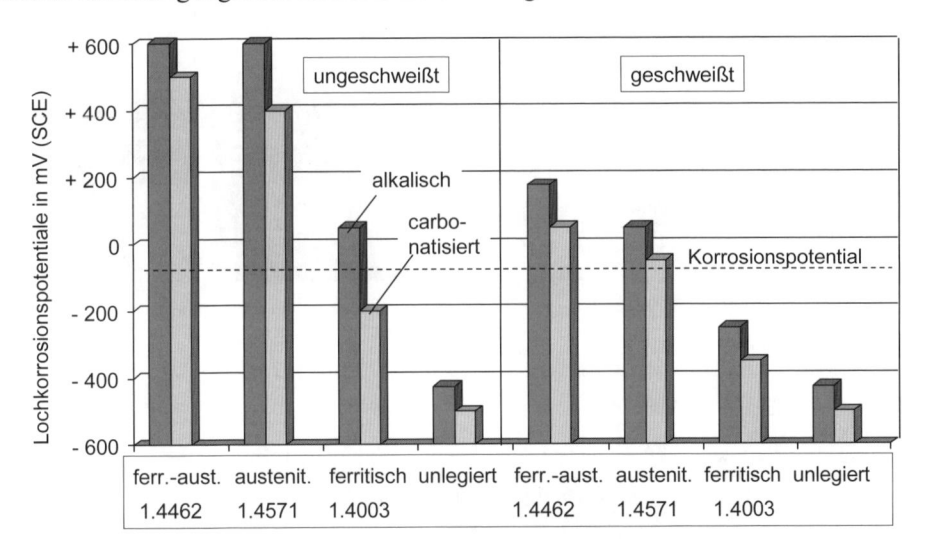

Bild 5: Lochfraßpotentiale ungeschweißter und geschweißter kaltumgeformter gerippter nichtrostender Betonstähle und eines unlegierten Stahls in chloridhaltigem Beton (5 M.-% Chlorid als NaCl); die durch Lichtbogenhandschweißen hergestellten Nähte wurden nicht behandelt [13]

- der austenitische nichtrostende Stahl 1.4571 (ungeschweißt und geschweißt) und der ferritisch-austenitische nichtrostende Stahl 1.4462 (ungeschweißt und geschweißt) unter allen denkbaren Korrosionsverhältnissen (carbonatisiert, chloridhaltig alkalisch, chloridhaltig carbonatisiert);

- der ferritische nichtrostende Stahl 1.4003 (ungeschweißt und geschweißt) in chloridfreiem carbonatisiertem Beton;

– der ferritische ungeschweißte nichtrostende Stahl 1.4003 in chloridhaltigem alkalischem Beton.

Die Ergebnisse der in mehreren Ländern durchgeführten Langzeitauslagerungen [6] mit Schwerpunkt der in Deutschland von der MPA Universität Stuttgart in bewehrten Bauteilen aus Normalbeton [13, 14] und Leichtbeton [15] durchgeführten Auslagerungen im Freien bestätigen jene der vorgenannten Laboruntersuchungen. Eine zusammenfassende Darstellung der über 2,5 Jahre durchgeführten Auslagerungsversuche zum Korrosionsverhalten von unlegiertem und nichtrostendem Stahl ohne und mit Verbindungsschweißung ist in Bild 6 dargestellt:

– Erwartungsgemäß korrodiert unlegierter Stahl in carbonatisiertem und/oder chloridhaltigem Beton. In carbonatisiertem Beton überwiegt Flächenkorrosion; bei steigendem Chloridgehalt tritt in zunehmendem Maße Loch- und Muldenkorrosion auf. Die stärksten Angriffe sind in carbonatisiertem plus chloridhaltigen Beton möglich.

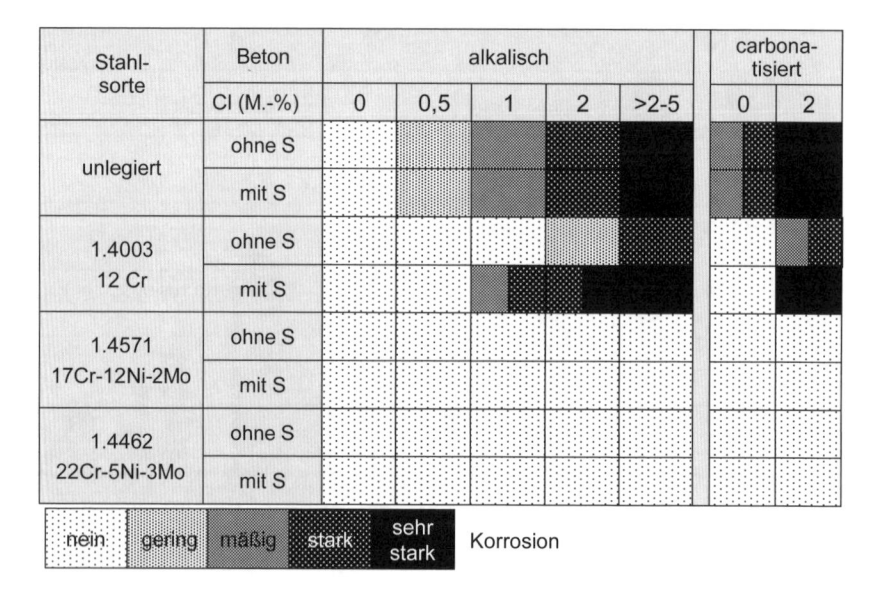

Stahl-sorte	Beton	alkalisch					carbonatisiert	
	Cl (M.-%)	0	0,5	1	2	>2-5	0	2
unlegiert	ohne S							
	mit S							
1.4003 12 Cr	ohne S							
	mit S							
1.4571 17Cr-12Ni-2Mo	ohne S							
	mit S							
1.4462 22Cr-5Ni-3Mo	ohne S							
	mit S							

nein | gering | mäßig | stark | sehr stark   Korrosion

Bild 6: *Korrosionsverhalten von unlegiertem und nichtrostendem Stahl (ohne und mit Schweißnaht S) in Beton (zusammenfassende Darstellung von Auslagerungsversuchen; Chloridgehalte auf den Zementanteil bezogen) [15]*

– Der ferritische nichtrostende Stahl 1.4003 verhält sich deutlich günstiger als ein unlegierter Stahl. In chloridfreiem carbonatisiertem Beton tritt im ungeschweißten und geschweißten Zustand keine Korrosion auf. Dieses Korrosionsverhalten deckt sich mit neueren Untersuchungen in [17]. Beim ungeschweißten 1.4003 tritt nur geringe Korrosion auf, solange der Chloridgehalt im alkalischen Beton etwa 2 M.-% (bezogen auf Zement) nicht übersteigt. Bei deutlich höheren Chloridgehalten wird jedoch Lochkorrosion auftreten. Vor allem bei gleichzeitiger Anwesenheit von Chloriden und Carbonatisierung besteht die Gefahr einer Lochkorrosion. In Bereichen von Schweißraupen ist schon bei Anwesenheit von Chloriden um 1 M.-% mit einer ausgeprägten Lochkorrosion zu rechnen (Bild 1). Die Narbentiefe nimmt bei steigendem Chloridgehalt zu und ist in gleichzeitig carbonatisiertem Beton am ausgeprägtesten. Geschweißte ferritische nichtrostende Stähle verhalten sich somit deutlich ungünstiger als ungeschweißte.

– Bei dem austenitischen nichtrostenden Stahl 1.4571 und dem ferritisch-austenitischen nichtrostenden Stahl 1.4462 tritt sowohl im ungeschweißten als auch im geschweißten Zustand für alle möglichen Zustände des Betons (carbonatisiert, alkalisch chloridhaltig, carbonatisiert chloridhaltig) kein beachtenswerter Korrosionsangriff auf. Chloridgehalte bis 5 M.-% können ohne Angriff ertragen werden.

Aufgrund der bekannten Ergebnisse zum Korrosionsverhalten bieten somit austenitische (1.4571) und ferritisch-austenitische nichtrostende Stähle (1.4462), auch im geschweißten Zustand, eine hohe Sicherheit gegenüber Korrosion. Sie empfehlen sich vor allem dann, wenn ein erheblicher Chlorideintrag in den Beton nicht verhindert werden kann. Ferritische nichtrostende Stähle (1.4003) sind im carbonatisierten Beton korrosionssicher. Im ungeschweißten Zustand widersteht der Edelstahl auch mäßig hohen Chloridgehalten. Der ferritisch-austenitische Edelstahl 1.4362 wird bisher von Fachleuten wie der austenitische Stahl 1.4571 eingeordnet.

2.3.3 Korrosion unlegierter Stähle im Kontakt mit nichtrostendem Stahl (Mischbewehrung)

Zwecks Kosteneinsparung kann zum vorbeugenden Schutz auch eine Mischbewehrung eingesetzt werden. Hierbei werden nichtrostende Betonstähle, z.B. als Hauptbewehrung, nur an solchen Stellen eingebaut, an denen Chloride eindringen können und die Korrosionsgefahr am größten ist, während ansonsten unlegierte Bewehrungsstähle eingesetzt werden. Bei Kontakt von unlegiertem und nichtrostendem Betonstahl und Vorhandensein eines Elektrolyten (feuchter Beton) bildet sich ein galvanisches Element, in dem das edlere Metall (nichtrostender Stahl) als Kathode und das unedlere Metall (unlegierter Stahl) als Anode fungieren kann.

Im passiven Zustand gibt es zunächst kaum einen Potentialunterschied zwischen nichtrostendem und unlegiertem Stahl. Falls der unlegierte Stahl unter Chlorideinwirkung korrodiert und nichtrostender Stahl sich noch im passiven Zustand befindet, ist theoretisch die Voraussetzung für eine Kontaktkorrosion gegeben. Tatsächlich wurde in Versuchen jedoch festgestellt, dass die Gefährdung beim Kontakt von korrodierter Bewehrung aus unlegiertem Stahl mit nichtrostendem Stahl vernachlässigbar ist [4, 7, 18, 19]. In [18] wurden Versuche zur Makroelementbildung von korrodierendem einbetoniertem unlegierten Stahl mit einerseits passivem unlegierten, aber auch mit nichtrostendem Stahl mittels Messung der Elementstromdichte durchgeführt und bewertet. Bekanntlich ist die Elementstromdichte ein Maßstab für die Korrosion des unedleren Partners im Korrosionselement. Es wurden folgende Situation eines in chloridhaltigem Beton korrodierenden unlegierten Stahls untersucht (Bild 7):

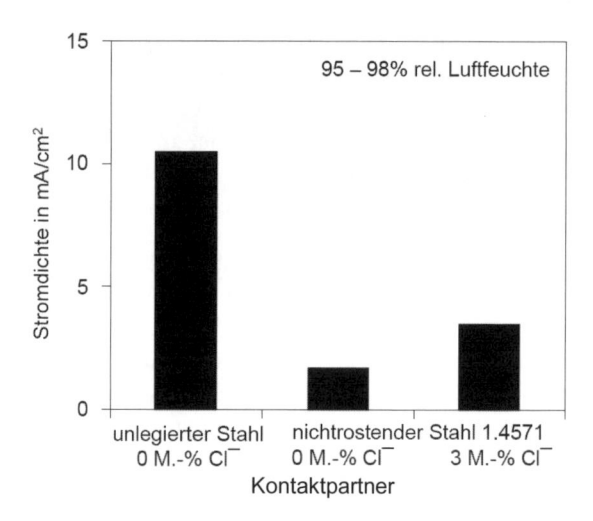

Bild. 7 : Stromdichte einer unlegierten Stahlbewehrung in Abhängigkeit von der Edelstahlsorte des Kontaktpartners und einer Chloridbelastung im Beton [18]

- Kontakt mit einem passiven unlegierten Stahl in Beton ohne Chloridbelastung;
- Kontakt mit nichtrostendem Stahl 1.4571 im Beton ohne Chloridbelastung;
- Kontakt mit nichtrostendem Stahl 1.4571 im Beton mit einer Belastung von 3 M.-% Chlorid.

Beim Kontakt mit passivem unlegiertem Stahl ist die Stromdichte fast 10fach größer als jene beim Kontakt mit nichtrostendem Stahl. Das bedeutet, dass die Korrosion des korrodierenden unlegierten Stahls durch den Kontakt mit nichtrostendem Stahl (im chloridfreien und chloridhaltigen Beton) nicht nachteilig beeinflusst wird. Nichtrostender Betonstahl im Kontakt mit unlegiertem Betonstahl ist demnach keine wirksame Kathode für Makrokorrosionselemente. Als Ursache hierfür kann angeführt werden, dass die kathodische Teilreaktion der Sauerstoffreduktion am nichtrostenden Stahl wesentlich stärker gehemmt ist als am unlegierten Stahl. Eine Elementbildung ist eher beim Kontakt zwischen aktivem und passivem unlegierten Stahl zu erwarten.

2.4 Werkstoffauswahl der nichtrostenden Betonstähle und erforderliche Betondeckungen

2.4.1 Reduzierte Betondeckung durch Wahl nichtrostender Betonstähle

Bei der Planung von Bauteilen bzw. Bauwerken sind sowohl lastabhängige als auch die lastunabhängigen Einwirkungen wie eine Korrosionsbeanspruchung zur Sicherstellung der Dauerhaftigkeit zu berücksichtigen. Um dauerhafte Betonkonstruktionen zu erstellen, müssen deshalb auch geeignete Annahmen für die zu erwartenden Umwelteinwirkungen getroffen werden, um durch eine sinnvolle Festlegung der Betongüte und konstruktiver Parameter, wie die Betondeckung, unter den jeweiligen Umgebungsbedingungen korrosionsbedingte Schäden im Nutzungszeitraum auszuschließen. In DIN EN 206-1 bzw. DIN 1045-1 [2] sind die Anforderungen an den Beton in Abhängigkeit von den möglichen korrosiven Einwirkungen festgelegt. U. a.

werden die Betonzusammensetzung, die Mindestdruckfestigkeitsklassen und die Betondeckung der Bewehrung Expositionsklassen zugeordnet, welche den Korrosionsangriff der eingebetteten Bewehrung sowie den chemischer Angriff und Frostangriff und den Verschleiß des Betons betreffen. Eine ausreichende Betondeckung ist bei Stahlbetonbauteilen zur Übertragung der Verbundkräfte zwischen Beton und Bewehrung erforderlich. Des Weiteren muss die Betondeckung eine genügende Dauerhaftigkeit des Bauteils (Korrosionsschutz des eingebetteten Bewehrungsstahls) sowie einen entsprechenden Feuerwiderstand sicherstellen.

Die bauaufsichtlichen Zulassungen für kaltgerippten nichtrostenden Betonstahl in Ringen [7] enthalten auch Angaben für eine Reduzierung der nach DIN EN 206-1 bzw. DIN 1045-1 [2] erforderlichen Betondeckung. Für die Betondeckung der nichtrostenden Bewehrungen 1.4571, 1.4362 und 1.4462 gilt für alle Expositionsklassen die für XC1 (trockene Innenräume) ausgewiesene Betondeckung (Mindestbetondeckung c_{min} = 10 mm, nominelle Betondeckung c_{nom} = 20 mm). Es ist jedoch zu beachten, dass zur Verbundsicherung die Mindestbetondeckung c_{min} nicht kleiner sein darf als der Stabdurchmesser d_s des Betonstahls.

2.4.2 Wahl eines geeigneten nichtrostenden Bewehrungsstahls

Die nichtrostenden Betonstähle könnten aufgrund ihrer Korrosionsbeständigkeit im ungeschweißten und geschweißten Zustand wie in Tabelle 2 angegeben angewendet werden. Diese Tabelle weicht insofern von den Empfehlungen der bauaufsichtlichen Zulassungen für kaltgerippten nichtrostenden Betonstahl in Ringen ab, als dort der Edelstahl 1.4462 für eine hohe Chloridbelastung empfohlen wird, während die Edelstähle 1.4571 und 1.4362 nur für eine mäßige Chloridbelastung empfohlen werden. Labor- und baupraktische Untersuchungen haben jedoch eindeutig gezeigt, dass auch der Edelstahl 1.4571 hohen Chloridbelastungen im Beton gewachsen ist (Bilder 2, 4 und 5).

Bei den Angaben in Tabelle 2 ist zu beachten, dass die Angaben für XD2 und XS2 sich auf ein komplett eingetauchtes bzw. durchweg nasses Bauteil beziehen. Bei ständig in Wasser eingetauchten Stahlbetonbauteilen kann nicht der für die Korrosion erforderliche Sauerstoff durch die Betondeckung an den Stahl gelangen, weshalb Korrosion nicht möglich ist. Wenn dieses nicht der Fall ist und sich beispielsweise bei nur teilweisem Eintauchen in das Meerwasser (z.B. Kaimauer) Makrokorrosionselemente ausbilden können [1], so sind nichtrostende Bewehrungsstähle wie für XD3 und XS3 genannt anzuwenden.

2.5 Baupraktische Erfahrungen

Nichtrostende Betonstähle werden weltweit schon seit Jahren angewendet. Ältere und neuere Ausführungen von weltweit mit nichtrostendem Betonstahl bewehrten Betonbauten sind in [4, 8, 20] beschrieben. Die geschilderten Erfahrungen sind ausschließlich positiv. Das bekannteste Beispiel einer langzeitigen Anwendung nichtrostender Betonstähle ist die mehr als 2 km lange Landebrücke aus Stahlbeton in Progreso (Mexiko, Yucatan Halbinsel) [21]. Die Brücke wurde um 1940 gebaut.

Wegen des heißen und feuchten Meeresklimas, der Verwendung von relativ porösem Beton mit Kalksteinzuschlag aus der Umgebung und entsprechend erhöhter Korrosionsgefahr für die Bewehrung wurde an kritischen Stellen eine Bewehrung aus nichtrostendem Stahl verwendet, wobei die verwendete Legierung der heutigen Legierung 1.4301 entspricht. Insgesamt wurden 220 Tonnen nichtrostender Stahl mit 28 bis 30 mm Durchmesser eingesetzt. Bis heute wurden an der Brücke keine größeren Unterhaltsarbeiten benötigt. Eine detaillierte Untersuchung 1999 ergab, dass sich die Brücke in einem einwandfreien Zustand befindet. In den 60-er Jahren wurde parallel zur bestehenden Konstruktion eine Landungsbrücke aus Stahlbeton unter Verwendung von herkömmlichem Betonstahl gebaut, die infolge von Korrosion eingestürzt und nahezu verschwunden ist (Bild 8).

Tabelle 2: Zuordnung der nichtrostenden Betonstähle zu Expositionsklassen aufgrund von Ergebnissen der Forschung [5, 6]

Expositions-klasse	Beschreibung der Umgebung	Beispiele für Zuordnung	empfohlener Werkstoff
Korrosion, ausgelöst durch Carbonatisierung			
XC1	trocken oder ständig nass	trockene Innenräume, Beton unter Wasser	hier reicht im Regelfall die Anwendung herkömmlicher (unlegierter) Betonstähle unter Berücksichtigung der in DIN EN 206-1 / DIN 1045-1 genannten erforderlichen Betongüten und Betondeckungen aus
XC2	nass, selten trocken	Wasserbehälter	
XC3	mäßige Feuchte	Außenbereich, nicht bewittert	
XC4	wechselnd nass und trocken	Außenbereich, bewittert	1.4003, 1.4301
Korrosion, ausgelöst durch Chloride, ausgenommen Meerwasser			
XD1	mäßige Feuchte	Sprühnebelbereich neben Verkehrsflächen	1.4301, 1.4571, 1.4362
XD2	nass, selten trocken	Solebäder, chloridhaltige Industrieabwässer	hier reicht im Regelfall die Anwendung herkömmlicher (unlegierter) Betonstähle [1)]
XD3	wechselnd nass und trocken	Spritzwasserbereich neben Verkehrsflächen	1.4571, 1.4429, 1.4529 1.4362, 1.4462
Korrosion, ausgelöst durch Chloride aus Meerwasser			
XS1	Meeresluft	Außenbauteile in Küstennähe	1.4301, 1.4571, 1.4362
XS2	ständig unter Wasser	Hafenanlagen, Off-shore Bereich	hier reicht im Regelfall die Anwendung herkömmlicher (unlegierter) Betonstähle [1)]
XS3	wechselnd Meerwasser		1.4571, 1.4429, 1.4529 1.4362, 1.4462

[1)] Verwendung von nichtrostenden Betonstählen wie bei XD3/XS3, falls mit Makrokorrosionselementen zu rechnen ist

Bild 8: Landebrücken aus Stahlbeton in Progreso (Mexiko, Yucatan Halbinsel) [21]; rechte Landungsbrücke nach 60 Jahren mit nichtrostendem Betonstahl bewehrt; linke Landungsbrücke nach ca. 35 Jahren mit unlegiertem Betonstahl bewehrt

3 Spannstahl

3.1 Warum nichtrostende Spannstähle?

Herkömmliche Spannstähle werden aus unlegierten oder niedriglegierten Stählen hergestellt. Die erforderliche hohe Festigkeit wird durch eine besondere chemische Zusammensetzung in Verbindung mit Kaltumformung und/oder Wärmebehandlung erreicht [1]. Solche Stähle sind korrosionsanfällig, weshalb dem Korrosionsschutz, durch Einbetten in Mörtel und/oder Beton, eine hohe Bedeutung zukommt. Eine nicht ausreichende Robustheit von Spannstählen unter baupraktischen Verhältnissen führte in der Vergangenheit wiederholt zu schwerwiegenden Schäden bei Spannbetonkonstruktionen [22, 23]. Hauptsächliche Ursache von Spannstahlbrüchen war wasserstoffinduzierte Spannungsrisskorrosion [24]. Bei etwa 1/3 der korrosionsbedingten Schäden stand eine besondere Empfindlichkeit der Spannstähle gegenüber Spannungsrisskorrosion im Vordergrund. Insbesondere chloridhaltige wässrige Medien waren häufig Ursache von Korrosion und Rissbildung.

Um solche Schäden und kostspielige Instandsetzungen zu vermeiden wurden deshalb Spannstähle, insbesondere für kritische Anwendungen, wiederholt zusätzlich vor Korrosion geschützt. Neben temporären Schutzmaßnahmen werden bereits weltweit Zinküberzüge und Epoxidharzbeschichtungen als zusätzlicher Korrosionsschutz angewendet. Diese Maßnahmen wurden von Fachleuten wegen anwedungstechnischer Schwächen jedoch wiederholt kritisiert, da sie nicht immer die erforderliche Sicherheit bringen [25].

Es existierten Überlegungen, Litzen aus hochfesten nichtrostenden Stählen im Spannbeton einzusetzen, um ein Korrosionsrisiko auszuschließen und die Konstruktionen insgesamt robuster zu machen. Einerseits bestehen positive Erfahrungen mit nichtrostenden Betonstählen (Abschn. 2). Andererseits finden hochfeste Litzen aus nichtrostendem Stahl mit Erfolg Anwendung im Hoch- und Brückenbau [13, 26]. Es lag daher nahe, solche Zugglieder auch im Hinblick auf eine Anwendung im Spannbetonbau zu untersuchen und zu bewerten.

Es wurden umfangreiche Versuche zum korrosionstechnischen Verhalten von hochfesten nichtrostenden Drähten und Litzen im Hinblick auf eine Verwendung im Spannbeton mit sofortigem oder nachträglichem Verbund durchgeführt [25, 27-29]. Diese untersuchten Werkstoffe werden derzeit in der Bautechnik für frei bewitterte Seilkonstruktionen verwendet. Eine Anwendung beschränkt sich bisher auf Festigkeiten bis etwa 1500 N/mm² und max. Belastungen von etwa 45 % der Zugfestigkeit.

3.2 Eigenschaften hochfester nichtrostender Stahldrähte und Litzen

Bei den Untersuchungen an nichtrostenden „Spannstählen" wurde zunächst auf die bestehenden Erfahrungen an nichtrostenden Betonstählen zurückgegriffen. Die beiden Werkstoffgruppen bestehen aus grundsätzlich gleicher Legierungszusammensetzung, werden aber mit unterschiedlichen Graden kaltumgeformt. Um die gewünschte hohe Festigkeit zu erzielen, muss der Stahl für einen Einsatz im Spannbeton viel stärker kaltumgeformt werden (von ca. 70 % aufwärts) als kaltumgeformter nichtrostender Betonstahl in Ringen (ca. 25 %).

Für die nachfolgenden Korrosionsuntersuchungen an hochfesten nichtrostenden Stählen im Hinblick auf eine Anwendung als „Spannstähle" wurden auf die am Markt erhältlichen Drähte und siebendrähtige Litzen zurückgegriffen, die bereits als Seile im Hochbau Anwendung finden. Freigespannte hochfeste Seile aus hochfesten nichtrostenden Stahllitzen bzw. Spiralseile werden in der Bautechnik für Ab- und Unterspannungen von Masten und Brücken und für Netzkonstruktionen seit etwa 20 Jahren angewendet. Die Erfahrungen bezüglich des Verhaltens unter dauerhaft hoher Vorspannung (Kriechen), der Möglichkeit einer Verankerung und vor allem des Korrosionsverhaltens unter atmosphärischen Bedingungen sind ausschließlich positiv [13, 26].

Es wurden 4 verschiedenen Stahlsorten ausgewählt (Tabelle 3). Die Drähte der Litzen sind um etwa 70 % kaltumgeformt, wobei die in Tabelle 3 erzielten mechanischen Kennwerte vorlagen. Die Möglichkeit einer Festigkeitssteigerung bei austenitischen Chrom-Nickel-Stählen bis in den Bereich der mechanischen Kennwerte von Spannstählen beruht auf folgenden Voraussetzungen:
– der ausgeprägten Verfestigungsneigung des Austenits,
– Ausscheidungen von Nitriden in der austenitischen Matrix bei stickstofflegierten Stählen,
– der auf starke Verformung zurückzuführenden Bildung von Inseln aus Umformungsmartensit im austenitischen Grundgefüge bei den sog. gefügeinstabilen Stählen.

Was die Bildung von Verformungsmartensit anbetrifft so ist zu beachten, dass nicht ausreichend hoch legierte austenitische Stähle sich bei Raumtemperatur in einem sog. gefügeinstabilen Zustand befinden. Diese Stähle unterliegen daher bei starker Kaltumformung einer teilweisen Umwandlung des zähen Austenits in den sehr harten Martensit. Bei starker Kaltumformung wird daher die Festigkeit vor allem der nichtgefügestabilen austenitischen Stähle durch diese Martensiteinlagerungen zusätzlich stark erhöht. Es ist allerdings bekannt [12 30, 31], dass die guten Korrosionseigenschaften des Austenits durch Martensiteinlagerungen ungünstig beeinflusst werden. Martensit im austenitischen Gefüge verstärkt die Anfälligkeit gegenüber Lochkorrosion und lochfraßinduzierter Spannungsrisskorrosion und macht den ansonsten nicht anfälligen Austenit empfindlich gegenüber wasserstoffinduzierter Spannungsrisskorrosion. Die Gefügestabilität wird vor allem durch Zulegieren der Elemente Chrom, Nickel und Molybdän verbessert. Deshalb nimmt die Gefügestabilität auch in der Reihenfolge der in Tabelle 3 aufgeführten Werkstoffe zu und die Neigung zu verformungsbedingter Martensitbildung nimmt entsprechend ab.

Tabelle 3: Ergebnisse von Zugversuchen an Litzen aus nichtrostendem Stahl [25]

Werkstoff Nr.	Stahlsorte	R_m N/mm^2	$R_{p0.2}$ N/mm^2	A_{10} %	E N/mm^2
1.4301	X5CrNi 18-10	1850	1650	$A_5 = 4\%$	1.40×10^5
1.4401	X5CrNiMo 17-12-2	1441	1120	7,0	1.49×10^5
1.4436	X3CrNiMo 17-13-3	1385	1077	5,0	$1,41 \times 10^5$
1.4439	X2CrNiMoN 17-13-5	1525	1249	8.3	1.56×10^5

Da Austenit nicht magnetisierbar ist, Vermformungsmartensit jedoch ebenso wie Ferrit ferromagnetisch ist, wurde die Martensitbildung in den austenitischen Werkstoffen durch magnetische Messungen der Permeabilität festgestellt. Die durch Messung ermittelte relative Permeabilität (μ_r) diente zur Bewertung des Martensitgehaltes im Stahl: $\mu_r = 1$ bedeutet, dass der Stahl keinerlei ferromagnetische Eigenschaften aufweist. Es handelt sich dann um einen rein austenitischen Stahl ohne Martensit. Mit steigender Permeabilität nehmen die ferromagnetischen Eigenschaften im Stahl zu. Die ermittelten Werte der relativen Permeabilität sind folgende [25]:
- 1.4301 (X5CrNi 18-10) $\mu_r = 17{,}7$
- 1.4401 (X5CrNiMo 17-12-2) $\mu_r = 1{,}2$
- 1.4436 (X3CrNiMo 17-13-3) $\mu_r = 1{,}0$
- 1.4439 (X2CrNiMoN 17-13-5) $\mu_r = 1{,}0$

Anhand der Ergebnisse dieser magnetischen Permeabilitätsmessungen kann folgende Einteilung der Edelstähle bezüglich Austenitstäbilität bei starker Kaltumformung vorgenommen werden: Stahl 1.4301: geringe Austenitstäbilität (erhöhte Mengen an Verformungsmartensit), Stahl 1.4401: ausreichende Austenitstabilität (kaum Verformungsmartensit), Stähle 1.4436 und 1.4439: vollkommene Austenitstabilität (kein Verformungsmartensit). Dieser Sachverhalt erklärt auch, dass sich bei Kaltumformung im Stahl 1.4301 deutlich höhere Festigkeiten einstellen als bei den übrigen Stählen 1.4401, 1.4436 und 1.4439 (Tabelle 3).

3.3 Korrosionsverhalten

In Korrosionsuntersuchungen [25, 27, 28] an nichtrostenden „Spannstählen" wurden jene Eigenschaften betrachtet, die für das korrosionstechnische Verhalten der Spannstähle im Betonbau von Bedeutung sind. Diese sind insbesondere
- Korrosion ohne mechanische Beanspruchung (chloridinduzierte Lochkorrosion),
- Korrosion mit mechanischer Beanspruchung (lochfraßinduzierte Spannungsrisskorrosion in chloridhaltigen Lösungen und wasserstoffinduzierte Spannungsrisskorrosion).

3.3.1 Lochkorrosionsverhalten nichtrostender „Spannstähle"

Das Lochkorrosionsverhalten der stark kaltumgeformten hochfesten nichtrostenden „Spannstahldrähten" wurde, wie bei den Betonstählen (Abschnitt 2.3.2), durch elektrochemische Untersuchungen (Bestimmung des Lochkorrosionspotentials in potentiostatischen Haltversuchen an alkalischen und carbonatisierten Mörtelelektroden) ermittelt. Die Ergebnisse wurden mit den an Mörtelelektroden aus Betonstählen vergleichbarer chemischer Zusammensetzung und Oberflächeneigenschaften erzielten Resultaten verglichen. Die Messungen ergaben folgende Zusammenhänge:

- Die Lochkorrosionspotentiale (der Korrosionswiderstand) der nichtrostenden „Spannstähle" nehmen mit steigender Chloridgehalt (von 0 bis 5 M.-%) ab. In carbonatisiertem, chloridhaltigen Mörtel ist das Lochkorrosionspotential gegenüber dem alkalischen, chloridhaltigen Mörtel stets zu negativen Werten verschoben. Bild 9 zeigt die Verhältnisse für den Werkstoff 1.4401.

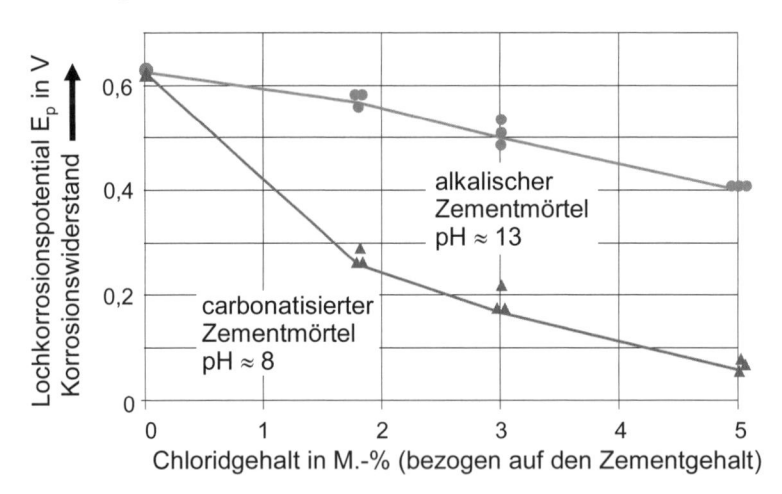

Bild 9: Lochkorrosionspotential nichtrostender „Spannstähle" (Kaltumformung etwa 70 %) in chloridhaltigem alkalischen und carbonatisiertem Mörtel in Abhängigkeit vom Chloridgehalt [25]

- Bild 10 verdeutlicht, dass das Lochkorrosionspotential unter sonst gleichen korrosiven Randbedingungen sowohl bei den Betonstählen als auch „Spannstählen" in der Reihenfolge der Werkstoffe 1.4439 - 1.4436 und 1.4401 - 1.4301 abnimmt.

- Beim gefügestabilen Werkstoff 1.4439 besteht in all Untersuchungsfällen praktisch kein Unterschied im Verhalten von niedrigfestem Beton- und hochfestem „Spannstahl". Bei den Werkstoffen 1.4401 und 1.4436 mit sehr geringem bzw. fehlendem Gefügeanteil an Verformungsmartensit, also weitgehender Gefügestabilität, liegen die Lochkorrosionspotentiale von „Spannstählen" und Betonstählen im chloridhaltigen alkalischen Mörtel vergleichbar hoch. Im chloridhaltigen carbonatisierten Mörtel dagegen liegen die Lochkorrosionspotentiale der ‚Spannstähle' mit vergleichbarer Analyse ungefähr 150 mV unterhalb der Potentiale der Betonstähle. Beim Werkstoff 1.4301 mit hoher Gefügeinstabilität sind die Lochkorrosionspotentiale des „Spannstahls" stets deutlich niedriger als jene des Betonstahls.

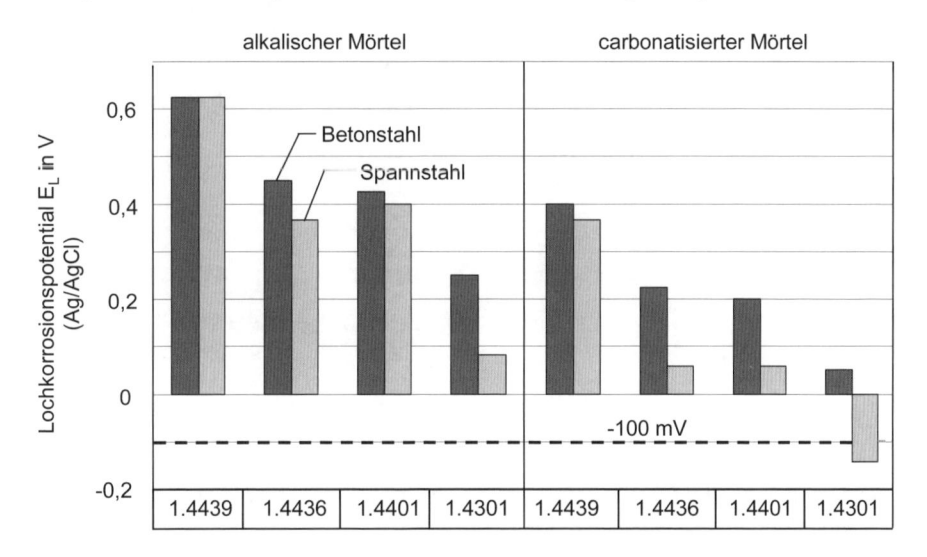

Bild 10: Lochkorrosionspotential nichtrostender Betonstähle (Kaltumformung etwa 25 %) und „Spannstähle" (Kaltumformung etwa 70 %) in chloridhaltigem alkalischen und carbonatisierten Mörtel (5 M.-% Chlorid als NaCl bezogen auf den Zementgehalt) [13, 25]

Da der nichtrostende Stahl unter baupraktischen Korrosionsverhältnissen nur dann ausreichend beständig, wenn das Lochkorrosionspotential > -100 mV$_{Ag/AgCl}$ beträgt (siehe Abschnitt 2.3.2), genügt der „Spannstahl" aus dem Werkstoff 1.4301 aus dieser Sicht keiner ausreichenden Beständigkeit gegenüber Lochkorrosion. Er ist deshalb für eine Anwendung im Spannbetonbau nicht geeignet.

Aus den Korrosions- und auch begleitenden metallographischen Untersuchungen wurde abgeleitet, dass das Lochkorrosionsverhalten des hochfesten Edelstahls der Werkstoff-Nr. 1.4301 durch den im austenitischen Grundgefüge eingelagerten Martensit nachteilig beeinflusst wird. Wie in Bild 11 schematisch dargestellt wird, kommt es offenbar zu einer Mikroelementbildung, wobei aktiv korrodierender Martensit die Anode und der Austenit wegen Passivierung die Kathode darstellt. Ein hohes Flächenverhältnis von Kathode zu Anode erhöht die Korrosionsgeschwindigkeit.

3.3.2 Lochfraßinduzierte Spannungsrisskorrosion

Zur Feststellung einer möglichen Anfälligkeit der in Tabelle 3 aufgeführten hochfesten nichtrostenden „Spannstähle" gegenüber lochfraßinduzierter Spannungsrisskorrosion wurden isotherme Auslagerungsversuche an gespannten Bügelproben in chloridgesättigten Lösungen von 30 bis 80 °C durchgeführt. Dabei wurde die Standzeit bis zum Bruch der Proben in Abhängigkeit vom pH-Wert und der Temperatur einer gesättigten Chloridlösung ermittelt. Ein pH-Wert von 4,5 entspricht ungünstigen Verhältnissen im noch nicht oder nicht ausreichend verpressten Zustand. Die pH-Werte 8,5 bzw. 12,5 entsprechen der Alkalität von carbonatisiertem bzw. nicht carbonatisiertem Zementmörtel/Beton. Nach 20.000 Stunden ohne Anriss oder Bruch wurden die Versuche abgebrochen. Eine ausreichend hohe Grenztemperatur, unterhalb derer nach einer sehr langen Versuchszeit keine Spannungsrisskorrosion mehr auftritt, garantiert, dass ein Versagen dieser Drahtwerkstoffe unter baupraktischen Verhältnissen eher unwahrscheinlich ist.

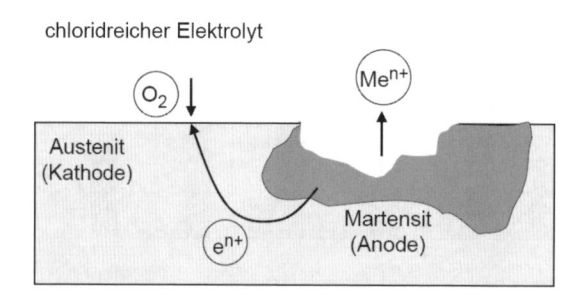

Bild 11: Mikroelementbildung zwischen Martensit und Austenit im nichtgefügestabilen kaltumgeformten austenitischen Stahl (z.B. 1.4301)

Bild 12 zeigt zunächst beispielhaft das temperaturabhängige Verhalten der untersuchten Werkstoffe in einer leicht sauren Lösung von pH 4,5. Die Standzeit der Bügelproben bis zum Bruch nimmt in der Reihenfolge der Werkstoffe 1.4439 - 1.4436 und 1.4401 - 1.4301 sowie mit steigender Temperatur der wässrigen Lösung ab. In Bild 13 sind die Ergebnisse für eine Lösungstemperatur von 50 °C in Abhängigkeit vom Werkstoff und dem pH-Wert der Lösung zusammengestellt. Mit zunehmendem pH-Wert steigt auch die Beständigkeit gegenüber Spannungsrisskorrosion. Orientiert man sich bei der Beurteilung des Korrosionsverhaltens sicherheitshalber an einer Grenztemperatur von 40 °C, bei der innerhalb von etwa 20.000 Stunden keine Brüche auftreten, so sind die Werkstoffe 1.4401 und höher legiert ausreichend beständig. Der Werkstoff 1.4301 dagegen weist bei pH 8,5 und pH 4,5 keine ausreichende Beständigkeit auf.

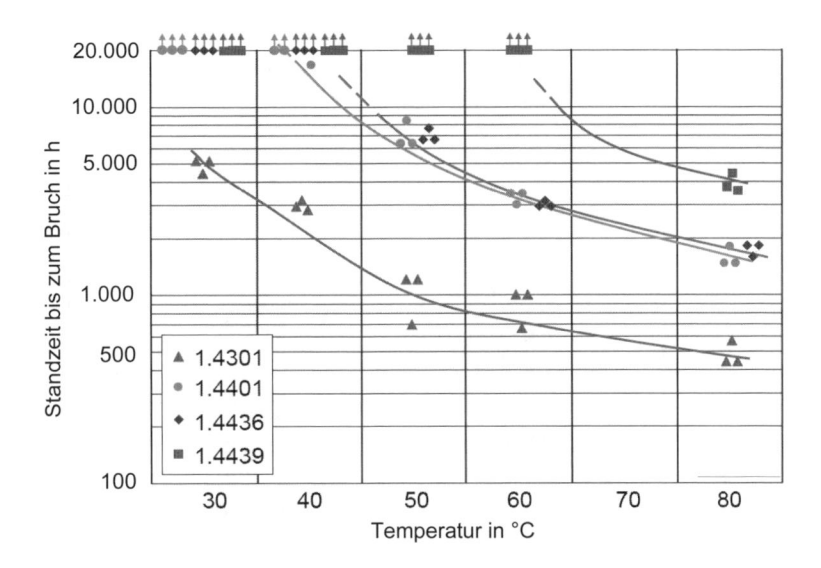

Bild 12: Temperaturabhängige Standzeit hochfester nichtrostender Stahldrähte (Bügelproben) in einer gesättigten Chloridlösung von pH 4,5 [25]

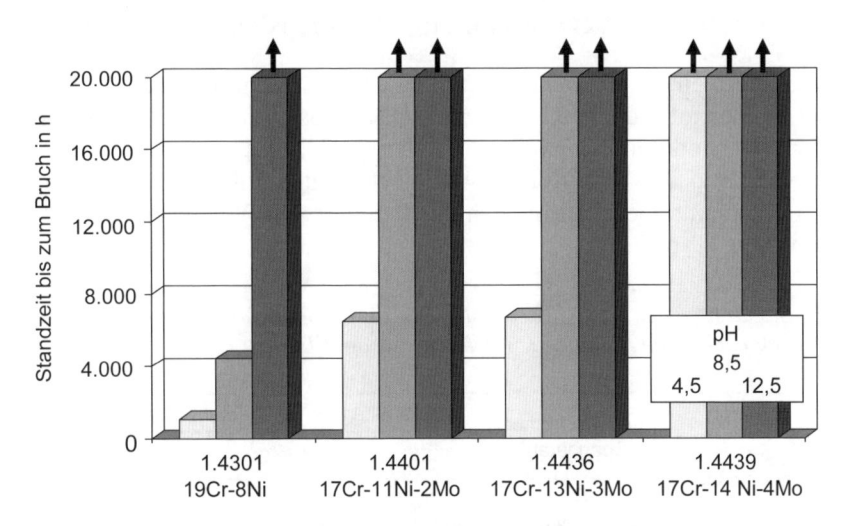

Bild 13: Standzeit hochfester nichtrostender Stahldrähte (Bügelproben) in gesättigter Chloridlösung von 50 °C und unterschiedlichem pH-Wert [25]

Der Mechanismus der Spannungsrisskorrosion in chloridhaltigen wässrigen Lösungen ist der einer lochfraßinduzierten Spannungsrisskorrosion (Bild 2). Bei dem nichtgefügestabilen (martensithaltigen) stark kaltumgeformten Werkstoff 1.4301 findet zunächst ein örtlicher Abtrag der zu Passivierung neigenden Oberfläche im Bereich von Martensiteinlagerungen statt (Bild 11). In den entstehenden Korrosionslöchern wird dann Rissbildung begünstigt, da sich der Lochelektrolyt infolge Hydrolyse ansäuert. Bild 14 zeigt diesen Mechanismus in einer schematischen Darstellung. Eine Kaltumformung wirkt sich offenbar ungünstig auf das Spannungsrisskorrosionsverhalten aus, wenn, wie bei den nichtgefügestabilen Stählen (z.B. 1.4301) der Fall, während der Kaltumformung Verformungsmartensit entsteht.

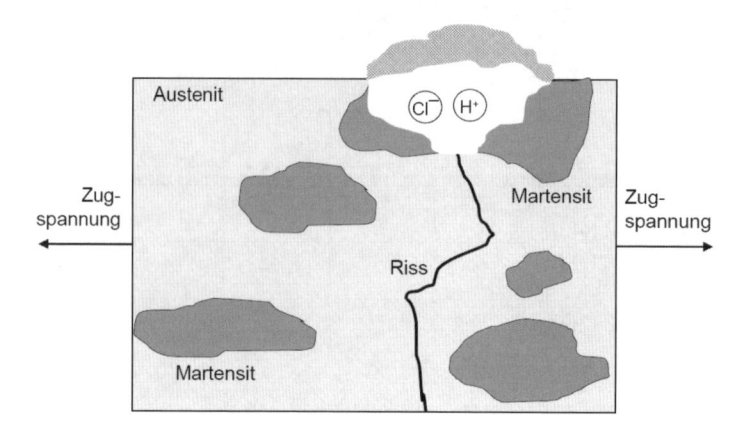

Bild 14: Mechanismus der lochfraßinduzierten Spannungsrisskorrosion im nichtgefügestabilen kaltumgeformten austenitischen Stahl (z.B. 1.4301)

3.3.3 Wasserstoffinduzierte Spannungsrisskorrosion

Zur Feststellung einer möglichen Anfälligkeit der nichtrostenden „Spannstähle" gegenüber wasserstoffinduzierter Spannungsrisskorrosion wurden, in Anlehnung an die Prüfung bei herkömmlichen Spannstählen [24] Zeitstandversuche an zentrisch gespannten Drähten der Werkstoffe 1.4301, 1.4401 und 1.4439 in sauren promotorhaltigen Ammoniumthiocyanatlösungen durchgeführt. Die Versuche zeigten folgende Zusammenhänge (Tabelle 4):

Tabelle 4: Standzeiten der infolge wasserstoffinduzierter Spannungsrisskorrosion gebrochenen hochfesten Drähte nach Prüfung im sog. FIP-Test [25]

Versuchs-bedingungen	herkömmlicher Spannstahl	nichtrostender "Spannstahl" (Draht)		
		1.4301	1.4401	1.4439
	R_m ≈1900 N/mm²	R_m 1850 N/mm²	R_m 1441 N/mm²	R_m 1525 N/mm²
σ = 80% R_m 50°C 20 % NH_4SCN	5 - 500 h	131 h	2820 h	kein Bruch innerhalb von 5000 h

– Die Beständigkeit gegenüber wasserstoffinduzierter Spannungsrisskorrosion nimmt mit steigender Austenitstabilität der Stähle, nämlich in der Reihenfolge 1.4301 - 1.4401 - 1.4439 zu.

- Die Standzeiten von Drähten aus 1.4301 liegen in der Größenordnung herkömmlicher Spannstähle (> 5 bis > 500 Stunden) mit i. allg. ausreichender Beständigkeit gegenüber wasserstoffinduzierter Spannungsrisskorrosion. Der Werkstoff 1.4401 erreicht etwa 10fach höhere Standzeiten als kaltumgeformte herkömmliche Spannstähle mit hoher Lebensdauer. Der Werkstoff 1.4439 weist keinerlei Wasserstoffempfindlichkeit auf.

Der Mechanismus einer wasserstoffinduzierten Spannungsrisskorrosion stellt sich aufgrund von Untersuchungen an gebrochenen Proben im Rasterelektronenmikroskop wie folgt dar (Bild 15): Risse entstehen stets im Bereich von Korrosionsnarben. Zu einer Wasserstoffbeladung nichtrostender „Spannstähle" kann es offenbar nur dann kommen, wenn lokale Korrosion (Lochkorrosion) stattfindet und als Folge dieses Angriffes Wasserstoff freigesetzt wird und in den Stahl eindringt. Wasserstoffinduzierte Rissbildung ist allerdings nur dann zu erwarten, wenn die nichtrostenden austenitischen Stähle aufgrund einer Gefügeinstabilität Verformungsmartensit bilden. Ausgelöst wird die Rissbildung durch Anrisse im Verformungsmartensit im Lochgrund und in unmittelbarer Nähe des Korrosionsloches. Wenn ein kritischer Wert der Spannungsintensität an der Rissspitze erreicht ist, reißen die Austenitbrücken zwischen den Martensitinseln durch.

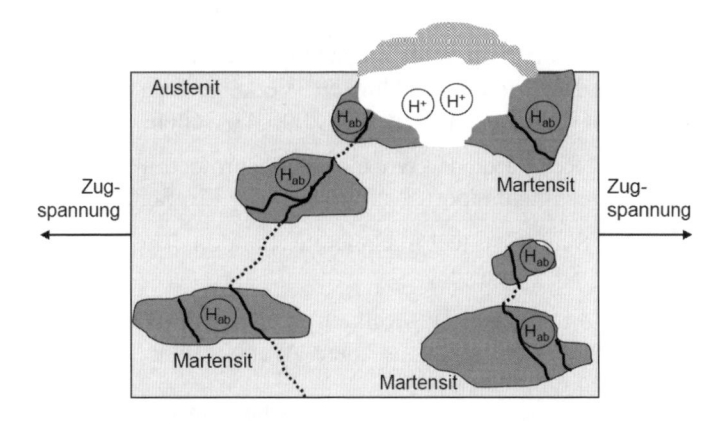

Bild 15: Mechanismus der wasserstoffinduzierten Spannungsrisskorrosion im nichtgefügestabilen kaltumgeformten austenitischen Stahl (z.B. 1.4301)

3.4 Schlussfolgerungen

Die bisher für Seile verwendeten Drähte und Litzen aus den Werkstoffen 1.4401 und 1.4436 weisen auch in hochchloridhaltigem Beton eine hohe Beständigkeit gegenüber Lochkorrosion und Spannungsrisskorrosion auf und bieten sich als „Spannstahl" für eine Anwendung bei Spannbeton mit sofortigem und nachträglichem Verbund an. Der niedrigerlegiertere, nicht gefügestabile Werkstoff 1.4301 ist wegen nicht ausreichender Korrosionsbeständigkeit gegenüber Chlorideinwirkung für die untersuchte Anwendung auszuschließen. Diese Korrosionsanfälligkeit ist auf das Fehlen vom Molybdän und die Bildung von Verformungsmartensit zurückzuführen.

Die bisher untersuchten gefügestabilen nichtrostenden Drähte und Litzen sind näherungsweise eine Festigkeitsklasse St 1100/1400 (0,2-Dehngrenze/Zugfestigkeit in N/mm²) zuzuordnen. Da im Spannbetonbau die Tendenz insgesamt zu höheren Festigkeiten geht, die Sorten 1.4401 und 1.4436 sich jedoch nicht wesentlich stärker kaltverfestigen lassen, sollen die Versuche mit bisher nicht für Seile verwendeten Sorten fortgesetzt werden. Untersucht werden sollen solche Werkstoffe, die bei Kaltumformung einerseits eine starke Kaltverfestigung und andererseits ein ausreichendes Korrosionsverhalten erwarten lassen.

Literatur

[1] Nürnberger, U.: Korrosion und Korrosionsschutz im Bauwesen. Bauverlag Wiesbaden, 1995.

[2] DIN 1045-1-4 (08.2008): Tragwerke aus Beton, Stahlbeton und Spannbeton.

[3] Nürnberger, U., Agouridou, S.: Nichtrostende Betonstähle in der Bautechnik. Beton- und Stahlbetonbau 96, 2001, S. 561-570 und 603-613.

[4] Hunkeler, F.: Einsatz von nichtrostenden Bewehrungsstählen im Betonbau. Eidgenössisches Department für Umwelt, Verkehr, Energie und Kommunikation / Bundesamt für Strassen, Heft 543, 2000, 96 Seiten.

[5] Nürnberger, U., Reinhardt, H.-W.: Corrosion protection of reinforcing steels. Fib bulletin 49, technical report, Lausanne, 2009, 116 Seiten.

[6] Nürnberger, U.: Stainless Steel in Concrete. London: The Institute of Materials, 1996, Book 657, 30 Seiten.

[7] Zulassung Z-1.4-...(Beispiel): Kaltgerippter, nichtrostender Betonstahl in Ringen BSt 500 NR (B) aus den Werkstoffen 1.4571 und 1.4462, Nenndurchmesser 6 bis 14 mm.
Zulassung Z-1.4-... (Beispiel): Nichtrostender, kaltverformter, gerippter Betonstahl in Ringen BSt 500 NR (A), Werkstoff 1.4362, Nenndurchmesser 6 bis 12 mm.

[8] DIN 488 (08.2009): Betonstahl.

[9] Bauaufsichtliche Zulassung Z 30.3-6 (04.2009: Erzeugnisse, Verbindungsmittel und Bauteile aus nichtrostenden Stählen.

[10] EN ISO 17660 (12.2006): Schweißen von Betonstahl.

[11] Kunze, E.: Korrosion und Korrosionsschutz. Wiley-VCH Weinheim, 2001.

[12] Wessel, A., Erdmann-Jesnitzer, F.: Wasserstoffversprödung kubischflächenzentrierter Werkstoffe. In: D. Kuron: Wasserstoff und Korrosion. Verlag Irene Kuron, Bonn, 2000, S. 184-211.

[13] Nürnberger, U., Beul, W., Onuseit, G.: Korrosionsverhalten geschweißter nichtrostender Bewehrungsstähle in Beton. Bauingenieur 70 (1995), S. 73-81.

[14] Nürnberger, U., Beul, W.: Korrosion von nichtrostendem Betonstahl in gerissenem Beton. Otto-Graf-Journal 10, 1999, S. 23-37.

[15] Mansour, T.: Möglichkeiten des Korrosionsschutzes von Bewehrungsstahl in Leichtbeton. Dissertation Universität Stuttgart 1994.
Mansour, T.: Porenbeton, Korrosionsschutz von Bewehrungsstahl. Beton- und Stahlbetonbau 94 (1999) 8, S. 321-327.

[16] Bertolini, L., Bolzoni, F., Pastore, T., Pedeferri, P.: Stainless Steel Behaviour in Si-mulated Concrete Pore Solution. British Corrosion Journal 31 (1996), S. 218 – 222.

[17] Hunkeler, F., Bäurle, L.: Korrosionsbeständigkeit eines nichtrostenden Chromstahls in karbonatisiertem Normal-, Leicht- und Recyclingbeton. Beton- und Stahlbetonbau 105, 2010, S. 797-904.

[18] Bertolini, L., Gastaldi, M., Pedeferri, M.P., Pedeferri, P.: Galvanic Corrosion in Concrete. COST 521 Workshop, Annecy, Sept. 1999.

[19] Force Instituttet: Corrosion Aspects of galvanic coupling between carbon steel and stainless steel in concrete. Concrete Inspection and Analysis Department, Broenby (DK), 1999.

[20] Bauer, A.E.: Nichtrostende Stähle für Betonbewehrungen. Bauer Engineering AG, Ebmatingen/Schweiz, 2000.

[21] Arminox: Pier in Progreso, Mexico. Inspection report, 1999.

[22] Nürnberger, U.: Analyse und Auswertung von Schadensfällen bei Spannstählen. Forschung, Straßenbau und Straßenverkehrstechnik Heft 308, 1980.

[23] Nürnberger, U.: Influence of material and processing on stress corrosion cracking of prestressing steel, fib technical report, bulletin 26, 2003.

[24] Nürnberger, U., Sawade, G., and Isecke, B.: Degradation of prestressed concrete. In: Durability of concrete and cement composites. Edited by C.L. Page and M.M. Page, Woodhead Publishing Limited, Cambridge England, 2007, S. 187-246.

[25] Wu, Y.,: Korrosionstechnische Eignung hochfester nichtrostender Stähle für den Spannbetonbau. Dissertation University Stuttgart, 2008.

[26] Nürnberger, U.: Hochfeste Zugglieder aus unlegiertem und nichtrostendem Stahl bei seilverspannten Konstruktionen. In: Hochfeste Werkstoffe - Chancen und Risiken. GfKORR-Jahrestagung, Frankfurt 2009, Tagungsunterlagen, S. 62-80.

[27] Nürnberger, U., Wu, Y.: Stainless steel in concrete structures and in the fastening technique. Materials and Corrosion 58(2008), S. 144-158.

[28] Wu, Y.: Hochfeste nichtrostende Stähle im Betonbau. In: Hochfeste Werkstoffe - Chancen und Risiken. GfKORR-Jahrestagung, Frankfurt 2009, Tagungsunterlagen, S. 81-94.

[29] Nürnberger, U.: Corrosion properties of high-strength stainless steels in view of a use as prestressing steel. The 2010 fib Congress, Washington D.C. May 29 - June 2, 2010, proceedings, 13 Seiten.

[30] Süry, P.: Untersuchungen zum Einfluss der Kaltverformung auf die Korrosionseigenschaften des rostfreien Stahles X2CrNiMo 18-12. Material und Technik, No. 4, 1980, S. 163-175.

[31] Herbsleb, G., Pfeiffer, B.: Der Einfluss von Schleifmartensit auf die atmosphärische Korrosion nichtrostender austenitischer Cr-Ni-Stähle. Metalloberfläche 35, 1981, S. 334-339.

Gitterträger als Querkraft- und Verbundbewehrung

Johannes Furche, Yvette Klug

1 Einleitung

Elementdecken bestehen aus einer dünnen Fertigteilplatte mit Gitterträgern und einer Aufbetonschicht [1]. Die Biegebemessung der fertigen Decke erfolgt wie bei einer monolithisch hergestellten Platte. Die horizontale Verbundfuge zwischen Fertigteilplatte und Ortbeton erfordert jedoch eine besondere Berücksichtigung beim Nachweis der Querkrafttragfähigkeit. Gitterträger, welche im Montagezustand eine ausreichende Biege- und Querkrafttragfähigkeit der Fertigteilplatte gewährleisten [2], dienen im Endzustand als Verbundbewehrung zwischen den beiden Betonierabschnitten der Decke. Erfordert eine entsprechend hohe Querkraftbelastung darüber hinaus eine Querkraftbewehrung (Schubbewehrung) übernchmen Gitterträger auch diese Funktion.

Die Bemessungskonzepte für die Verbundbewehrung und Querkraftbewehrung unterlagen in den letzten Jahren einem starken Wandel. Nach der deutschen Bemessungsnorm DIN 1045 (1988) [3] erfolgte der Nachweis eines Verbundbauteils mittels eines gegenüber der Querkraftbemessung von monolithischen Konstruktionen modifizierten Querkraftnachweises. Mit der DIN 1045-1 (2001) [4] wurde sowohl eine zusätzliche Bemessungsgleichung für unbewehrte Verbundfugen als auch eine modifizierte Querkraftbemessung für Bauteile mit Verbundbewehrung eingeführt. Nach dem Eurocode (2005) [5] in Verbindung mit dem nationalen Anhang (NAD) [6] ist nun zusätzlich zum Querkraftnachweis ein separater Nachweis der Verbundfuge zu führen.

Grundlage der Verbund- und Querkraftbemessung ist die Auswertung von Versuchen. Ausgewertet wurden hierzu sowohl Versuche an Biegebauteilen mit horizontaler Verbundfuge als auch Kleinversuche an Verbundkörpern. Dabei stellt sich die Frage der Vergleichbarkeit unterschiedlicher Versuchskörper. Zusätzlich ist anzumerken, dass für die Mehrzahl der ausgewerteten Versuche [7] als Verbundbewehrung Bügel geprüft wurden. Gitterträger weisen demgegenüber Unterschiede auf. Die als Verbundbewehrung wirkenden Diagonalen sind aufgrund der angeschweißten Gurte schlupfarm verankert und gegenüber der Verbundfuge geneigt. Anhand von Versuchen an Platten mit Gitterträgern sollen daher aktuelle Bemessungsregelungen kritisch erläutert und die Besonderheiten von Gitterträgern dargelegt werden.

Dr.-Ing. Johannes Furche, Filigran Trägersysteme GmbH & Co. KG
Dipl.-Ing. (FH) Yvette Klug, HTWK Leipzig

2 Nachweis von Verbundfugen

2.1 Nachweis nach aktueller Zulassung für Gitterträger

Gitterträger werden derzeit auf der Grundlage von allgemeinen bauaufsichtlichen Zulassungen beurteilt. Die Zulassungen [8, 9] bzw. die dort geregelten Gitterträger sind anwendbar in Bauwerken nach DIN 1045-1(2008) [10]. Die in den Zulassungen explizit festgelegten Verbund- und Querkraftnachweise basieren jedoch auf den Regelungen der DIN 1045-1(2001) [4]. Wenngleich Elementplatten ohne Gitterträger aufgrund der Transport- und Montagezustände praktisch nicht ausgeführt werden, ist in den Zulassungen ein Bemessungswert für die aufnehmbare Schubkraft in der unbewehrten Verbundfuge der Wert $v_{Rd,ct}$ nach Gleichung (1.1) angegeben.

$$v_{Rd,ct} = (0{,}042 \cdot \eta_1 \cdot \beta_{ct} \cdot f_{ck}^{1/3} - \mu \cdot \sigma_{Nd}) \cdot b \tag{1.1}$$

mit $\eta_1 = 1{,}0$ für Normalbeton oder η_1 für Leichtbeton nach DIN 1045-1(2001)

β_{ct} = Rauigkeitsbeiwert

$\beta_{ct} = 1{,}4$ für eine glatte Fuge

$\beta_{ct} = 2{,}0$ für eine raue Fuge

$\beta_{ct} = 0$ wenn rechtwinklig zur Verbundfuge Zugspannungen auftreten

μ = Reibungsbeiwert

$\mu = 0{,}6$ für eine glatte Fuge

$\mu = 0{,}7$ für eine raue Fuge

f_{ck} = charakteristischer Wert für die Betondruckfestigkeit

σ_{Nd} = Normalspannung senkrecht zur Fuge mit $\sigma_{Nd} \geq -0{,}6 f_{cd}$

b = Breite der Verbundfuge

Die Anforderung an eine raue Fertigteiloberfläche wird in den Zulassungen mittelbar über den Querverweis zum Heft 525 vom Deutschen Ausschuss für Stahlbeton (DAfStb) [11] festgelegt. Für eine raue Fuge ist danach eine mittlere Rautiefe nach dem Sandflächenverfahren von mindestens $R_t = 0{,}9$ mm nachzuweisen.

Für die bewehrte Verbundfuge gilt als Bemessungswiderstand $v_{Rd,sy}$ nach Gleichung (1.2).

$$v_{Rd,sy} = a_s \cdot f_{yd} \cdot (\cot \theta + \cot \alpha) \cdot \sin \alpha - \mu \cdot \sigma_{Nd} \cdot b \tag{1.2}$$

mit a_s = Querschnitt der die Fuge kreuzenden Bewehrung je Längeneinheit

f_{yd} = Bemessungsstreckgrenze der Diagonalen

α = Diagonalenneigung (mit $45° \leq \alpha \leq 90°$ bei rechnerisch erforderlicher Schubbewehrung)

θ = Neigung der Betondruckstrebe

mit

$$1{,}0 \leq \cot\theta \leq (1{,}2 \cdot \mu - 1{,}4 \cdot \sigma_{cd}/f_{cd})/(1 - v_{Rd,ct}/v_{Ed}) \leq 3{,}0 \text{ Normalbeton} \quad (1.3)$$
$$\leq 2{,}0 \text{ Leichtbeton}$$

$v_{Rd,ct}$ ohne Ansatz einer Druckspannung σ_{Nd}

f_{cd} = Bemessungswert der Betondruckfestigkeit

v_{Ed} = Entwurfswert der einwirkenden Schubspannung

Für die maximale Querkraftbelastung wurde in den Zulassungen eine gesonderte Bemessungsgleichung (1.4) festgelegt, welche dem Format der Bestimmungsgleichung zur Querkraftobergrenze bei monolithischen Bauteilen angeglichen wurde. Inhaltlich begrenzt sie die Anwendung von Elementdecken etwa auf den Anwendungsbereich schubbewehrter Platten vor der Einführung der neuen DIN 1045 im Jahre 2001.

für $\alpha < 55°$ gilt:

$$V_{Rd,max} = 0{,}25 \cdot b \cdot z \cdot \alpha_c \cdot f_{cd} \cdot (\cot\theta + \cot\alpha)/(1 + \cot^2\theta) \quad (1.4a)$$

für $\alpha \geq 55°$ gilt:

$$V_{Rd,max} = 0{,}3 \cdot b \cdot z \cdot \alpha_c \cdot f_{cd} \cdot (\cot\theta + \cot\alpha)/(1 + \cot^2\theta) \cdot (1+\sin(\alpha-55°)) \quad (1.4b)$$

mit

z = Hebelarm der inneren Kräfte,

hier $z = d - 2\,c_{v,l} \geq d - c_{v,l} - 30$ mm mit Verlegemaß $c_{v,l}$ der Biegezugbewehrung

$\alpha_c = \eta_1 \cdot 0{,}75$

2.2 Nachweis nach Eurocode

In der europäischen Bemessungsnorm Eurocode [5] wurde der Nachweis der Verbundfuge nach Gleichung (2.1) festgelegt. Danach setzt sich der Widerstand additiv aus der Adhäsion, der Reibung infolge äußerer Normalkraft und dem Traganteil der Verbundbewehrung zusammen. Nach dem zugrunde liegenden Modell (Bild 1) aktiviert die senkrecht zur Verbundfuge wirkende Stahlzugkraft eine Reibungskomponente. Bei geneigter Verbundbewehrung wirkt zusätzlich die parallel zur Verbundfuge gerichtete Kraftkomponente. Die einzelnen Terme dieser Gleichung sind in Bild 1 den Traganteilen zugeordnet. Im nationalen Anhang [6] zum Eurocode wurde die modifizierte Gleichung (2.2) festgelegt. Darin wird über den Faktor 1,2 die senkrecht zur Verbundfuge wirkende Kraftkomponente und der dadurch aktivierte Reibungsanteil erhöht.

$$v_{Rdi} = c \cdot f_{ctd} + \mu \cdot \sigma_n + \rho \cdot f_{yd}\,(\mu \cdot \sin\alpha + \cos\alpha) \leq 0{,}5 \cdot v \cdot f_{cd} \quad (2.1)$$

$$v_{Rdi} = c \cdot f_{ctd} + \mu \cdot \sigma_n + \rho \cdot f_{yd}\,(1{,}2 \cdot \mu \cdot \sin\alpha + \cos\alpha) \leq 0{,}5 \cdot v \cdot f_{cd} \quad (2.2)$$

mit c, μ, ν = Beiwerte in Abhängigkeit von der Fugenrauheit (Tabelle 1)

f_{ctd} = Bemessungswert der Betonzugfestigkeit

σ_n = Normalspannung senkrecht zur Fuge (hier Druckspannung positiv),

$\sigma_n < 0{,}6\, f_{cd}$

Neigungswinkel der Verbundbewehrung $45° \leq \alpha \leq 90°$

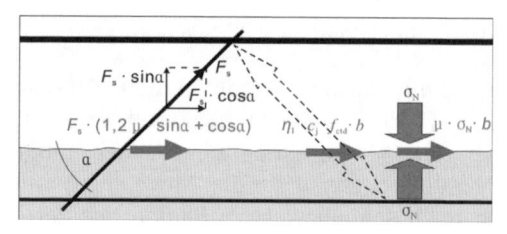

Bild 1: Traganteile in der Verbundfuge nach Eurocode [5] und Nationalem Anhang NAD [6]

Tabelle 1: Beiwerte zur Fugenbemessung nach Eurocode [5] und NAD [6]

Fugenbeschaffenheit	c [5)]	μ	ν [2)]
sehr glatt	0,025 bis 0,1 [1)]	0,5	0 [3)]
glatt	0,2 [4)]	0,6	0,2
rau	0,4 [4)]	0,7	0,5
verzahnt	0,5	0,9	0,7

1) Nach NAD [6] ist im Allgemeinen $c = 0$ zu setzen. Höhere Beiwerte sind durch entsprechende Nachweise zu begründen
2) Nach NAD [6] für Betonfestigkeitsklassen bis C50/60, nach Eurocode [5] gilt $\nu=0{,}6(1-f_{ck}/250)$
3) Der Reibungsanteil $\mu \cdot \sigma_n$ darf bis $\sigma_n < 0{,}6\, f_{cd}$ ausgenutzt werden.
4) Bei Zugspannungen senkrecht zur Fuge gilt nach NAD [6] $c = 0$
5) Bei dynamischer oder Ermüdungsbeanspruchung sind die Werte nach [5] in der Regel zu halbieren, nach [6] gilt hier $c = 0$.

Für die Bemessung und Ausführung von Elementdecken kommen im wesentlichen die Fugenbeschaffenheit "glatt" und "rau" in Frage. Glatt ist eine Fuge nach [5] auch, wenn die Fertigteilfläche unbehandelt bleibt. Rau ist eine Fuge, wenn die Fertigteiloberfläche mindestens 3 mm Rautiefe, erzeugt durch Rechen mit ungefähr 40 mm Zinkenabstand oder freigelegte Gesteinskörnungen aufweist. Im NAD [6] wird ergänzend zu diesen Festlegungen der rauen Ausführung eine mittlere Rautiefe nach dem Sandflächenverfahren von $R_t = 1{,}5$ mm zugeordnet. Diese Rautiefe ist größer als der nach Zulassung erforderliche Wert von $R_t = 0{,}9$ mm.

Der zulässige Neigungswinkel der anrechenbaren Verbundbewehrung ist nach [5] auf Werte zwischen 45° und 90° begrenzt. Bei Standardgitterträgern (Bild 2) liegen sowohl zum Auflager hin steigende als auch fallende Diagonalen vor. Nach der

Modellvorstellung des Eurocodes (Bild 1) aktiviert auch eine zum Auflager fallende Diagonale einen Reibungsanteil $\mu \cdot \sin \alpha$. Dieser Traganteil wird im Eurocode selbst durch die Begrenzung der Neigungswinkel ausgeschlossen. Jedoch enthält die europäische Produktnorm für Deckenplatten mit Ortbetonergänzung DIN EN 13747 [12] einen informativen Anhang D, nach dem auch der Reibungsanteil der zum Auflager fallenden Diagonalen anrechenbar ist.

Bild 2: Gitterträger [7] mit steigenden und fallenden Diagonalen

2.3 Vergleich der Nachweise

Der Tragwiderstand der Verbundfuge ist der einwirkenden Schubspannung in der Fuge gegenüber zu stellen. Dabei darf die Bemessungsschubspannung im betrachteten Querschnitt im Verhältnis der Normalkraft im Fertigteil zur Gesamtnormalkraft in der Zugzone bzw. in der Druckzone reduziert werden. Dieses Verhältnis wird im Eurocode [5] mit β bezeichnet (vgl. Gleichung (3.1)). Nach den aktuellen Zulassungen bzw. DIN 1045-1 gilt inhaltlich die gleiche Aussage mit abweichendem Gleichungsformat. Im Standardfall liegt die komplette Biegezugbewehrung im Fertigteil und die Betondruckzone komplett im Ortbeton. Die gesamte Schubkraft muss somit über die Verbundfuge geführt werden und der Verhältniswert beträgt $\beta = 1$. Liegt im Bereich positiver Feldmomente ein Teil der Feldbewehrung im Ortbeton oder im Bereich negativer Stützmomente die Betondruckzone teilweise im Ortbeton, wird nicht die gesamte Schubkraft in der Verbundfuge wirksam und der Verhältniswert β wird kleiner als Eins.

$$v_{Ed} = \beta \cdot V_{Ed} / (b \cdot z) \tag{3.1}$$

V_{ED} = Bemessungswert der einwirkenden Querkraft

v_{ED} = Bemessungswert der Schubkraft

β = Verhältnis der Normalkraft in der Betonergänzung zur Gesamtnormalkraft in der Druck- bzw. Zugzone im betrachteten Querschnitt

Für den Hebelarm der inneren Kräfte darf beim Verbundnachweis näherungsweise $z = 0,9\,d$ gesetzt werden. Ein Vergleich der erforderlichen Verbundbewehrung nach den zwei Regelungen zeigt Bild 3. Es gilt für eine beispielhaft gewählte Betonfestigkeitsklasse C 20/25 und einem Neigungswinkel der Verbundbewehrung von $\alpha = 45°$. Als Bemessungsstreckgrenze wurde 420 N/mm² / 1,15 gewählt. Dieses entspricht dem Ansatz nach Zulassung für Diagonalen mit glatter Oberfläche. Bei dem Vergleich der erforderlichen Verbundbewehrung nach den verschiedenen Ansätzen ist zu beachten, dass die Anforderung an eine raue Fertigteiloberfläche nach dem Eurocode in Verbindung mit dem NAD [6] gegenüber der Zulassung [8] erhöht ist.

Bild 3 zeigt die erforderliche Verbundbewehrung nach aktueller Zulassung [8] und Eurocode [5, 6] jeweils für die glatte und raue Fuge. Zum Vergleich ist zusätzlich die erforderliche Verbundbewehrung nach der DIN 1045 (1988) angegeben. Diese lag ohne definierte Anforderung an die Rauheit der Fuge oberhalb der anderen Werte. Bei Einhaltung gesonderter Anforderungen nach Heft 400 vom Deutschen Ausschuss für Stahlbeton (DAfStb) konnte die Verbundbewehrung auf die erforderliche Schubbewehrung für monolithische Bauteile reduziert werden. Außerdem ist die einheitlich erforderliche Schubbewehrung für monolithische Bauteile nach DIN 1045-1 und Eurocode eingetragen.

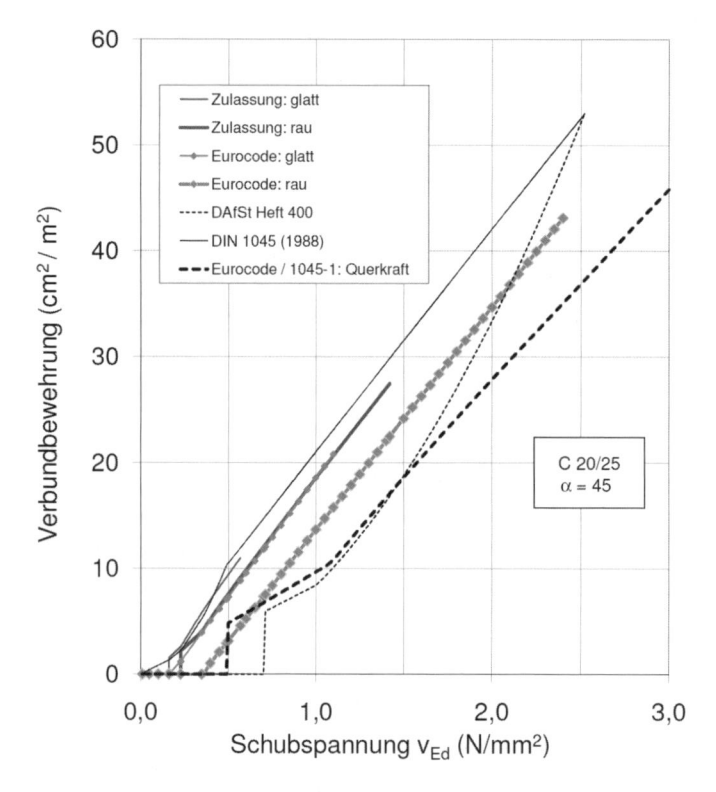

Bild 3: Vergleich der erforderlichen Verbundbewehrung und Querkraftbewehrung nach unterschiedlichen Regelungen

Bild 4 zeigt die Querkraftobergrenzen für Verbundbauteile nach unterschiedlichen Regelungen beispielhaft für die Betongüte C 20/25 und Schrägstäbe mit $\alpha = 45°$. Die Obergrenze nach alter DIN 1045(1988) für B25 wurde dabei zum Vergleich als Widerstandswert unter Berücksichtigung eines pauschalen Teilsicherheitsbeiwertes von 1,4 dargestellt. Nach allen neueren Konzepten ist der anrechenbare Hebelarm gegenüber dem pauschalen Ansatz von $0,9 \cdot z$ reduziert (vgl. Anmerkung zu Gl. (1.4)). Dadurch reduziert sich die zulässige Querkraft insbesondere bei dünnen Platten und großen Betondeckungen gegenüber derjenigen nach alter DIN 1045 (1988). Diese Reduktion wurde in Bild 4 durch zusätzliche Linien in den Balken angezeigt. Bild 4 zeigt den starken Einfluss der Fugenbeschaffenheit auf die Querkraftobergrenze. Die Grenze nach aktueller Zulassung entsprechend Gleichung (1.4) liegt unterhalb der Grenze nach Eurocode für die raue Fuge.

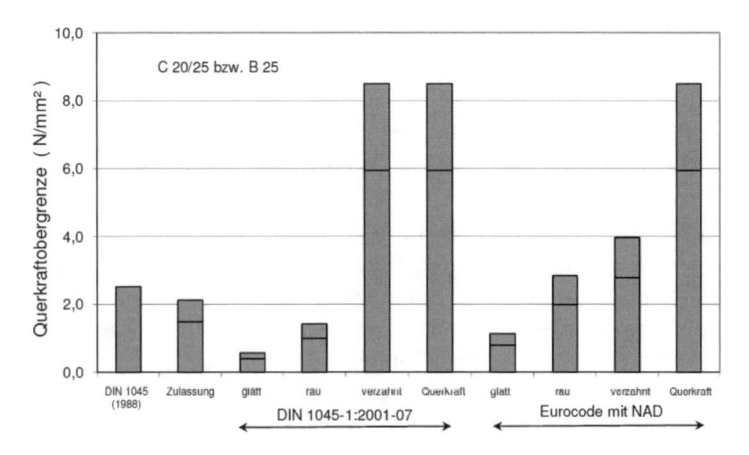

Bild 4: Vergleich der maximalen Querkraftbelastung von Bauteilen mit Verbundfugen

3 Offene Fragen

Die Bemessungskonzepte basieren auf Modellvorstellungen, welche anhand von Versuchen verifiziert wurden. Grundlage ist die Auswertung sowohl von Versuchen an Biegebauteilen als auch an Abscherkörpern. Eine umfassende Zusammenstellung solcher Versuche enthält [7]. An unterschiedlichen Prüfkörpern wurden verschiedene Fugenausbildungen und Verbundbewehrungsgrade untersucht. Alle dort zitierten Versuche mit bewehrter Verbundfuge wurden mit bügelartiger Verbundbewehrung senkrecht zur Verbundfuge ($\alpha = 90°$) durchgeführt. Weder zum Auflager steigende Verbundbewehrung noch zum Auflager fallende Verbundbewehrung wurde nach den zitierten Versuchen geprüft. In keiner dort zitierten Versuchsreihe wurde ein Versagen im Hinblick auf die absolute Querkraftobergrenze provoziert. Auch der Einfluss der Abstände der Verbundbewehrung auf den Tragwiderstand wurde nicht im Hinblick auf zulässige Abstände untersucht. Die zitierten Bauteilbiegeversuche wurden an Einfeldträgern oder Kragträgern durchgeführt.

Im Hinblick auf die weit verbreitete Anwendung von Gitterträgern mit geneigter Verbundbewehrung und im Hinblick auf das Bemessungskonzept ergeben sich daher einige offene Fragen:

1. Die zum Auflager hin fallende Verbundbewehrung (Gitterträgerdiagonalen) in Elementdecken durchdringen die Verbundfuge und behindern eine Relativverschiebung der zwei Betonierabschnitte. Nach dem Schubreibungsmodell (Bild 1) wird dadurch ein zusätzlicher Reibungsanteil aktiviert, der mit zunehmender Fugenrauheit ansteigt. Andererseits ist nach den Modellvorstellungen von Randl [13] der Widerstand der Verbundbewehrung eher auf den Biegewiderstand und einer Schrägzugwirkung ("Kinking-Effekt") zurückzuführen. Insbesondere letztgenannter Widerstand wird jedoch erst nach größerer Relativverschiebung in der Fuge und somit eher bei glatter Verbundfuge aktiviert. Insgesamt stellt sich die Frage, welchen Traganteil die zum Auflager hin fallenden Gitterträgerdiagonalen im Gebrauchszustand als auch im Bruchzustand übernehmen.

2. Gitterträgerdiagonalen werden produktionsbedingt häufig aus glattem Betonstahl BSt 500G hergestellt. Die Zulassung [8] erlaubt in diesem Fall anstelle der Bemessungsstreckgrenze von $500/1,15$ N/mm^2 nur die Anrechnung von $420/1,15$ N/mm^2. Dadurch soll der im Vergleich mit gerippter Bewehrung schlechtere Verbund ausgeglichen und die Schubrissbreiten reduziert werden. Bei Gitterträgerdiagonalen ergeben sich jedoch durch die Verschweißung mit den Gitterträgergurten schlupfärmere Verankerungen als bei Bügeln, woraus im allgemeinen geringere Rissbreiten resultieren. Wird darüber hinaus im Gebrauchszustand von einem quasi starren Verbund ausgegangen und die Verbundbewehrung sichert praktisch nur den Bruchzustand, scheint eine rechnerische Ausnutzung der Bemessungsgrenze von $500/1,15$ N/mm^2 möglich.

3. Die derzeitige Festlegung einer absoluten Querkraftobergrenze in der Zulassung [8] bezieht sich auf ein Versagen der Betondruckstrebe. Eine gegenüber monolithischen Konstruktionen geringere Obergrenze kann nur mit einem "Abscheren" der Druckstrebe auf der (glatten) Verbundfuge begründet werden. Ein solches Versagen ist möglicherweise durch entsprechend starke und schlupfarme Verbundbewehrung zu verhindern. Entsprechende Versuche hierzu sind bisher nicht bekannt.

4. In vorliegenden Bauteilversuchen an Einfeldträgern und Kragträgern mit einer Verbundfuge parallel zur Systemachse erfolgte ein Querkraft- bzw. Verbundversagen immer am Endauflager bzw. am freien Balkenende. Hier ist systembedingt ein Versagen infolge einer Relativverschiebung in der Verbundfuge ggfs. in Überlagerung mit einem Schubriss möglich, wobei bei einem Verbundversagen die Fuge typischerweise bis zum Plattenende aufreist (Bild 5). Querkraftnachweise nach aktuellen Normen erfolgen jedoch querschnittsbezogen für die jeweils einwirkende Querkraft. Diese ist bei üblichen Systemen und Belastungen an Zwischenauflagern größer als an den Endauflagern (Bild 6). Die hohen Querkräfte an Zwischenauflagern werden somit auch für den Nachweis der Verbundfuge bemessungsrelevant. Eine das Versagen initiierende Relativverschiebung ist jedoch an Zwischenauflagern nicht in der Form wie an Endauflagern zu erwarten. Versuche mit Fugenversagen im Bereich von Zwischenauflagern sind den Verfassern jedoch weder mit Bügeln noch mit Gitterträgern bekannt. Im Hinblick auf eine wirtschaftliche Bemessung besteht somit noch Forschungspotential.

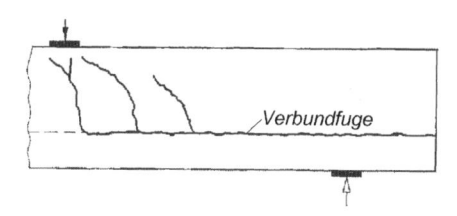

Bild 5: Endauflager mit Schubrissverlauf in der Verbundfuge, nach [14]

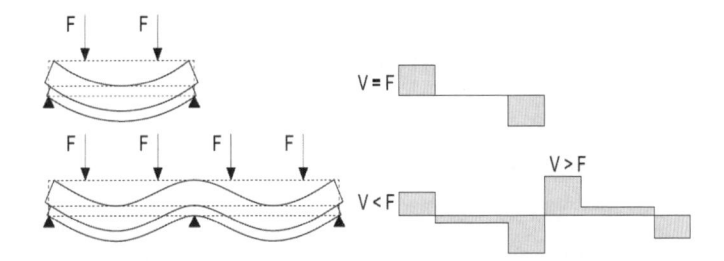

Bild 6: Einfeld- und Zweifeldträger mit qualitativer Querkraftverteilung und Durchbiegungslinie mit möglichem Fugenversatz am Endauflager

5. Die derzeitige Bemessungspraxis berücksichtigt beim Nachweis der Verbundfuge keine unterschiedliche Ausbildung am Endauflager (Bild 7). Allein eine Variation des Auflagerüberstandes und damit der Verbundfugenlänge über dem Auflager beeinflusst die Querkrafttragfähigkeit. Beispielsweise wurde durch Halbierung der Fugenlänge hinter der Auflagerachse von 17,5 cm auf 8,75 cm die Querkrafttragfähigkeit um 14% bis 27% reduziert [14]. Umgekehrt sind für praxisübliche Ausführungen mit größeren Auflagertiefen und Ortbetonüberständen am Plattenende (Bild 7d) höhere Querkrafttragfähigkeiten zu erwarten, wenn die Verbundfuge bemessungsrelevant ist.

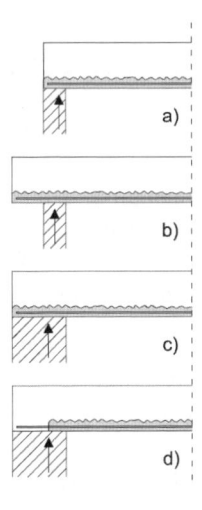

Bild 7: Beispiele für unterschiedliche Endauflager von Elementdecken

6. Nach dem Eurocode gilt für Schrägstäbe als Verbundbewehrung eine Mindestneigung von $\alpha = 45°$. Eine solche Begrenzung ist eher das Resultat fehlender Versuche mit flacheren Neigungen als eine in Versuchen ermittelte Grenze. Dem entgegen sind Gitterträger mit flacheren Diagonalenneigungen als Verbundbewehrung zugelassen [8]. Weitergehende Untersuchungen könnten hier möglicherweise zusätzliches Potential aufzeigen, da flach geneigte und schlupfarm verankerte Verbundbewehrung bereits bei geringer Fugenaufweitung Längsverschiebungen in der Fuge behindern.

4 Versuche an Elementdeckenplatten mit Gitterträgern

4.1 Ausgangspunkt und Konzept

In Untersuchungen an der HTWK Leipzig sollten offene Fragen zu Gitterträgern als Verbund- und Querkraftbewehrung aufgegriffen werden. Insbesondere stellt sich die Frage nach dem Verbundwiderstand der zum Auflager hin fallenden Diagonalen. Dabei konnte auf erste Versuchsergebnisse an Elementdeckenplatten zurück gegriffen werden, welche an der TU München [15] geprüft wurden.

In [15] sind Tastversuche an Einfeldplatten mit Gitterträgern beschrieben. Es wurden bei rauer und glatter Verbundfuge jeweils 3 Versuche mit Querkraftversagen durchgeführt. In jeweils einem Versuch wurden Gitterträger nach Bild 2 als Verbund- bzw. Querkraftbewehrung verwendet. In den anderen zwei Versuchen wurden die zum Auflager steigenden bzw. die zum Auflager fallenden Diagonalen herausgeschnitten, so dass nur die jeweils anderen verblieben. Ein Vergleichsversuch ohne Gitterträger wurde nicht durchgeführt.

In allen drei Versuchen mit rauer Verbundfuge trat Querkraftversagen ähnlich wie bei einer monolithischen Platte auf. Die Bruchlasten der drei Versuche mit unterschiedlicher Verbundbewehrung unterschieden sich maximal nur um 5%.

In den Versuchen mit glatter Verbundfuge war ein Versagen im Bereich der Verbundfuge zu beobachten. Die Bruchlast bei Einsatz der Gitterträger mit kompletten Diagonalen lag um ca. 9% über derjenigen mit ausschließlich zum Auflager steigenden Diagonalen (Zugdiagonalen). Der Unterschied war somit gering und der Einfluss der zum Auflager fallenden Diagonalen auf den Querkrafttragwiderstand der Verbundfuge war allein aufgrund der Bruchlasten nicht eindeutig.

Es wurden jedoch in diesen Versuchen die Dehnungen der Gitterträgerdiagonalen gemessen, die eine Aussage zur Wirkung der fallenden Diagonalen zulassen. Die Dehnmessstreifen wurden an jeweils zwei Seiten von auflagernahen Diagonalen appliziert, so dass nicht nur die Längsdehnungen, sondern auch die Biegung der Diagonalen gemessen wurde. Bild 8 zeigt die gemessenen Dehnungen auflagernaher Diagonalenpaare in den Versuchen mit kompletten d. h. mit steigenden und fallenden

Diagonalen. Es sind die Ergebnisse des Versuches mit rauer Verbundfuge und glatter Verbundfuge in unterschiedlichen Bildern dargestellt. Über die dargestellte Diagonalendehnung ist jeweils die aufgebrachte Belastung des Prüfkörpers durch die Einzellast dargestellt.

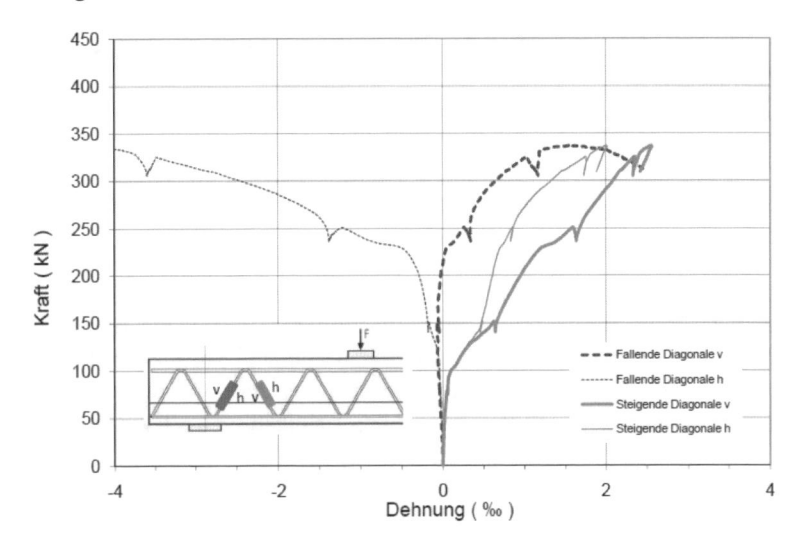

a) glatte Verbundfuge

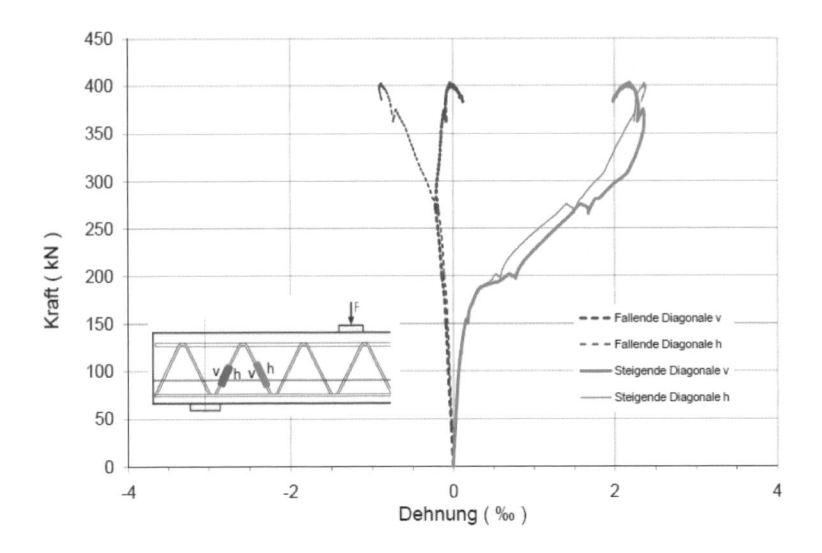

b) raue Verbundfuge

Bild 8: Dehnungen in Gitterträgerdiagonalen mit Anordnung der Messstellen am Gitterträger nach [15]

In den Versuchen traten erste Zugdehnungen in den zum Auflager steigenden Diagonalen bei einer Belastung von etwa 100 kN bis 150 kN auf. Sowohl die Dehnung auf der Vorder- als auch auf der Hinterseite ("v" und "h" in Skizze zu Bild 8) der Diagonalen war positiv. Die Unterschiede zwischen den Dehnungen auf den beiden Seiten der Stäbe und damit der Biegeanteil in diesen Stäben war gering. Die Diagonalen wirkten als Zugstäbe. Dieses entspricht dem Fachwerkmodell für die Querkraftbemessung.

In beiden Versuchen (glatte und raue Fuge) waren die gemessenen mittleren Dehnungen der Zugdiagonalen ähnlich groß und stiegen bis ca. 0,2% bis 0,25% an. Tendenziell zeigen die Zugdiagonalen in den Versuchen mit glatter Verbundfuge etwas größere Biegeanteile.

Die zum Auflager fallenden Diagonalen zeigen im Mittel beider Messungen (v + h) Stauchungen. Größere Stauchungen ab Belastungen von 130 kN (glatte Fuge) bzw. 280 kN (raue Fuge) gehen einher mit unterschiedlichen Werten auf der Vorder- und Rückseite der Diagonalen. Die dadurch gemessene Biegung in diesen Stäben tritt bei glatter Fuge nicht nur früher sondern bei größerer Belastung auch ausgeprägter auf.

Nach diesen Ergebnissen erfährt eine zum Auflager fallende Verbundbewehrung (Diagonale) keine Zugspannung. Die Modellvorstellung eines aktivierten Reibungsanteiles entsprechend Bild 1 für diese Bewehrung ist danach unzutreffend. Es wird jedoch ein Biegewiderstand aktiviert. Dieser Widerstand wird bei glatter Fuge bereits zeitgleich mit der Kraftaufnahme der Zugdiagonalen wirksam. Bei rauer Fuge tritt der Biegewiderstand erst später und nicht so ausgeprägt auf. Es ist davon auszugehen, dass zu einer Aktivierung eine Relativverschiebung in der Verbundfuge (oder in einem Riss) erforderlich ist. Eine solche (frühzeitige) Verschiebung ist eher bei glatter Fuge zu erwarten.

Nach den vorgenannten Erkenntnissen sind zur Beschreibung des Traganteils der zum Auflager hin fallenden Verbundbewehrung und deren Untersuchung daher folgende Aspekte zu berücksichtigen:

- Eine Laststeigerung durch "fallende" Diagonalen ist insbesondere bei glatten Fugen zu erwarten.
- Zur Aktivierung ist eine Relativverschiebung notwendig.
- Eine zum Auflager hin fallende Bewehrung kann ein sprödes Verbundversagen vermeiden und das Nachbruchverhalten verbessern.

Zusätzliche Versuche mit unterschiedlicher Verbundbewehrung sollten daher den Tragwiderstand der zum Auflager hin fallenden Diagonalen bestätigen.

4.2 Versuche an der HTWK

Für Bauteilversuche [16] an der HTWK Leipzig wurden vier Betonplatten mit horizontaler Verbundfuge hergestellt. Die Platten unterschieden sich bei gleicher Längsbewehrung nur durch unterschiedliche Ausführung der Verbundbewehrung. In einer Platte war keine Verbundbewehrung vorhanden. Die anderen drei Platten enthielten Verbundbewehrung aus Gitterträgern. In einem Fall waren die verwendeten Gitterträger komplett, d. h. es waren sowohl steigende als auch fallenden Diagonalen vorhanden. In den anderen zwei Versuchen waren die Gitterträgerdiagonalen so herausgetrennt worden, dass nur jeweils zum Auflager steigende bzw. zum Auflager fallende Diagonalen vorhanden waren. Bild 9 zeigt einen Querschnitt der 50 cm breiten Platte. Bild 10 zeigt Längsschnitte dieser 2,85 m langen Platten mit Angaben zur Bewehrung. Die glatten Diagonalen BSt 500 G der Gitterträger mit Nenndurchmesser 6 mm hatten eine mittlere Streckgrenze von R_e = 520 N/mm², die gerippten Untergurte BSt 500 M mit Nenndurchmesser 6 mm eine mittlere Streckgrenze von R_e = 587 N/mm² und die 14 mm dicken Bewehrungsstäbe BSt 500 WR eine mittlere Streckgrenze von R_e = 538 N/mm². Die mittlere Betondruckfestigkeit der Prüfkörper betrug zum Versuchszeitpunkt f_{cm} = 35,8 N/mm² bzw. f_{cm} = 37,7 N/mm² (Würfel mit Wärmebehandlung analog der Fertigteilplatten) für die Fertigteilplatten und f_{cm} = 33,3 N/mm² für die Aufbetonschicht. Die aus Spaltzugprüfungen abgeleiteten mittleren Zugfestigkeiten betrugen f_{ctm} = 2,1 N/mm² für die Fertigteilplatte und f_{ctm} = 2,2 N/mm² für den Aufbeton.

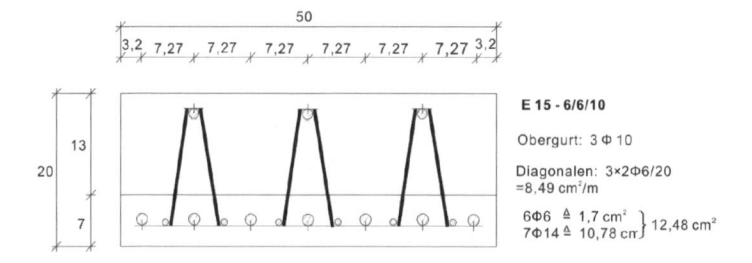

Bild 9: Querschnitt eines Versuchkörpers nach [16] mit Verbundbewehrung

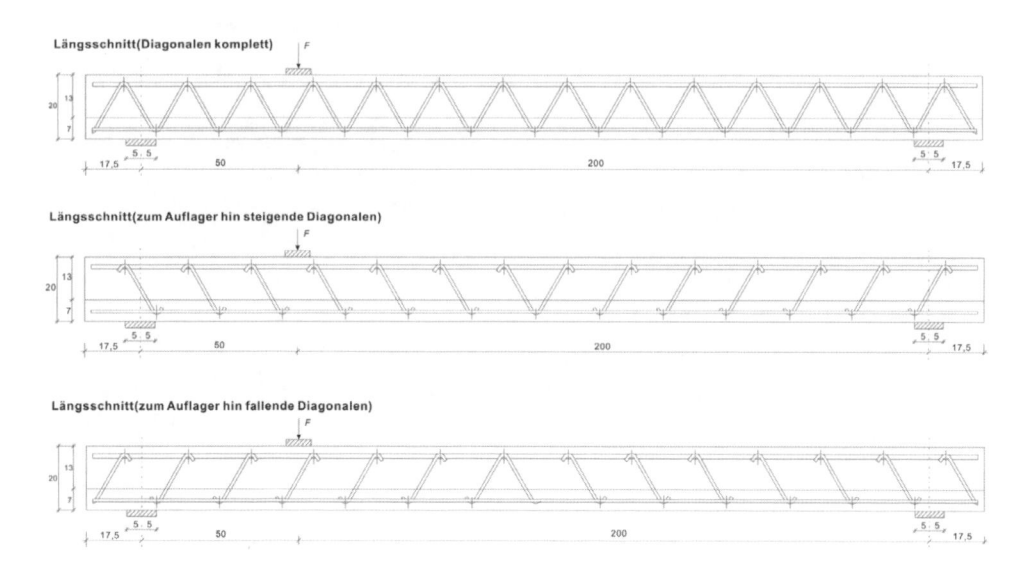

Bild 10: Längsschnitte durch die Versuchskörper nach [16] mit Verbundbewehrung

Bild 11: Fertigteilplatten der vier Versuchskörper nach [16]

Bild 11 zeigt die Fertigteilplatten dieser Versuchskörper vor dem Aufbringen der Ortbetonschicht. Die Oberflächen der Fertigteilplatten waren unbehandelt. Die nach dem Sandflächenverfahren gemessene mittlere Rautiefe betrug $R_t = 0{,}58$ mm. Danach lag die Rauigkeit sowohl nach aktueller Regelung für Gitterträger [8] als auch nach neuer Regelung [6 und 10] unterhalb der jeweiligen Mindestwerte von $R_t = 0{,}9$ mm bzw. von $R_t = 1{,}4$ mm für eine raue Fuge. Die Oberflächen waren danach in die Rauigkeitsklasse glatt einzustufen.

Die Belastungsversuche wurden mit einer Belastungsanordnung nach Bild 12 bzw. 13 durchgeführt. In dieser ersten Serie wurde jeweils ein Einfeldträger mit einer Stützweite von 2,5 m mit einer auflagernahen Einzellast in einer Entfernung von 50 cm von der Auflagerachse geprüft. Der auf die statische Höhe von 17 cm bezogene Schubabstand betrug somit $a/d \approx 3$. In den Versuchen wurde die Belastung, Durchbiegung der Platten und Relativverschiebungen zwischen Ortbeton und Fertigteilplatte gemessen. Die Messpunkte für die Durchbiegungen (D) und für die vertikalen (V) und horizontalen (H) Relativverschiebungen zeigt Bild 14.

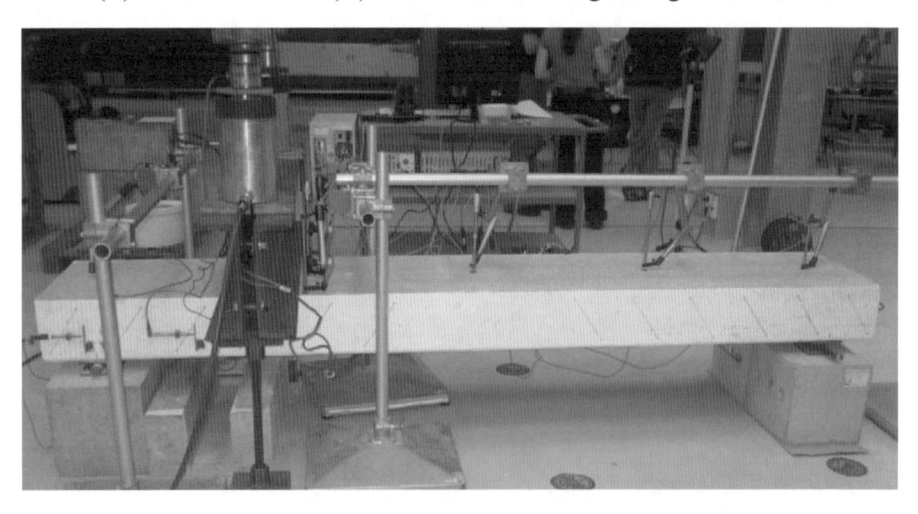

Bild 12: Versuchsaufbau der Belastungsversuche nach [16]

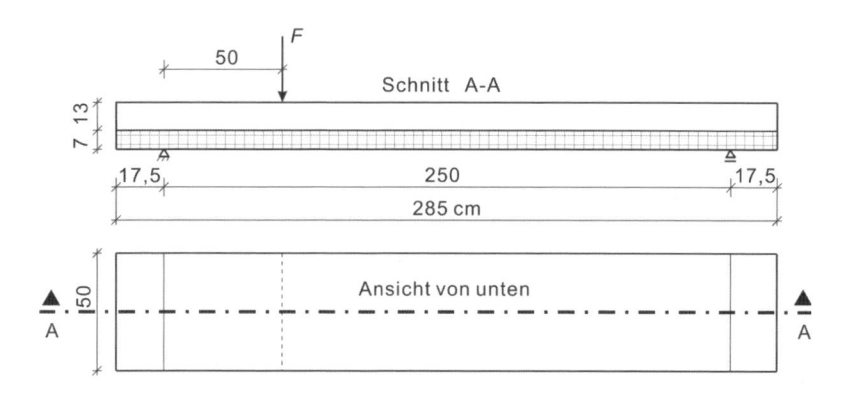

Bild 13: Abmessungen in den Belastungsversuchen nach [16]

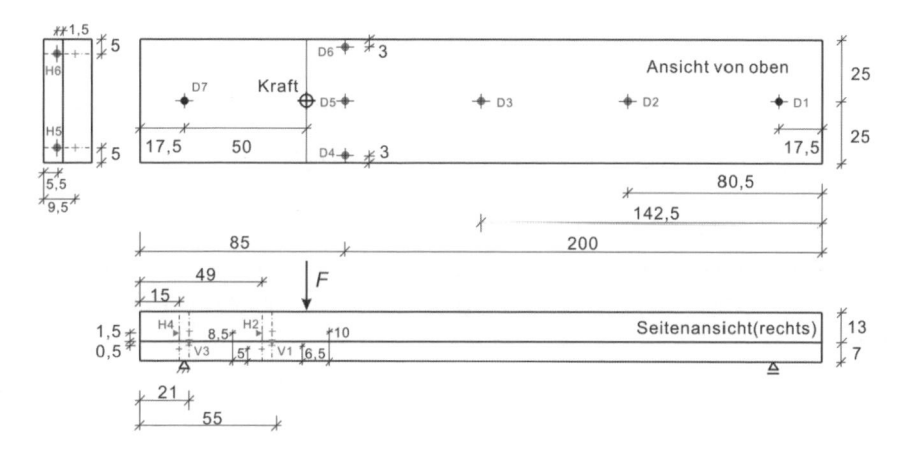

Bild 14: Messpunkte für Durchbiegungen und Relativverschiebungen in den Belastungsversuchen der Serie 1 nach [16]

Nach der Durchführung der Belastungsversuche dieser Serie 1 wurden die vier Versuchskörper ein zweites mal geprüft. In dieser Serie 2 wurde der Versuch mit einer verminderten Stützweite von 2,0 m durchgeführt. Dabei wurde das in Serie 1 unbelastete Plattenende geprüft. Die Einzellast wurde auch in dieser 2. Serie in einem Abstand von 50 cm vom zweiten Plattenende aufgebracht.

4.3 Ergebnisse

Bild 15 zeigt die Belastungs-Durchbiegungskurven der vier Versuche an den ungestörten Versuchskörpern der Serie 1. Dabei wurden die aufgebrachte Einzelkraft und die Durchbiegung in Feldmitte zugrunde gelegt. Die Kraft-Durchbiegungskurven zeigen im unteren Lastbereich unabhängig von der Verbundbewehrung ähnliche Steifigkeiten. Der Versuchskörper mit kompletten Diagonalen als Verbundbewehrung ertrug die höchste Belastung und zeigte gegenüber dem Versuch mit ausschließlich steigenden Diagonalen eine geringfügig geringere Durchbiegung bei gleicher Belastung aber größere Durchbiegung bei Erreichen der Höchstlast.

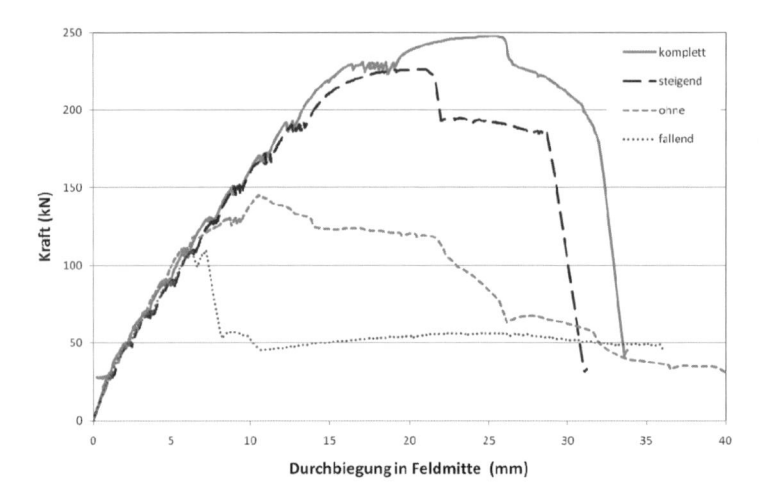

Bild 15: Kraft-Durchbiegungskurven der Versuchsserie 1 [16]

Die Versuche ohne Verbundbewehrung bzw. mit ausschließlich zum Auflager fallender Verbundbewehrung zeigten die niedrigsten Bruchlasten. Entgegen den Erwartungen erreichte der Versuchskörper ohne Verbundbewehrung die höhere Bruchlast.

Bild 16 zeigt den Versuchskörper mit kompletten Diagonalen nach dem Versagen. Ein Schubriss ausgehend vom Auflager kreuzt die Verbundfuge und reicht bis zur Druckzone. Zusätzlich ist ein Aufreißen der Verbundfuge bis zum Plattenende zu erkennen.

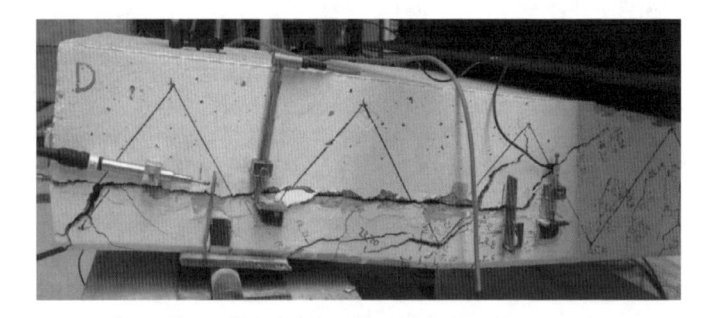

Bild 16: Querkraftversagen im Versuch mit kompletten Gitterträgerdiagonalen [16]

Mit Wegaufnehmern wurden Verschiebungen gemessen. Die an den Plattenseiten angeordneten Wegaufnehmer (vgl. Bilder 14 und 16) sollten insbesondere die Fugenöffnung und Relativverschiebung in der Fuge aufnehmen. Jedoch verliefen in den Versuchen auch Schubrisse durch den Bereich der angeordneten Wegaufnehmer und deren Rissbreiten wurden durch die Messungen mit erfasst. Da teilweise Schubrisse vor einem Versagen der Verbundfuge auftraten, war eine eindeutige Zuordnung der Messwerte zum Fugenversagen nicht in jedem Versuch möglich.

Für den Versuch mit kompletter Verbundbewehrung zeigt Bild 17 die gemessenen Relativverschiebungen in der Verbundfuge. Ausgewertet wurden die Messungen im Bereich der Lasteinleitung (50 cm von der Auflagerachse entfernt), in der Auflagerachse und am Balkenende. Zum Vergleich ist zusätzlich die Last-Verschiebungskurve eingetragen. Nach Bild 17 sind im Bereich der Einzellast erste Relativverschiebungen ab einer Belastung von etwa 130 kN zu messen. Diese Verschiebung steigt bis zum Erreichen der Höchstlast auf etwa 1 mm an. Auf dem Niveau der Höchstlast steigt diese Verschiebung auf ca. 4 mm an und nimmt auch nach Abnahme der Belastung weiter zu. Im Bereich der Auflagerachse und am Balkenende wurden bis zum Erreichen der Höchstlast keine Relativverschiebungen in der Fuge gemessen. Erst bei Erreichen der Höchstlast treten an dieser Stelle Verschiebungen auf. Diese sind auf dem Niveau der Höchstlast mit Verschiebungen unter 1 mm deutlich kleiner als jene im Bereich der Lasteinleitung gemessenen Werte.

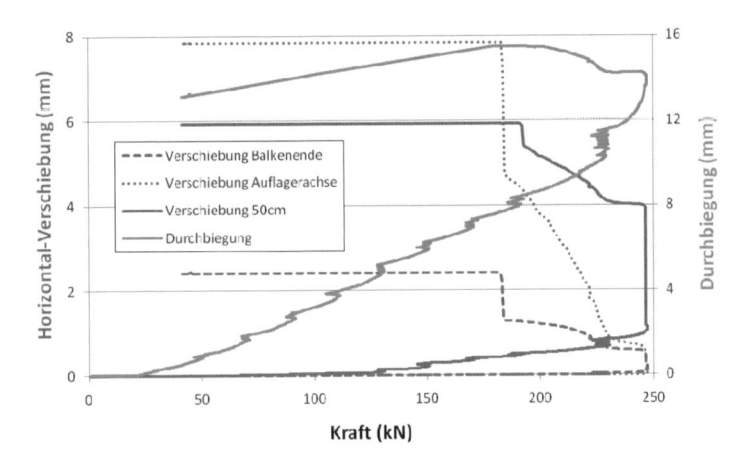

Bild 17: Relativverschiebungen in der Verbundfuge in Abhängigkeit von der aufgebrachten Belastung, Versuch mit kompletter Verbundbewehrung [16]

Nach Bild 17 ist ein Aufreißen der Verbundfuge bis zum Auflager somit erst nach dem Erreichen der maximalen Belastung aufgetreten. Dieses entspricht den Rissbildern, welche während der Versuche aufgezeichnet wurden. Bild 18 zeigt die Risse in den vier Versuchskörpern der Serie 1 vor Erreichen der Höchstlast ("bei Belastung") mit Angabe der aufgebrachten Belastung und nach Erreichen der Höchstlast ("nach Fugenversagen"). Bild 18 d zeigt für den Versuchskörper mit kompletten Diagonalen bei einer Belastung von 230 kN, was 93 % der Höchstlast entspricht, einen Schubriss, welcher die Verbundfuge durchdringt. Ein Aufreißen der Verbundfuge wurde bei dieser Belastung nicht beobachtet. Erst das Rissbild nach Erreichen der Höchstlast von 247 kN zeigt einen Riss in der Verbundfuge bis zum Endauflager.

Neue Normen und Werkstoffe im Betonbau

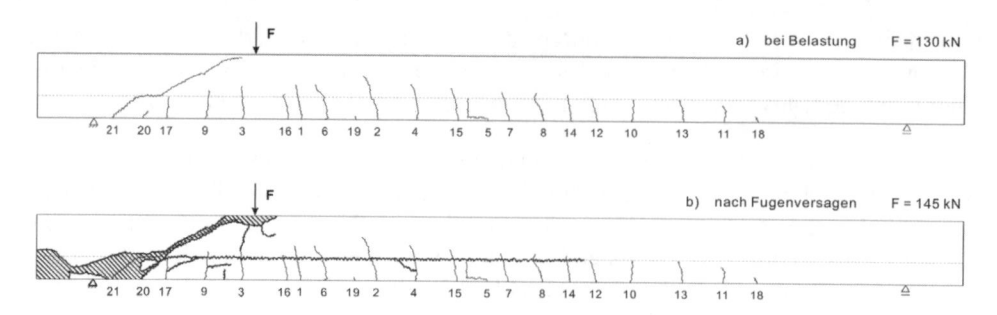

a) ohne Diagonalen

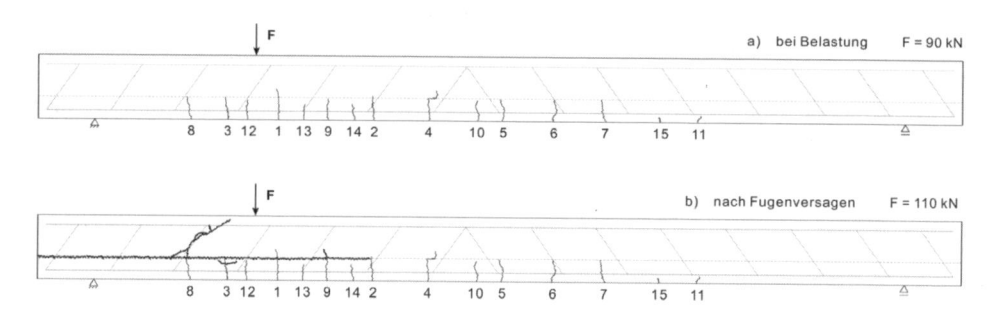

b) zum Auflager fallende Diagonalen

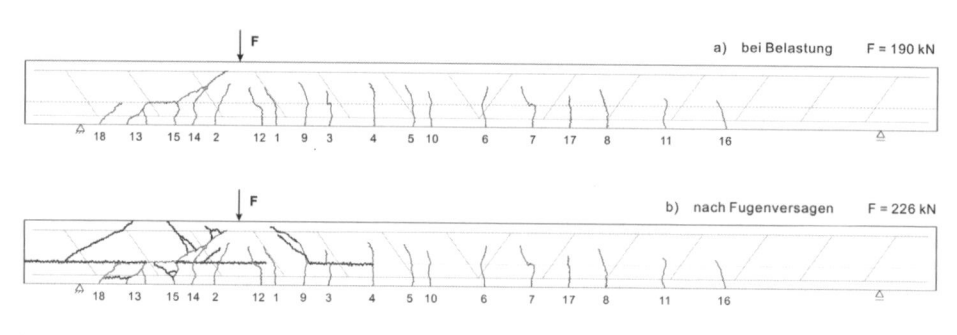

c) zum Auflager steigende Diagonalen

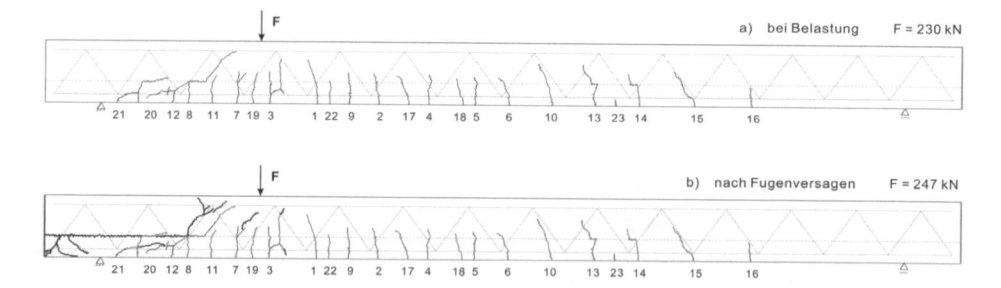

d) komplette Diagonalen

Bild 18: Rissbilder der Versuchskörper (Serie 1) [16]

An den Auflagern der ungestörten Balkenenden (in Bild 18 jeweils rechts) wurden die Versuche der Serie 2 durchgeführt. Dabei waren Versagensart und -last in drei Versuchen ähnlich denen der Serie 1. Im Versuch ohne Verbundbewehrung war bereits durch den 1. Versuch die Verbundfuge bis zur Balkenmitte aufgerissen (vgl. Bild 18 a) und der Versuchskörper entsprechend stark vorgeschädigt. Im zweiten Versuch an diesem Körper riss diese Fuge von dieser vorgeschädigten Seite her weiter auf. Bild 19 zeigt diesen Versuchskörper nach dem 2. Versuch.

Bild 19: Versuchskörper ohne Verbundbewehrung nach dem 2. Belastungsversuch [16]

In Tabelle 2 sind die erreichten Bruchquerkräfte V_u zusammengestellt. Daraus wurden Bruchschubspannungen unter Ansatz eines pauschalen Hebelarmes vom 0,9-fachen der statischen Höhe ermittelt. In den Versuchen mit Verbundbewehrung wichen die Bruchquerkräfte bzw. die Bruchschubspannungen der zwei Serien maximal um 7% voneinander ab. Beim Versuchskörper ohne Verbundbewehrung lag zum einen die Bruchquerkraft des ersten Versuches entgegen den Erwartungen über derjenigen des Versuches mit fallenden Diagonalen. Zum anderen lag durch diesen Versuch eine bedeutende Vorschädigung des Versuchskörpers vor, welche zur geringen Bruchlast im Zweitversuch führte.

Die Tabelle 2 enthält die Versagensart der Versuche nach den Beobachtungen in [16]. Danach war die einwirkende Querkraftbelastung ursächlich für das Versagen, wobei nicht immer eindeutig zwischen einem Schubbruch und einem Versagen der Verbundfuge unterschieden werden konnte. Nachrechnungen der Versuche ergaben zusätzlich, dass die Biegezugbewehrung der Versuchskörper mit kompletter Schubbewehrung im Bruchzustand die Streckgrenze erreichte. Insofern ist eine Interaktion zwischen Querkraftversagen und Momentenversagen bei den Versuchen mit Schubbewehrung nicht auszuschließen. Bei stärkerer Biegezugbewehrung wäre in diesem Fall eher eine höhere Bruchquerkraft zu erwarten.

In Tabelle 2 werden die Bruchschubspannungen mit Bemessungswerten verglichen. Dabei wurden die Bemessungsansätze nach aktueller Zulassung (s. Abschnitt 2.1) und nach Eurocode (s. Abschnitt 2.2) verwendet. Grundlage der Berechnung ist die Annahme einer glatten Fuge. Diese Zuordnung erfolgte nach den Ergebnissen des Sandflächenverfahrens, wenngleich Fertigteiloberflächen nach Bild 11 augenscheinlich auch in die Klasse rau eingestuft werden könnten. Die Bemessung nach aktueller Zulassung wurde mit einer Druckstrebenneigung von $\theta = 45°$ durchgeführt, welche aus den hohen "einwirkenden" Querkräften der Versuche mit Schubbewehrung resultierte.

Tabelle 2: Versuchsergebnisse nach [16] und Vergleich mit Rechenwerten

Versuch	Serie	Versagen	Bruch-querkraft V_u	Bruch-schubspannung $V_u / (b \cdot 0{,}9d)$		Erwartungswerte der Bruchschub-spannung v_R	
				Einzel-wert	Mittel-wert	nach Zulassung (Abs. 2.1)	nach Eurocode (Abs. 2.2)
[1]			kN	N/mm²	N/mm²	N/mm²	N/mm²
ohne	1	Schub-Verankerungs-bruch	119	1,56	0,97	0,31	0,92
	2	Verbundfuge (Vorschädigung)	29	0,38			
fallende	1	Verbundfuge	91	1,19	1,24	0,31	0,92
	2	Verbundfuge	98	1,28			(1,50) [2]
steigende	1	Schubbruch (Verbundfuge)	184	2,41	2,34	1,35	2,04
	2	Schubbruch (Verbundfuge)	173	2,26			
komplett	1	Schubbruch (Verbundfuge)	201	2,63	2,57	1,35	2,04
	2	Schubbruch (Verbundfuge)	191	2,50			(2,62) [2]

[1] ohne = ohne Gitterträgerdiagonalen als Verbundbewehrung; fallende = nur zum Auflager fallende Diagonalen; steigende = nur zum Auflager steigende Diagonalen; komplett = zum Auflager fallende und steigende Diagonalen

[2] ()-Wert unter Berücksichtigung der zum Auflager fallenden Diagonalen nach Gleichung (2.2)

Ausgangspunkt für die Ermittlung der Bemessungswerte in Tabelle 2 sind die Bemessungsgleichungen (1.1), (1.2) und (2.2) und die mittleren Materialfestigkeiten (Stahlstreckgrenze $R_e = 520$ N/mm², Betondruckfestigkeit $f_{cm} = 37{,}7$ N/mm² und Betonzugfestigkeit $f_{ctm} = 2{,}15$ N/mm²) der durchgeführten Versuche. Für den Vergleich der Versuchswerte mit rechnerischen Erwartungswerten wurden entsprechende Anpassungen durchgeführt. Die vorgenannten Bemessungsgleichungen geben Entwurfswiderstände an und enthalten somit Teilsicherheitsbeiwerte für den Materialwiderstand. Außerdem werden bei Herleitung von Widerstandswerten aus Versuchen bestimmte Vorhaltewerte für die Materialeigenschaften berücksichtigt. Und nicht zuletzt werden Bemessungswerte aus Quantilwerten anstelle von mittleren

Versuchswerten abgeleitet. Vor diesem Hintergrund wurden die rechnerisch zu erwartenden Bruchspannungen für eine um 4 N/mm² erhöhte Betondruckfestigkeit und eine um 10% höhere Stahlstreckgrenze analog [7] ermittelt. Die nach Zulassung [8] für glatte Diagonalen geforderte Abminderung des Rechenwertes auf 420 N/mm² wurde hier auf der sicheren Seite nicht vorgenommen. Die Betonzugfestigkeit wurde mit $f_{ct}/0{,}7$ in Ansatz gebracht. Mit den Teilsicherheitsbeiwerten von $\gamma_c = 1{,}5$ für Beton- und Fugenversagen und $\gamma_S = 1{,}15$ für Stahlversagen wurden so die erwarteten Bruchschubspannungen berechnet. Da zusätzlich keine Streuung der Versuchswerte berücksichtigt wurden, stellen die so ermittelten Bruchschubspannungen die untere Grenze der Erwartungswerte dar.

Die Auswertung der Bruchlasten lässt sich wie folgt zusammenfassen:

Der Versuch mit kompletten Gitterträgern zeigt gegenüber dem ohne fallende Diagonalen eine um etwa 10 % höhere Bruchlast. Auch aus den Mittelwerten der Versuche ohne anrechenbare (zum Auflager steigenden Diagonalen) Verbundbewehrung lässt sich eine erhöhte Bruchlast bei vorhandenen fallenden Diagonalen ableiten. Jedoch bleibt diese Aussage aufgrund der Versagensart und der Vorschädigung unbestätigt. Immerhin bleibt festzustellen, dass im Versuch allein mit nur fallenden Diagonalen kein komplettes Aufreißen der Verbundfuge erfolgte wie beim Körper ohne Verbundbewehrung.

Die ermittelten Bruchschubspannungen liegen alle über dem Erwartungswert nach dem bisherigen Bemessungskonzept der Zulassungen (vgl. Abschnitt 2.1). D. h. diese Bemessung weist nach diesen Versuchen Sicherheitsreserven auf.

Auch liegen die Bruchschubspannungen mit einer Ausnahme über den Bemessungswerten nach Eurocode. Nur der Versuch ohne Verbundbewehrung und deutlicher Vorschädigung erreichte nicht das erwartete Niveau.

Die Bemessungsgleichung (2.2) nach Eurocode ermöglicht über den Term "$1{,}2 \cdot \mu \cdot \sin \alpha$" den rechnerischen Ansatz auch der zum Auflager fallenden Diagonalen (vgl. Bild 1). Dieser Ansatz ist zusätzlich in Tabelle 2 (s. dort Fußnote [2)]) umgesetzt worden. Die danach erhöhten Widerstände wurden in den Versuchen mit kompletten Gitterträgern annähernd erreicht und in den Versuchen mit ausschließlich fallenden Diagonalen unterschritten. Ein Traganteil dieser Bewehrung ist danach zwar vorhanden, wird aber mit dem Modell nach Eurocode nicht ausreichend zutreffend erfasst.

5 Geplantes Forschungsprojekt

Unterschiedliche Bemessungsmodelle für den Nachweis einer Verbundfuge berücksichtigen den Einfluss der Fugenrauigkeit auf die Bemessung von Verbundbauteilen mit Gitterträgern. Darüber hinaus zeigen die vorgestellten Untersuchungen eine Tragwirkung von Gitterträgerdiagonalen welche zum Auflager fallend angeordnet sind. Diese Bewehrungen dürfen nach bisher vorliegenden nationalen Konzepten weder als Verbundbewehrung noch als Mindestbewehrung angerechnet werden. Dabei wird insbesondere ein nennenswerter Traganteil bei sehr glatten Fugen erwartet. Solche Fugen können bei schlechter Oberflächenausführung von Fertigteilplatten oder bei planmäßigem Einsatz von selbstverdichtenden Beton (SVB) vorliegen. In diesen Fällen könnten alle Gitterträgerdiagonalen effektiv genutzt werden. In einem bewilligten Forschungsprojekt [17] sollen daher Untersuchungen an Verbundbauteilen aus SVB durchgeführt werden. Bei sehr glatten Verbundfugen können Traganteile der Verbundbewehrung den zugehörigen Verschiebungen klar zugeordnet werden. Insbesondere soll in den Versuchen ein Verbundversagen vor einem Schubversagen erzielt werden, da in diesem Fall die Verbundbewehrung maßgeblich den Tragwiderstand bestimmt und der Einfluss der unterschiedlich geneigten Diagonalen genau bestimmt werden kann. Zusätzliche Versuche an Durchlaufträgern sollen zum einen eine Interaktion zwischen Momenten- und Querkraftversagen ausschließen. Zum anderen kann dadurch ein Verbundversagen an Zwischenauflagern studiert werden.

Ziel dieser Untersuchung ist einerseits die Optimierung der Bemessungsansätze für die Querkrafttragfähigkeit von Elementdecken bei Einsatz von Gitterträgern. Andererseits anderen soll das Potential von selbstverdichtenden Beton (SVB) in Verbundbauteilen ausgelotet werden.

6 Zusammenfassung

Die Umstellung der Stahlbetonbemessung von der DIN 1045 aus dem Jahre 1988 über verschiedene Versionen der DIN 1045-1 bis zum Eurocode im Jahre 2011 brachte für den Querkraftnachweis von Elementdecken mit Gitterträgern zahlreiche Änderungen. Vorgestellte Nachweiskonzepte berücksichtigen unterschiedliche Rauigkeitsklassen der Verbundfuge und gewichten die einzelnen Traganteile der Verbundwiderstände unterschiedlich. Gitterträger weisen gegenüber anderen Verbundbewehrungen Besonderheiten auf. In aktuellen Versuchen wurde insbesondere der Einfluss der zum Auflager fallenden Gitterträgerdiagonalen studiert. Durchgeführte Bauteilversuche an Einfeldträgern mit auflagernaher Einzellast und einem provozierten Querkraftversagen lassen sowohl Sicherheitsreserven bei Verwendung von Gitterträgern als auch eine Steigerung der Querkrafttragfähigkeit durch die bisher nicht angerechneten Diagonalen erkennen. Eine Traglaststeigerung ist danach jedoch eher bei glatter Verbundfuge zu erwarten. Daher sollen weitere Versuche mit Fertigteilen aus selbstverdichtenden Beton (SVB) und sehr glatter Verbundfuge durchgeführt werden.

Literatur

[1] Furche, J.; Bauermeister, U. : Elementbauweise mit Gitterträgern. Betonkalender 2009, Seite 337-498, (Hrsg.: Bergmeister/Fingerloos/Wörner) Verlag Ernst & Sohn, Berlin, 2009.

[2] Furche, J.: Montagestützweiten von Elementdecken bei Einsatz verstärkter Filigran-Gitterträger. Betonbau im Wandel. (Hrsg.: Holschemacher), Bauwerk Verlag, Berlin, 2009.

[3] DIN 1045 (7/1988): Beton und Stahlbeton. Bemessung und Ausführung. Beuth Verlag, Berlin 1988.

[4] DIN 1045-1 (7/2001): Tragwerke aus Beton, Stahlbeton und Spannbeton. Teil 1: Bemessung und Konstruktion, Beuth Verlag, Berlin 2001.

[5] DIN EN 1992-1-1: Eurocode 2: Bemessung und Konstruktion von Stahlbeton- und Spannbetontragwerken - Teil 1-1: Allgemeine Bemessungsregeln und Regeln für den Hochbau; Deutsche Fassung EN 1992-1-1: 2005.

[6] NAD: DIN EN 1992-1-2/NAD Nationaler Anhang - National festgelegte Parameter - Eurocode 2: Bemessung und Konstruktion von Stahlbeton- und Spannbetontragwerken - Teil 1-2/NA: (Entwurf 2009)

[7] Zilch, K.; Müller, A.: Querkrafttragfähigkeit von Elementdecken mit Gitterträgern. Forschungsbericht Mai 2007 gefördert durch die Fachvereinigung Betonbauteile mit Gitterträgern e.V., TU München, Institut für Baustoffe und Konstruktion, Lehrstuhl Massivbau.

[8] Deutsches Institut für Bautechnik (DIBt): Filigran-E-Gitterträger und Filigran-EV-Gitterträger für Fertigplatten mit statisch mitwirkender Ortbetonschicht. Zulassung Z-15.1-147 vom 19. Juni 2009.

[9] Deutsches Institut für Bautechnik (DIBt): Filigran-EQ-Gitterträger für Fertigplatten mit statisch mitwirkender Ortbetonschicht. Zulassung Z-15.1-93 vom 30. Juni 2009.

[10] DIN 1045-1 (8/2008): Tragwerke aus Beton, Stahlbeton und Spannbeton. Teil 1: Bemessung und Konstruktion, Beuth Verlag, Berlin 2008, (Abdruck auch in Betonkalender 2009, Ernst & Sohn, Berlin 2008).

[11] Deutscher Ausschuss für Stahlbeton (DAfStb) Heft 525: Erläuterungen zu DIN 1045-1. Beuth Verlag, Berlin, 2003.

[12] DIN EN 13747: 2010-08, Betonfertigteile - Deckenplatten mit Ortbetonergänzung; Deutsche Fassung EN 13747:2005-A2:2010.

[13] Randl, N.: Tragverhalten einbetonierter Scherbolzen. Beton- und Stahlbetonbau 100 (2005), Heft 6, Ernst & Sohn, Berlin 2005.

[14] Schäfer, H. G.; Schmidt-Kehle, W.: Zum Schubtragverhalten von Fertigplatten mit Ortbetonergänzung. Heft 456 des Deutschen Ausschusses für Stahlbeton (DAfStb), Ernst & Sohn, Berlin 1996.

[15] Zilch, K.; Lenz, P.; Müller A.: Einfluss einer zum Auflager hin fallenden Verbundbewehrung auf die Schubkraftübertragung in Fugen. Forschungsbericht Februar 2008 gefördert durch die Fachvereinigung mit Gitterträgern e.V., TU München, Institut für Baustoffe und Konstruktion, Lehrstuhl Massivbau.

[16] Wang, J.: Einfluss einer zum Auflager hin fallenden Verbundbewehrung auf die Schubkraftübertragung in der Fuge. Masterarbeit im Studiengang Bauingenieurwesen, Fachbereich Bauwesen an der HTWK Leipzig, (Betreuer: Y. Klug und K. Holschemacher), Oktober 2009.

[17] Holschemacher, K.; Klug, Y. : Optimierung des Einsatzes von Hochleistungsbaustoffen in der Elementbauweise. Vorhabensbeschreibung zum BMBF-Programm "Forschung an Fachhochschulen mit Unternehmen (FhprofUnt)", HTWK Leipzig 17.11.2009.

Einsatz von Kohlefaserverbundwerkstoffen im Betonbau

Stefan Käseberg, Klaus Holschemacher

1 Einleitung

Die Sanierung und Ertüchtigung bestehender Gebäude gehören in immer größerem Maße zu den Hauptaufgaben des Bauwesens. Insbesondere die Verstärkung der Tragstrukturen wegen Umnutzung oder Veränderung der statischen Systeme ist von steigender Bedeutung.

Die Querschnittsverstärkung nimmt dabei eine entscheidende Rolle ein. Im Betonbau kann diese durch Aufbeton, zusätzlich eingeklebte Stahlbewehrung oder Stahllaschen erfolgen. Der Einsatz von Faserverbundwerkstoffen stellt eine weitere interessante Alternative dar. Durch den gerichteten Einsatz von Aramid-, Glas- oder Kohlefasern, die in eine Epoxidharzmatrix eingebunden werden, entsteht ein dauerhafter, leichter und hochfester Verbundwerkstoff.

1.1 Arten und Werkstoffeigenschaften

Die typischen Festigkeitseigenschaften der verschiedenen Faserarten sind in Tabelle 1 dargestellt.

Tabelle 1: Eigenschaften verschiedener Faserarten [1]

Faserart	Dichte	axiale Zugfestigkeit	axialer Zugelastizitätsmodul	Zugbruchdehnung	Wärmedehnzahl
[-]	[g/cm³]	[GPa]	[GPa]	[%]	[$10^{-5} \cdot K^{-1}$]
E-Glas	2,57	1,9 - 2,7	69 - 72	4,5	8,0
Aramid	1,45	3,4 - 4,1	69 - 124	1,6 - 2,5	-2,0
Kohlenstoff	1,80	2,0 - 6,2	220 - 690	0,2 - 1,5	0,5

Gut erkennbar sind die überlegenen Materialeigenschaften der Kohlenstofffasern. Sowohl Festigkeit als auch Elastizitätsmodul sind sehr flexibel und reichen bis in den Ultrahochleistungsbereich. Dem gegenüber stehen allerdings relativ geringe Bruchdehnungen, welche den Einsatz in Bereichen des Aufprall- oder Explosionsschutzes sowie der seismischen Nachverstärkung einschränken. In diesen Fällen sind Aramid- oder Glasfasern vorzuziehen.

Dipl.-Ing. (FH) Stefan Käseberg, M. Sc.; Prof. Dr.-Ing. Klaus Holschemacher, HTWK Leipzig

1.2 Haupteinsatzgebiete im Betonbau

Zur Verstärkung von horizontalen sowie vertikalen Tragwerken aus Beton-, Holz-, Stahl-, Mauerwerk- und Verbundkonstruktionen können unterschiedliche Varianten von Kohlefaserverbundkunststoff (CFK)-Systemen eingesetzt werden. Möglich sind z.B. oberflächig aufgeklebte oder in Schlitze eingeklebte CFK-Lamellen.

Bild 1: CFK-Lamellen zur Biegeverstärkung und ein einlaminiertes CF-Gelege

Weiterhin besteht die Alternative, durch vorgespannte CFK-Lamellen und -Kabel Bauteile zu ertüchtigen. Dies kann mit oder ohne Verbund geschehen. Auch die Umschnürung von Querschnitten mit Kohlefaser (CF)-Geweben und -Gelegen ist möglich. Ein grober Überblick der Verstärkungsverfahren mit Klebebewehrungen für Betonbauteile soll in Tabelle 2 gegeben werden. Gut zu erkennen ist die große Produktvielfalt und Flexibilität der CFK-Anwendungen gegenüber Stahllaschen.

Tabelle 2: Anwendung von Klebebewehrungen im Betonbau

Klebebewehrung					
oberflächig verklebt				im Schlitz verklebt	
schlaff			vorgespannt	schlaff	vorgespannt
Stahl	CF-Produkte		CF-Produkte	CF-Produkte	CF-Produkte
Stahllaschen	CFK-Lamellen	CF-Gelege	CFK-Lamellen	CFK-Lamellen	CFK-Lamellen
Zugbewehrung	Zugbewehrung	Zugbewehrung	Zugbewehrung	Zugbewehrung	Zugbewehrung
Querkraft-bewehrung	Querkraft-bewehrung	Querkraft-bewehrung	Querkraft-bewehrung	-	-
-	Umschnürungs-bewehrung	Umschnürungs-bewehrung	Umschnürungs-bewehrung	-	-

Der Stand der normativen Regelungen für die beschriebenen CFK-Produkte ist in Deutschland sehr unterschiedlich. Bauaufsichtliche Zulassungen (z.B. [2], [3]) regeln momentan den Einsatz im Bauwesen. Im Folgenden werden nun die wichtigsten Einsatzgebiete der CFK-Werkstoffe näher erläutert.

2 Örtliche Verstärkung

Bei der Verstärkung von horizontalen und vertikalen Flächentragwerken, z.B. im Bereich von Deckenöffnungen oder Wanddurchbrüchen, können CFK-Lamellen als zusätzliche Zugbewehrung nachträglich Kräfte aufnehmen, falls die vorhandene Bewehrung nicht ausreicht.

2.1 Bemessung

Die bauaufsichtlichen Zulassungen für oberflächig geklebte CFK-Lamellen regeln den Einsatz zur örtlichen Nachverstärkung [2]. Dabei dürfen den einzelnen Lamellen nur Zugkräfte zugeschrieben werden, die die maximal aufnehmbare Verbundbruchkraft $T_{k,max}$ nicht überschreiten. Diese ist abhängig von der vorhandenen Verankerungslänge l_t.

2.2 Endverankerungsnachweis

Es ist, wie im Stahlbetonbau generell üblich, ein Endverankerungsnachweis zu führen. Anders als bei innenliegender Stabstahlbewehrung liegt aber nur ein sehr geringer Verbund zwischen der Klebeverstärkung und dem Betonbauteil vor. Zur Beschreibung des Verbundverhaltens hat sich ein bilinearer Ansatz mit einem bis zur maximalen Verbundspannung τ_{L1} ansteigenden und danach bis zur Grenzverschiebung s_{L0} abfallenden Ast durchgesetzt [7]. τ_{L1} wird in erster Linie durch das Versagen des oberflächennahen Betons bestimmt und ist nach [8] abhängig von der Betonzug- und Betondruckfestigkeit. Die genannten Parameter können anhand von Endverankerungsversuchen ermittelt werden und sind für CFK-Lamellen und Stahllaschen verschieden. In [10] finden sich Anhaltswerte zur Bemessung. Bild 2 schildert den bilinearen Verbundansatz für CFK-Lamellen und Stahllaschen für verschiedene Betonfestigkeitsklassen.

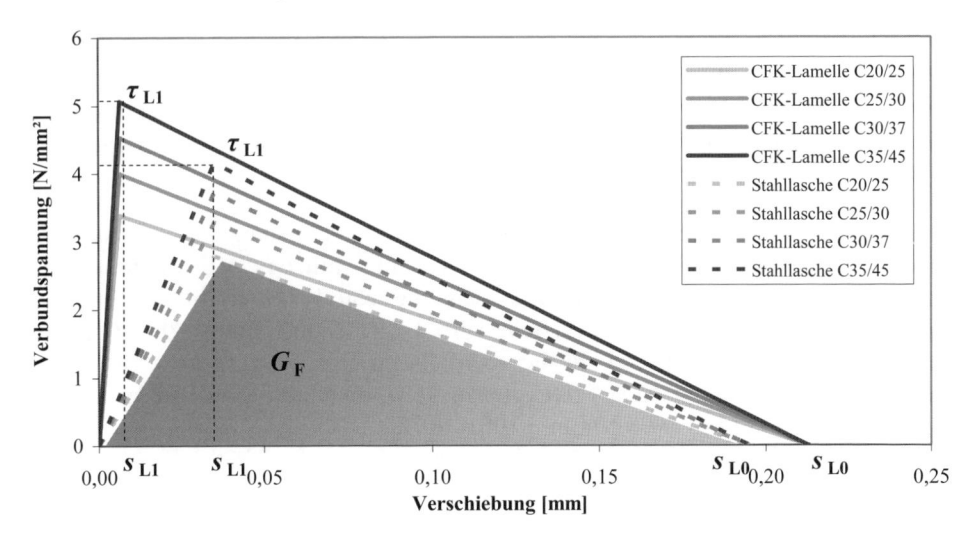

Bild 2: Auswertung des bilinearen Verbundansatzes für CFK-Lamellen und Stahllaschen

Deutlich erkennbar ist der große Einfluss der Betoneigenschaften. Gegenüber den Stahllaschen erreichen die CFK-Lamellen schneller die maximale Verbundspannung.

Die Fläche, welche vom auf- und absteigenden Ast begrenzt wird, stellt die Bruchenergie G_F dar. Diese kann über eine linearisierte Zurückrechnung genutzt werden, um die maximal aufnehmbare Lamellenspannung $\sigma_{L,max}$ und somit auch die maximal aufnehmbare Verbundbruchkraft $T_{k,max}$ zu berechnen [12].

$$\sigma_{L,max} = \sqrt{\frac{E_L \cdot \tau_{L1} \cdot s_{L0}}{t_L}} \quad (1)$$

Die zugehörige maximale Verbundlänge l_t errechnet sich gemäß Formel (2).

$$l_t = \frac{2}{k}\sqrt{\frac{E_L \cdot t_L \cdot s_{L0}}{\tau_{L1}}} \quad (2)$$

Dabei sind t_L die Dicke und E_L der E-Modul der Lamelle. Der Beiwert k wurde empirisch ermittelt und liegt bei ca. 1,128. Eine weitere Steigerung der Verbundlänge über l_t hinaus, erzeugt hierbei keine weitere Steigerung der durch Verbund aufnehmbaren Lamellenspannung. Ist die vorhandene Verankerungslänge l_v allerdings geringer als l_t, kann die zugehörige geringere Lamellenspannung wie folgt berechnet werden [2].

$$\text{aufn. } \sigma_L = \frac{l_v}{l_t} \cdot \left(2 - \frac{l_v}{l_t}\right) \cdot \sigma_{L,max} \quad (3)$$

In Bild 3 sind die Zusammenhänge zwischen den Gleichungen 1 und 3 anhand üblicher CFK-Lamellen und einer Stahllasche aufgezeigt.

Auffällig ist der große Einfluss der Lamellendicke, der maßgeblich die Verankerungslänge bestimmt. Gerade Stahllaschen benötigen eine große Verankerungslänge. Sie können aber im Gegenzug deutlich wirtschaftlicher ausgenutzt werden, wenn man bedenkt, dass die Zugfestigkeit der CFK-Lamellen zwischen 1500 und 3000 N/mm² liegt.

Dieser Aspekt ist bei den örtlichen Verstärkungen interessant, da hier nur $T_{k,max}$ angesetzt werden darf. Für eine Lamelle (t = 1,4 mm) mit einem E-Modul von 170 GPa sowie einer charakteristischen Bruchdehnung von 1,5 % ergibt sich eine sehr geringe Auslastung von 321 N/mm² (siehe Bild 3) / (170.000 N/mm² · 0,015) · 100 = 12,6 %. Im Gegensatz dazu erreicht die ebenfalls im Bild 3 angegebene Stahllasche unter der Zugrundelegung einer Streckgrenze von 400 N/mm² eine Auslastung von 160 N/mm² (siehe Bild 3) / 400 N/mm² · 100 = 40 %.

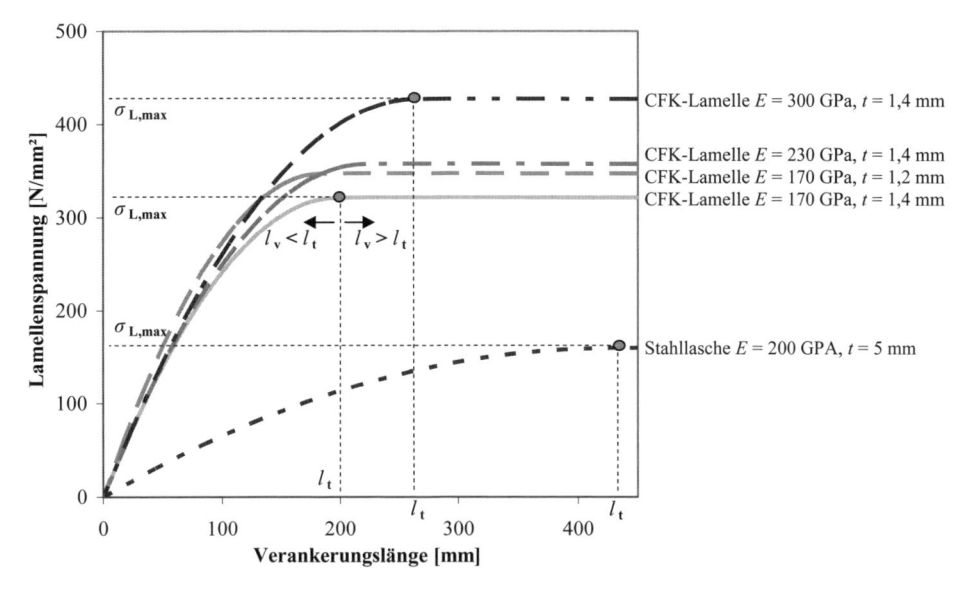

Bild 3: Auswertung des Zusammenhangs zwischen durch Verbund aufnehmbarer Lamellenspannung und Verankerungslänge

3 Erhöhung der Biegetragfähigkeit

Eine wirkungsvolle nachträgliche Steigerung der Biegetragfähigkeit von Balken oder Platten kann durch das Aufkleben von CFK-Lamellen in der Zugzone erzielt werden.

3.1 Normativer Rahmen

Der Einsatz von CFK-Lamellen zur Biegeverstärkung ist in Deutschland durch entsprechende bauaufsichtliche Zulassungen des Deutschen Instituts für Bautechnik (DIBt) geregelt. Diese beinhalten allgemein [2]:

– Eigenschaften und Zusammensetzung des CFK-Systems
– Bestimmungen zum Entwurf und zur Bemessung
– Regeln zur Ausführung.

Insbesondere für die Bemessung werden folgende Nachweise verlangt:

– Grenzzustände der Tragfähigkeit (GZT):
  • Ermittlung des Verstärkungsgrades
  • Biegebemessung durch Begrenzung der Lamellendehnungen
  • Nachweis der Endverankerung
  • Nachweis der Verankerung bei Zwischenauflagern am Zwischenrisselement
  • Querkraftnachweis
– Dauerhaftigkeit
– Konstruktive Durchbildung (z.B. Verbügelung der Endverankerung).

Die bauaufsichtlichen Zulassungen regeln im Moment nur den Einsatz von CFK-Lamellen. Die Verwendung anderer CF-Produkte, wie z.B. Sheets, ist nur mit Zustimmungen im Einzelfall möglich. Weiterhin bieten die Zulassungen zu bestimmten Sachverhalten keine Lösung oder verbieten den Einsatz. So ist z.B. keine Anwendung bei Biegung mit Längsdruckkraft möglich. Einheitliche Normen, wie die SIA 166: 2004 [6] in der Schweiz oder die ACI 440.2R-08 [4] in den USA, fehlen zur Zeit noch.

3.2 Ermittlung der Dehnungs- und Spannungszustände im verstärkten Zustand

Bei der Ermittlung der Dehnungs- und Spannungszustände sind zu beachten [6]:

- Vordehnungen ε_o zum Zeitpunkt der Nachverstärkung
- Ebenbleiben der Querschnitte
- die Zugfestigkeit des Betons wird vernachlässigt
- Anwendung nur für lineare Verfahren zur Schnittgrößenermittlung
- die Klebebewehrung übernimmt nur Zugkräfte.

Gemäß dem allgemeinen Vorgehen im Stahlbetonbau wird bei der Berechnung des Tragwiderstandes des verstärkten Bauteils zunächst die Nulllinie mithilfe von Dehnungsverträglichkeit und Kräftegleichgewicht bestimmt. Danach erfolgt die Ermittlung des Tragwiderstandes mittels Momentengleichgewicht. Bei der Annahme zur Dehnungsverteilung sollten die Randbedingungen in Bild 4 beachtet werden [5]. Die charakteristischen Bruchdehnungen ε_{Luk} sowie die maximal zulässigen Dehnungen grenz ε_{Lk} der CFK-Lamelle sind den Angaben der jeweiligen Zulassung zu entnehmen. Um eine ausreichende Duktilität des Bauteils zu garantieren, sollte die Betonstahlbewehrung ausreichend fließen. Weiterhin ist die Betondruckzonenhöhe gemäß geltender Stahlbetonbaunorm zu begrenzen (z.B. gemäß [14] $x/d \leq 0{,}45$ für Normalbetone).

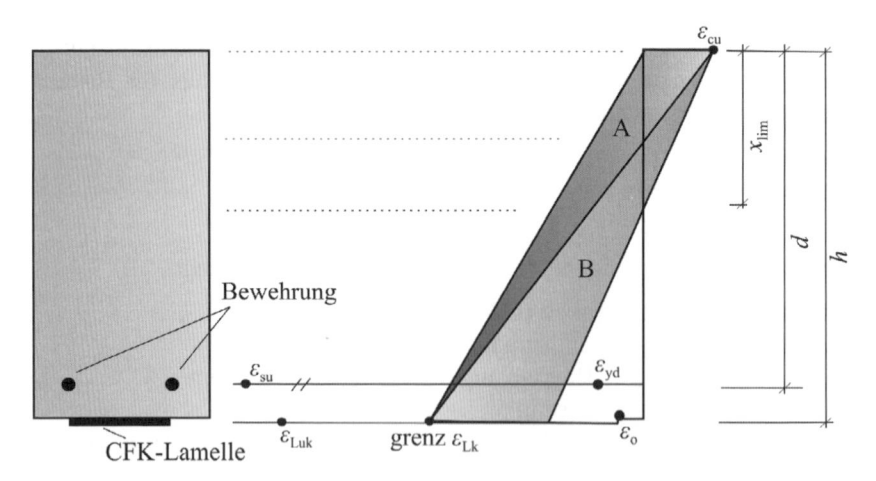

Bild 4: Dehnungsverteilung im verstärkten Stahlbetonbauteil mit Randbedingungen [5]

Als Versagensform ist das deutliche Überschreiten der Fließgrenze des Betonstahls mit anschließendem Versagen der Betondruckzone zu präferieren (Zone B in Bild 4). In diesem Fall bleibt die CFK-Lamelle intakt. Weiterhin ist auch Versagen durch Überschreiten der Fließgrenze des Betonstahls und anschließendem Versagen der CFK-Lamelle möglich (Zone A in Bild 4). Die optimale Dehnungsverteilung liegt vor, wenn $\varepsilon_c = \varepsilon_{cu}$ sowie $\varepsilon_L =$ grenz ε_{Lk} ist.

In Bild 5 sind die Dehnungsverteilungen im Querschnitt eines Stahlbetonbalkens aufgezeigt. Der E-Modul der auf der Zugseite angebrachten CFK-Lamellen wurde variiert (170 GPa mit grenz $\varepsilon_{Lk} = 8$ ‰; 210 GPa mit grenz $\varepsilon_{Lk} = 6,5$ ‰, 300 GPa mit grenz $\varepsilon_{Lk} = 3$ ‰) und ein Vergleich zum unverstärkten Querschnitt dargestellt. Der Vergleich zur Nachverstärkung mit einer üblichen Stahllasche (Streckgrenze: 400 MPa, Grenzdehnung: 3 ‰) ist ebenfalls aufgeführt. Für das Aufstellen des Kräfte- und Momentengleichgewichtes wurde der Spannungsblock (gemäß [14]) zur Idealisierung der Spannungs-Dehnungsbeziehung des Betons in der Druckzone verwendet. Gut zu erkennen ist die Vordehnung ε_0, die angenommen wurde, weiterhin die maximal zulässigen Dehnungen der einzelnen Lamellen und der Stahllasche (Versagen gemäß Zone A in Bild 4). Mit steigendem E-Modul sinkt die Bruchdehnung stark ab. Für eine Lamelle mit 170 GPa E-Modul wurden beide Bruchkriterien angesetzt. Für das Versagenskriterium Stahlfließen mit anschließendem Versagen der Betondruckzone wird im Beispicl die Grenzdehnung der Lamelle leicht überschritten. Für Versagensform 2 (Stahlfließen mit anschließendem Versagen der CFK-Lamelle) wird ε_{cu} nicht mehr ganz erreicht. Die gewählte Lamelle ist somit die effektivste Nachverstärkungsmethode, da $\varepsilon_c \approx \varepsilon_{cu}$ sowie $\varepsilon_L =$ grenz ε_{Lk}. Dies spiegelt sich auch in den Ergebnissen der neu erreichten Widerstandsmomente wieder, die in Tabelle 3 aufgeführt sind.

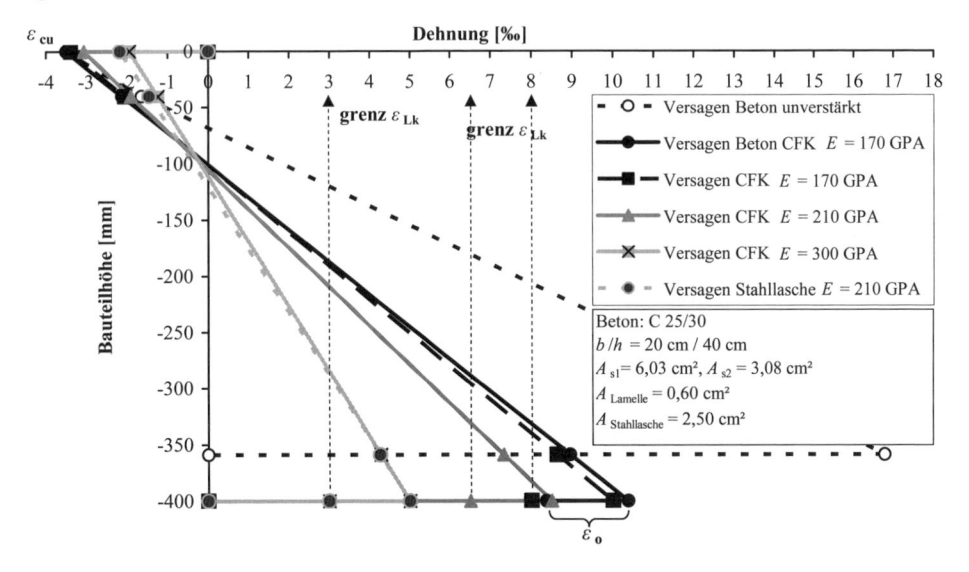

Bild 5: Dehnungsverteilung bei gleichem Stahlbetonquerschnitt (Variation E-Modul CFK-Verstärkung; Variation des Versagensmechanismus)

Tabelle 3: Auswertung der maximal erreichbaren Widerstandsmomente

Verstärkungsmaßnahme	Versagensart	Widerstandsmoment [kNm]	Verstärkungswirkung [%]	Anmerkung
keine	Betondruckversagen	87,26	-	
CFK-Lamelle $E = 170$ GPa	Betondruckversagen	114,28	30,96	$\varepsilon_L >$ grenz ε_L
CFK-Lamelle $E = 170$ GPa	Grenzdehnung Lamelle	112,91	29,40	
CFK-Lamelle $E = 210$ GPa	Grenzdehnung Lamelle	112,61	29,05	
CFK-Lamelle $E = 300$ GPa	Grenzdehnung Lamelle	101,98	16,87	
Stahllasche $E = 210$ GPa	Grenzdehnung Stahllasche	112,78	29,24	

Für den vorgegebenen Querschnitt konnte das Widerstandsmoment um ca. 30 % gesteigert werden. Niedrig- und normalmodulige CFK-Lamellen erzielten in etwa gleiche Werte. In diesen Fällen konnte die Betondruckzone sehr gut ausgenutzt werden. Der Einsatz von hochmoduligen Fasern, die nur eine niedrige Bruchdehnung aufweisen, ist im Fallbeispiel unwirtschaftlich. Aufgrund der relativ hohen Querschnittsfläche erreichte auch die gewählte Stahllasche eine ähnliche Ertüchtigungswirkung.

3.3 Nachweise an der Endverankerung und am Zwischenrisselement

Die in der CFK-Lamelle auftretenden Spannungen müssen über den Verbund zwischen Lamelle und Beton abgetragen werden. Derzeit wird dies nachgewiesen, indem die Lamellendehnungen mit grenz ε_{Lk} (gemäß Zulassung) im Feld begrenzt werden. Weiterhin ist die Endverankerung mit dem bereits im Abschnitt 2.2 erläuterten Nachweis nachzuweisen. Gemäß den beschriebenen Schritten erfolgt die Berechnung von $\sigma_{L,max}$ und somit auch $T_{k,max}$. Der Nachweis ist erbracht, wenn die Bedingung in Gleichung 4 eingehalten wird [2].

$$F_{LEd} \leq T_{k,max} = \sigma_{L,max} \cdot A_{Lamelle} \qquad (4)$$

Hierbei ist F_{LEd} die Kraft in der Lamelle am Anfang der Endverankerung (siehe Bild 6). Die Zugkraftdeckung des verstärkten Bauteils gelingt durch die Beschränkung der Lamellengrenzdehnungen (siehe Bild 4) und dem Endverankerungsnachweis. Die Nachweise an Zwischenauflagern (z.B. über Stützen) müssen gesondert betrachtet werden. Hier erfolgt die Bemessung am so genannten Zwischenrisselement. Die dazu notwendigen theoretischen Grundlagen wurden an der TU Braunschweig [7] und der TU München [8] erarbeitet. Ziel war die Schaffung eines Bemessungskonzeptes, mit dem die auftretenden Verbundspannungen kontinuierlich über die Bauteillänge nachgewiesen werden können. Dies muss zwischen den einzelnen Biegerissen, den Zwischenrisselementen, geschehen (siehe Bild 6).

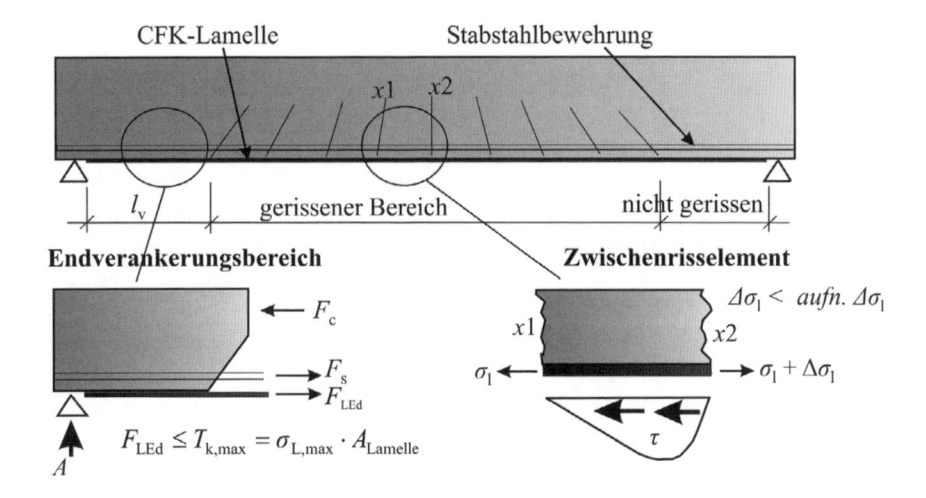

Bild 6: Nachweise an der Endverankerung und am Zwischenrisselement [5]

Das einzelne Element wird durch die Risse $x1$ und $x2$ begrenzt.

Am Zwischenauflager kann das Zwischenrisselement mithilfe des maximalen Rissmomentes $M_{cr,max}$ und des maximalen Rissabstandes $a_{r,max}$, gemäß den jeweiligen Angaben der Zulassung, ermittelt werden. Die Lage des Zwischenrisselementes ist hierbei im Abstand des Versatzmaßes a_l gemäß Bild 7 anzunehmen.

Niedermeier [8] gibt eine Beziehung (Gleichung 5) an, mit deren Hilfe man, in Abhängigkeit von der vorhandenen Lamellengrundspannung, die noch zusätzlich durch Verbund aufnehmbare Lamellenspannung aufn. $\Delta\sigma_L$ berechnen kann.

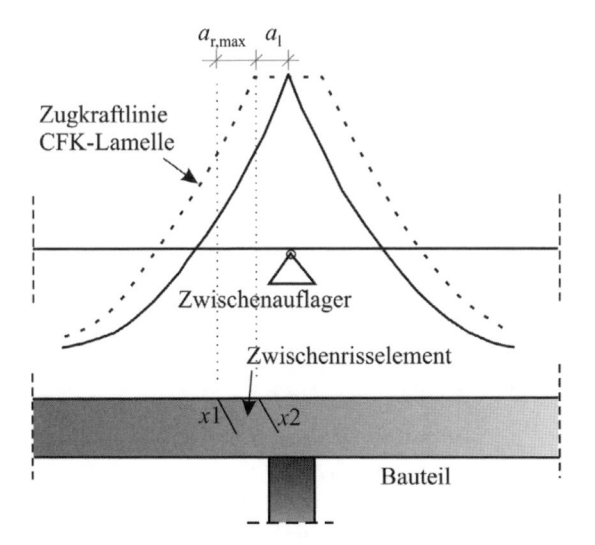

Bild 7: Lage des betrachteten Zwischenrisselementes für die Nachweise an Zwischenauflagern [2]

$$\text{aufn. } \Delta\sigma_L = \sqrt{\frac{2 \cdot G_F \cdot E_L}{t_L} + \sigma_L^2} - \sigma_L \tag{5}$$

Es ist zu erkennen, dass neben den feststehenden Lamellenkennwerten, wie dem E-Modul E_L und der Verbundbruchenergie G_F, hauptsächlich die Lamellengrundspannung die noch zusätzlich durch Verbund aufnehmbare Lamellenspannung beeinflusst. Die Lamellengrundspannung ergibt sich aus dem Dehnungszustand im Riss $x1$. Die Ermittlung erfolgt durch Iteration der Dehnungsebene unter Berücksichtigung von Vordehnungen zum Zeitpunkt der Verstärkungsmaßnahme. Nun kann aufn. $\Delta\sigma_L$ mittels Formel 5 errechnet werden. Im nächsten Schritt folgt die Berechnung der Lamellenspannung im Riss $x2$. Der Nachweis der Zugkraftdeckung ist erbracht, wenn erwiesen ist, dass sich der aus den Dehnungen ergebende Spannungsunterschied auch tatsächlich über Verbund abtragen lässt. Weiterhin darf aufn. $\Delta\sigma_L$ die Lamellenfestigkeit nicht übersteigen.

3.4 Einsatz von eingeschlitzten CFK-Lamellen

Eingeschlitzte CFK-Lamellen können, im Gegensatz zu oberflächig geklebten CFK-Systemen, mit zunehmender Verankerungslänge bis zur Bruchkraft belastet werden. Die Effizienz des Systems ist dadurch stark erhöht. Ingesamt ergibt sich ein sehr robustes Verbundverhalten, dass zu Bruchmechanismen führt, die mit denen eines konventionell bewehrten Biegebalkens vergleichbar sind. An der TU München wurde von Blaschko [9] ein Modell zur rechnerischen Erfassung des Verbundverhaltens entwickelt. Es dient als theoretischer Hintergrund für die entsprechenden Richtlinien für das Verstärken von Betonbauteilen, durch Einkleben von CFK-Lamellen in Schlitze im Beton.

3.4.1 Normativer Rahmen

Auch für eingeschlitzte CFK-Lamellen, die aufgrund der veränderten Anforderungen eine Breite von 10 bis 30 mm aufweisen, wurden seitens des DIBt Zulassungen erteilt. Diese regeln in erster Linie [3]:

- Eigenschaften und Zusammensetzung des CFK-Systems
- Bestimmungen zum Entwurf und zur Bemessung
- Regeln zur Ausführung.

Für den Entwurf ist zu beachten:

- Bestimmungen zu den Abmessungen des Schlitzes
- Einzuhaltende Rand- und Achsabstände
- Verbügelung mit Laschenbügeln.

Insbesondere für die Bemessung werden folgende Nachweise verlangt:

- Grenzzustände der Tragfähigkeit (GZT):
  - Biegebemessung durch Begrenzung der Lamellendehnungen
  - Nachweis der Verbundtragfähigkeit
  - Zugkraftdeckung

- Querkraftnachweis
- Grenzzustände der Gebrauchstauglichkeit (GZG):
  - Begrenzung der Lamellendehnung gemäß Zulassung unter seltener Einwirkungskombination
  - Begrenzung Rissbreiten durch vorh. Stabstahlbewehrung
  - Nachweis der Dauerhaftigkeit.

3.4.2 Besonderheiten bei der Biegebemessung

Es kommt zu einer Aufteilung der Zugkräfte auf die Stabstahlbewehrung und die CFK-Lamelle. Diese erfolgt unter der Annahme des Ebenbleibens des Querschnittes.

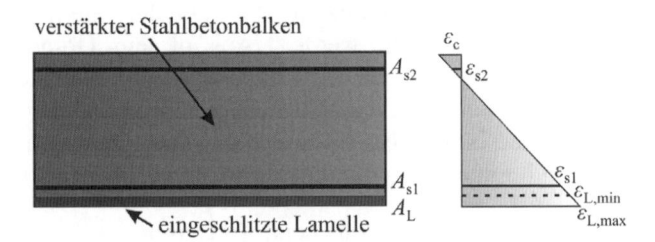

Bild 8: Dehnungsverteilung bei mit eingeschlitzten CFK-Lamellen verstärktem Biegebalken [9]

Die Spannungsdehnungslinie des CFK-Materials ist dabei linear elastisch. Weiterhin ist zu beachten, dass bei auf hochkant stehenden Lamellen die Dehnungen am oberen und unteren Rand zu betrachten sind. In Bild 8 ist die Dehnungsverteilung eines mit eingeschlitzten CFK-Lamellen verstärkten Stahlbetonbalkens schematisch dargestellt. Die Dehnungsverteilung darf dabei nicht zu einer Überschreitung der Bruchdehnung des CFK-Werkstoffes führen. Daraus ergibt sich für die Zugkraft aus der mittleren Lamellendehnung folgender rechnerischer Ansatz.

$$F_L = \frac{\varepsilon_{L,max} + \varepsilon_{L,min}}{2 \cdot \varepsilon_{L,u}} \cdot f_{L,u} \cdot A_L \tag{6}$$

$\varepsilon_{L,max}$ Dehnung der CFK-Lamelle am unteren Rand
$\varepsilon_{L,min}$ Dehnung der CFK-Lamelle am oberen Rand
$\varepsilon_{L,u}$ Bruchdehnung der CFK-Lamelle
$f_{L,u}$ maximale Zugfestigkeit der CFK-Lamelle
A_L Querschnittsfläche der CFK-Lamelle

Wie bei oberflächig geklebten CFK-Systemen auch wird die Biegebemessung im Zustand II durchgeführt. Ein Versagen tritt ein, wenn die durch Biegung injizierte Zugspannung an irgendeiner Stelle in der Lamelle die Bruchlast erreicht. Blaschko [9] empfiehlt weiterhin einen Sicherheitsabstand von der Bruchdehnung einzuhalten, um ein Mindestmass an Verformbarkeit im rechnerischen Grenzzustand des Lamellenzugbruchs zu gewährleisten. Für die Randfaserdehnung der CFK-Lamelle sollte deshalb rechnerisch folgendermaßen vorgegangen werden:

$$\varepsilon_{L,max} \leq k_\varepsilon \cdot \varepsilon_{L,d} \tag{7}$$

Der Abminderungsfaktor k_ε sollte mit ca. 0,8 angenommen werden. 20% Sicherheit genügen, um Unsicherheiten, z.B. bei der Berechnung von Schnittgrößen, auszugleichen.

3.4.3 Verbundbemessung

Wie bereits erwähnt, kann bei eingeschlitzten CFK-Lamellen die maximale Last mit steigender Verankerungslänge erhöht werden. Aus diesem Grund beinhaltet die Bestimmung der Verbundtragfähigkeit den Nachweis, ob eine Lamellenzugkraft innerhalb einer bestimmten Verbundlänge in den Beton eingeleitet werden kann. Nach Blaschko sind die rechnerischen Nachweise dabei von der Verankerungslänge abhängig. So ergeben sich folgende Verbundansätze [3].

Charakteristische Verbundtragfähigkeit $F_{V,k}$ bei $l_v \leq 115$ mm

$$F_{V,k} = b_L \cdot \tau_{K,k} \cdot \sqrt[4]{a_r} \cdot l_v \cdot (0{,}4 - 0{,}0015 \cdot l_v) \tag{8}$$

b_L Breite der CFK-Lamelle

$\tau_{K,k}$ charakteristische Schubfestigkeit des Klebstoffs

a_r Abstand der Lamellenlängsachse zum Bauteilrand

l_v Verbundlänge

Charakteristische Verbundtragfähigkeit bei $l_v > 115$ mm

$$F_{V,k} = b_L \cdot \tau_{K,k} \cdot \sqrt[4]{a_r} \cdot \left(26{,}2 + 0{,}065 \cdot \tanh\left(\frac{a_r}{70}\right) \cdot (l_v - 115) \right) \tag{9}$$

Die Formeln zeigen, dass die Betonzugfestigkeit, im Gegensatz zu den oberflächig geklebten CFK-Systemen, bei eingeschlitzten Lamellen im Bemessungsansatz nicht vorkommt. Blaschko erklärt dies damit, dass die Verbundtragfähigkeit primär von der Klebstofffestigkeit und nur sekundär von Beton- und CFK-Eigenschaften abhängt. Die Schubfestigkeit des Klebers ist hierbei gemäß den Angaben der jeweiligen bauaufsichtlichen Zulassung zu ermitteln. Die genannten Bestimmungsgleichungen können, wie im normalen Stahlbetonbau auch, zur Konstruktion der Zugkraftdeckungslinien Verwendung finden. Insgesamt ergibt sich also eine dem Stahlbetonbau affine Nachweisführung. Die erläuterten Forschungsergebnisse fließen auch heute noch größtenteils in die Zulassungen ein.

4 Umschnürung von Betondruckgliedern

Durch die Behinderung der Querdehnung von Druckgliedern wird ein dreiaxialer Spannungszustand geschaffen, welcher in höheren Betondruckfestigkeiten resultiert. In der Vergangenheit wurde dieser Effekt mithilfe von Wendelbewehrungen genutzt. Heute ist dieses Vorgehen nicht mehr relevant, da entsprechend genormte, hochfeste Betone zum Einsatz kommen können.

4.1 Allgemeine Betrachtungen

Im Bestand hat die Umschnürung allerdings weiterhin eine große Bedeutung. Durch CF-Gelege und entsprechende Epoxidharze, die das Gelege durchdringen und gleichzeitig den Verbund zum Bauteil herstellen, lassen sich wirkungsvolle Querdehnungsbehinderungen realisieren. Die Betondruckfestigkeit kann deutlich gesteigert werden. Neben der vollflächigen, kontinuierlichen spiralförmigen Umwicklung besteht auch die Möglichkeit, in Ringen zu umschnüren.

4.2 Normativer Rahmen

In Deutschland gibt es für die in Handlamination zu verarbeitenden CFK-Gelege noch keine bauaufsichtlichen Zulassungen. Es ist jeweils eine Zustimmung im Einzelfall notwendig. Dennoch wurden in anderen Ländern, wie z.B. den USA [4] aber auch der Schweiz [6], entsprechende Anwendungsregeln herausgegeben. Im Einzelnen finden sich diese in:

- USA: ACI 440.2R-08: Guide for the Design and Construction of Externally Bonded FRP Systems for Strengthening Concrete Structures [4]
- Schweiz: SIA 166:2004 (in Verbindung mit SIA 262): Klebebewehrungen [6]
- Fédération internationale du béton (fib): Task Group 9.3: Design and use of externally bonded fibre reinforced polymer reinforcement for reinforced concrete structures [5]

Diese Dokumente enthalten konkrete Ansätze zur Bemessung von CFK-Umschnürungen. Besonders interessant sind die Regeln des fib [5], da sie einen engen Bezug zum Model Code und zum EC 2 aufweisen.

4.3 Bemessungsansätze

Die CFK-Umschnürung behindert die Querdehnung des Betons. Da in den meisten Fällen die CF-Gelege ohne Vorspannung um das Bauteil geschnürt werden, besteht nur eine passive Behinderung. Diese wird erst mit fortschreitendem Risswachstum aktiviert. Im Bauteil entsteht ein Querdruck σ_l, der im Falle von zylindrischen Querschnitten gleichmäßig auf die Umschnürung einwirkt und eine Spannung σ_j im CFK-Mantel bewirkt [5].

$$\sigma_l = \frac{1}{2}\rho_j \cdot \sigma_j = \frac{1}{2}\rho_j \cdot E_j \cdot \varepsilon_j \quad \text{mit} \quad \rho_j = \frac{4 \cdot t_j}{D} \tag{10}$$

t_j theoretische CF-Sheetdicke gemäß Herstellerangaben

D Durchmesser der zu umschnürenden Stütze

Die Formel zeigt die Abhängigkeit von σ_l vom Dehnungszustand ε_j des CF-Geleges und vom Umschnürungsgrad der CFK-Verstärkung ρ_j. Die maximale Dehnung des Geleges ist dabei zu begrenzen auf ε_{ju}. Hierbei sollte nicht die vom Faserhersteller angegebene Bruchdehnung ε_k angesetzt werden. Viele wissenschaftliche Arbeiten haben gezeigt, dass diese mit einem Faktor $\kappa \approx 0,55$ bei Umschnürungen herabzusetzen ist [4].

$$\varepsilon_{ju} = \kappa \cdot \varepsilon_k \tag{11}$$

Zur Beschreibung des Einflusses von σ_l auf das Materialverhalten des Betons haben sich in den internationalen Normen das Berechnungsmodell von Monti und Spoelstra (fib) [5] als auch das Modell von Lam und Teng (ACI) [4] durchgesetzt. Beide Modelle beschreiben das veränderte Materialverhalten in Längs- und Querrichtung, dass durch einen zweiten Anstieg E_2 (in Längsrichtung) im Spannungs-Dehnungs-Diagramm nach Erreichen der Betondruckfestigkeit f_c gekennzeichnet ist. Qualitativ ist dies in Bild 9 gezeigt.

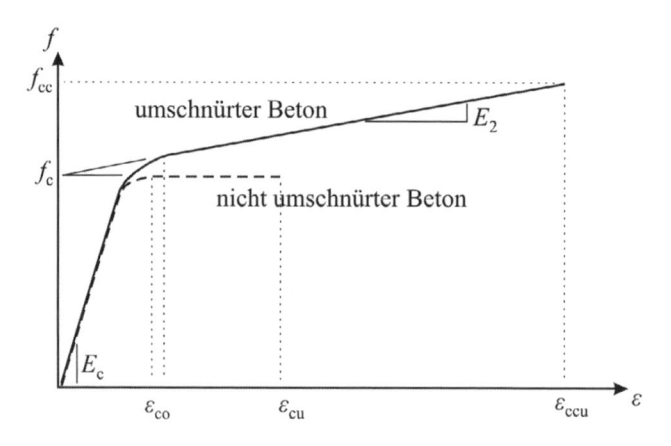

Bild 9: Verändertes Materialverhalten bei Umschnürung mit CFK-Gelegen [4]

Wie im Bild 9 zu erkennen, ist eine weitere Steigerung der Druckfestigkeit bis zu f_{cc} möglich. f_{cc} kann wie folgt berechnet werden:

$$\frac{f_{cc}}{f_c} = 0,95 \cdot 3,3 \cdot \kappa_a \cdot \sigma_l \quad [4] \tag{12}$$

κ_a Faktor zur Beachtung von eckigen Querschnitten

$$\frac{f_{cc}}{f_c} = 2,254\sqrt{1 + 7,94\frac{\sigma_l}{f_c}} - 2\frac{\sigma_l}{f_c} - 1,254 \quad [5] \tag{13}$$

Das Modell von Lam und Teng erlaubt die direkte Berechnung der zugehörigen maximalen Längsdehnung [4].

$$\varepsilon_{ccu} = \varepsilon_{co} \cdot \left(1{,}50 + 12 \cdot \kappa_b \cdot \frac{\sigma_l}{\varepsilon_{co}} \cdot \left(\frac{\varepsilon_{ju}}{\varepsilon_{co}}\right)^{0{,}45}\right) \leq 0{,}01 \qquad (14)$$

κ_b Faktor zur Beachtung von eckigen Querschnitten

ε_{co} Dehnung bei Druckfestigkeitspeak

Nun ist es auch möglich, den Anstieg E_2 gemäß Bild 9 zu berechnen und das Spannungs-Dehnungs-Verhalten des umschnürten Betons abzuschätzen.

$$E_2 = \frac{f_{cc} - f_c}{\varepsilon_{ccu}} \qquad (15)$$

Das vom fib vorgeschlagene Modell von Spoelstra und Monti sieht eine iterative Berechnung der Spannungs-Dehnungs-Kurven in Längs- und Querrichtung vor [5]. Dieses Vorgehen ist deutlich aufwendiger, bietet aber eine detailliertere Abbildung des Materialverhaltens, auch in Querrichtung. Auf eine eingehende Darstellung wird an dieser Stelle verzichtet und auf [5] verwiesen.

Die Formeln 12 bis 15 haben den großen Einfluss des durch die Umschnürung erzeugten Querdrucks σ_l gezeigt. Neben der Bruchdehnung und dem E-Modul der verwendeten Kohlefasern ist auch der Umschnürungsgrad ρ_j von entscheidender Bedeutung. Im folgenden Beispiel soll dessen Wirkung mithilfe des Modells nach Lam und Teng [4] erläutert werden. Betonsäulen sollen mit vier Lagen eines unidirektionalen CF-Geleges umschnürt werden. In Tabelle 4 sind die Eigenschaften der Stützen und der CFK-Verstärkung aufgezeigt. Der Preis für 50 m x 0,3 m Gelege inklusive Kleber beträgt hierbei ca. 1000 €.

Tabelle 4: Eigenschaften der Betonsäulen und der verwendeten Kohlefasern

Betonsäulen		CF-Gelege	
Beton:	C30/37	E-Modul:	230 GPa
Durchmesser:	30 cm, 40 cm, 50 cm	Schichtdicke t_j:	0,11 mm
Höhe:	3 m	Bruchdehnung ε_k:	1,5 %

Tabelle 5: Einfluss des Umschnürungsgrades

	ρ_j [%]	σ_l [N/mm²]	ε_{ccu} [%]	f_{cc} [N/mm²]	Δf_c [N/mm²]	E_2 [N/mm²]	M-Preis [€]	$\Delta f_c/€$ [N/mm²/€]
D= 30 cm	0,59	5,57	1,14 %	47	17	1527	226,19	0,0771
D= 60 cm	0,29	2,78	0,72 %	39	9	1210	452,39	0,0193
D= 90 cm	0,20	1,86	0,58 %	36	6	1001	678,58	0,0086

Gut zu erkennen ist, wie stark der Umschnürungsgrad die Verstärkungswirkung beeinflusst. Niedrige Umschnürungsgrade bewirken kaum noch Laststeigerungen, können aber sehr preisintensiv sein. Besonders Stützen mit großen Querschnitten können nur mit hohem finanziellem Aufwand umschnürt werden. Die Verstärkungseffekte nehmen aber durch den großen Durchmesser ebenso stark ab. Weiterhin ist zu beachten, dass im vorgestellten Beispiel nur die Materialpreise eingerechnet wurden.

Es wird deutlich, dass CFK-Umschnürungen effizienter werden müssen. Hierzu gibt es verschiedene Möglichkeiten:

- Materialersparnis durch partielle Umschnürung
- bessere Erkenntnisse zu den zulässigen Grenzdehnungen
- Verbesserung der Bemessungsansätze.

Zum ersten Punkt gab es in der Vergangenheit große Anstrengungen. Insbesondere das teilweise Umschnüren mit CF-Gelege-Ringen wurde untersucht. Es zeigte sich, dass in diesen Fällen die Materialersparnis durch einen erneuten Verlust an Effektivität erkauft werden muss.

Die Verbesserung der bestehenden Bemessungsansätze erscheint erfolgversprechender. Der Großteil der vorhandenen Ansätze wurde explizit an Betonzylindern kalibriert. Die oft kleinen Abmessungen ließen Tests an realistischen Stahlbetonkörpern nicht zu. Somit gibt es nur wenige Erfahrungen hinsichtlich der Wirkung der inneren Längs- und Querbewehrung. Auch eventuelle Maßstabseffekte sind nicht hinreichend geklärt.

5 Eigene Versuche mit CFK-umschnürten Beton- und Stahlbetondruckgliedern

Aufgrund der beschriebenen Wissenslücken werden an der HTWK Leipzig in einem umfangreichen Projekt Beton- und Stahlbetonstützen mit verschiedenen Abmessungen und Durchmessern sowie verschiedenen Bewehrungsgehalten getestet.

5.1 Versuchsprogramm

In Tabelle 6 ist das bisher realisierte Versuchsprogramm abgebildet. Im Abschnitt 4.3 wurde hierbei bereits der große Einfluss des Umschnürungsgrades der CFK-Verstärkung auf die Verstärkungswirkung erläutert. Im Projekt wurden umfangreiche Tests zum Verstärkungsgrad durchgeführt. Neben der Schichtdicke des CFK-Mantels t_j wurde auch der Durchmesser D der Versuchskörper variiert. Dabei kamen neben kleinmaßstäblichen Betonzylindern auch Betonsäulen mit 30 cm Durchmesser zum Einsatz. Hauptfrage war, ob der Umschnürungsgrad allein als adäquates Mittel zur Beschreibung von Maßstabseffekten etc. geeignet ist. Durch die gleichzeitige Variation der Lagenanzahl der verwendeten CF-Gelege (CF-Fasern mit E-

Modul = 230.000 N/mm², t_j = 0,11 mm, Bruchdehnung = 1,5 %) konnte eine große Datenbasis aufgebaut werden.

Alle CFK-Umschnürungen wurden in Handlamination mit einem zweikomponentigen Epoxidharzsystem hergestellt. Die Gelege wurden dabei in Ringen über die gesamte Bauteilhöhe h angeordnet.

Tabelle 6: Versuchsprogramm

Serie (3 Körper)	Beton	D [mm]	h [mm]	CFK-Verstärkung Lagen	ρ_j [%]	Querbewehrung Ø/s [mm]	ρ_{st} [%]	Typ
M0	C30/37	150	300	-	-	-	-	-
M0 CFK 1L	C30/37	150	300	1	0,29	-	-	-
M0 CFK 2L	C30/37	150	300	2	0,59	-	-	-
M0 CFK 3L	C30/37	150	300	3	0,88	-	-	-
Z0	C35/45	150	300	-	-	-	-	-
Z0 CFK 2L	C35/45	150	300	2	0,59	-	-	-
Z6/10	C35/45	150	300	-	-	6 / 100	0,93	Bügel
Z6/10 CFK 2L	C35/45	150	300	2	0,59	6 / 100	0,93	Bügel
Z6/5	C35/45	150	300	-	-	6 / 50	1,87	Bügel
Z6/5 CFK 2L	C35/45	150	300	-	-	6 / 50	1,87	Bügel
PT0	C30/37	250	500	-	-	-	-	-
PT0 CFK 1L	C20/25	250	500	1	0,18	-	-	-
PT0 CFK 2L	C30/37	250	500	2	0,35	-	-	-
PT0 CFK 3L	C30/37	250	500	3	0,53	-	-	-
PT0 CFK 4L	C25/30	250	500	4	0,70	-	-	-
PT8/4	C30/37	250	500	-	-	8 / 40	2,27	Wendel
PT8/4 CFK 1L	C25/30	250	500	1	0,18	8 / 40	2,27	Wendel
PT8/4 CFK 2L	C30/37	250	500	2	0,35	8 / 40	2,27	Wendel
PT8/4 CFK 3L	C30/37	250	500	3	0,53	8 / 40	2,27	Wendel
PT10/4	C25/30	250	500	-	-	10 / 40	3,60	Wendel
PT10/4 CFK 2L	C25/30	250	500	2	0,35	10 / 40	3,60	Wendel
PT6/10	C25/30	250	500	-	-	6 / 100	0,53	Bügel
PT6/10 CFK 2L	C25/30	250	500	2	0,35	6 / 100	0,53	Bügel
PT6/10 CFK 2L 1m	C25/30	250	1000	2	0,35	6 / 100	0,53	Bügel
PT8/4 CFK 2L 1m	C25/30	250	1000	2	0,35	8 / 40	2,27	Wendel
PR0	C25/30	300	600	-	-	-	-	-
PR0 CFK 2L	C25/30	300	600	2	0,29	-	-	-
PR0 CFK 3L	C25/30	300	600	3	0,44	-	-	-
PR10/4	C25/30	300	600	-	-	10 / 40	2,93	Wendel
PR10/4 CFK 2L	C25/30	300	600	2	0,29	10 / 40	2,93	Wendel
PR10/55	C25/30	300	600	-	-	10 / 55	2,13	Wendel
PR10/55 CFK 2L	C25/30	300	600	2	0,29	10 / 55	2,13	Wendel

Erklärung Serien : M 0 CFK 2L → Bezeichnung Serie (M, Z, PT, PT 1m; PR) (Bild 10)
→ keine Betonstahlbewehrung vorhanden
→ CFK-Umschnürung vorhanden mit 2L = 2 Lagen

PT 6/10 CFK 3L → Querbewehrung vorhanden mit Bügeln Ø6 mm alle 10 cm
→ CFK Umschnürung vorh. mit 3L = 3 Lagen

Mittels Bügeln und Wendeln als Querbewehrung wurden verschiedene Querbewehrungsgehalte realisiert. Der Querbewehrungsgehalt ρ_{st} berechnet sich hierbei über die Querschnittsfläche der Querbewehrung A_{st} sowie den Bügelabstand s und den Durchmesser des Kernquerschnittes d_s.

$$\rho_{st} = \frac{4 \cdot A_{st}}{s \cdot d_s} \tag{16}$$

Durch die Variation der Querbewehrungsgehalte und Bewehrungsarten sowie die Veränderung der CFK-Umschnürungen ließen sich Rückschlüsse auf das Verhalten einer dualen Umschnürung, wie sie in verstärkten Stahlbetonsäulen immer vorkommt, schließen.

5.2 Ergebnisse und Diskussion

In weggesteuerten Belastungsversuchen wurden die Versuchskörper mittels einer servo-hydraulischen Druckprüfmaschine getestet. Die aufgebrachte Kraft wurde über den Öldruck überwacht. Die Verformungen in Längs- und Querrichtung konnten über induktive Wegaufnehmer und Dehnungsmessstreifen aufgezeichnet werden. In Bild 10 sind die Versuchsstände für alle Serien abgebildet.

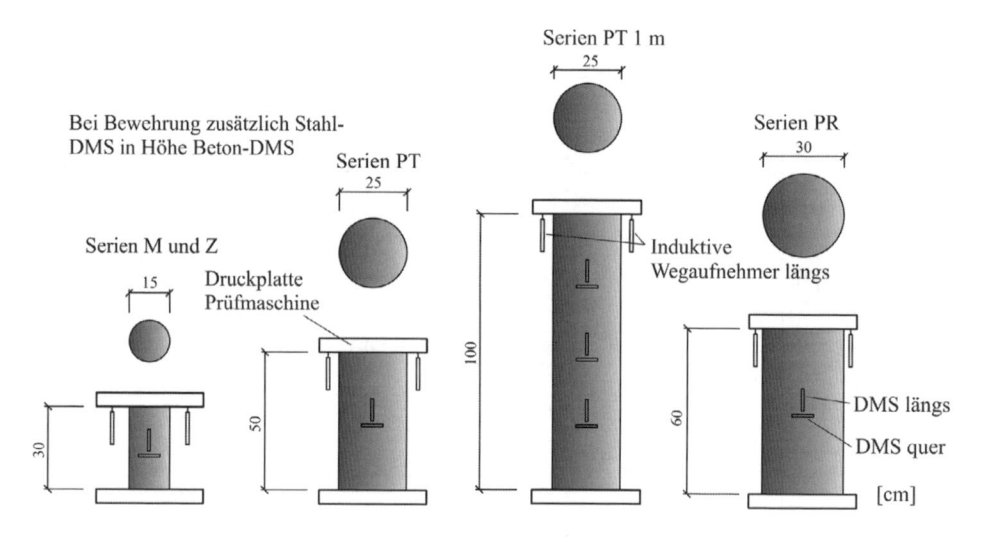

Bild 10: Versuchsstände

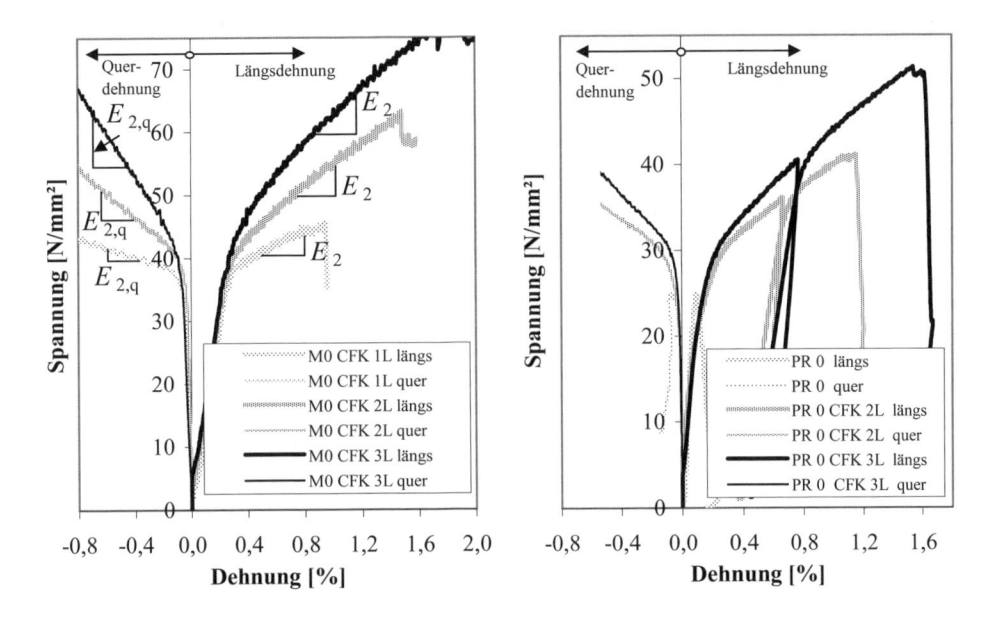

Bild 11: Spannungs-Dehnungs-Kurven von umschnürten Betonkörpern

Durch die Umschnürung mit den CFK-Gelegen ließ sich erwartungsgemäß das Materialverhalten entsprechend den Angaben im Abschnitt 4.3 verändern. Nach dem Erreichen der einachsialen Druckfestigkeit des Betons, gingen die Spannungs-Dehnungs-Kurven in den bereits beschriebenen zweiten Anstieg E_2 in Längs- und Querrichtung über. Bild 11 zeigt typische Spannungs-Dehnungsbeziehungen von umschnürten Betondruckgliedern mit Durchmessern von 15 cm (Serie M) und 30 cm (Serie PR). Sehr gut zu erkennen sind die Steigerungen des Anstiegs 2 E_2 in Quer- und Längsrichtung mit steigender CFK-Lagenanzahl und damit einhergehendem steigendem Umschnürungsgrad. Weiterhin erhöhen sich die erreichbaren maximalen Längsdehnungen. Diese werden erreicht, wenn die Kohlefasern der Umschnürung reißen. Das kann plötzlich auftreten und verläuft spröde bis explosionsartig. In Bild 12 sind typische Schadensbilder zu sehen.

Bild 12: Versagen der CFK-Umschnürung bei umschnürtem Beton und Stahlbeton

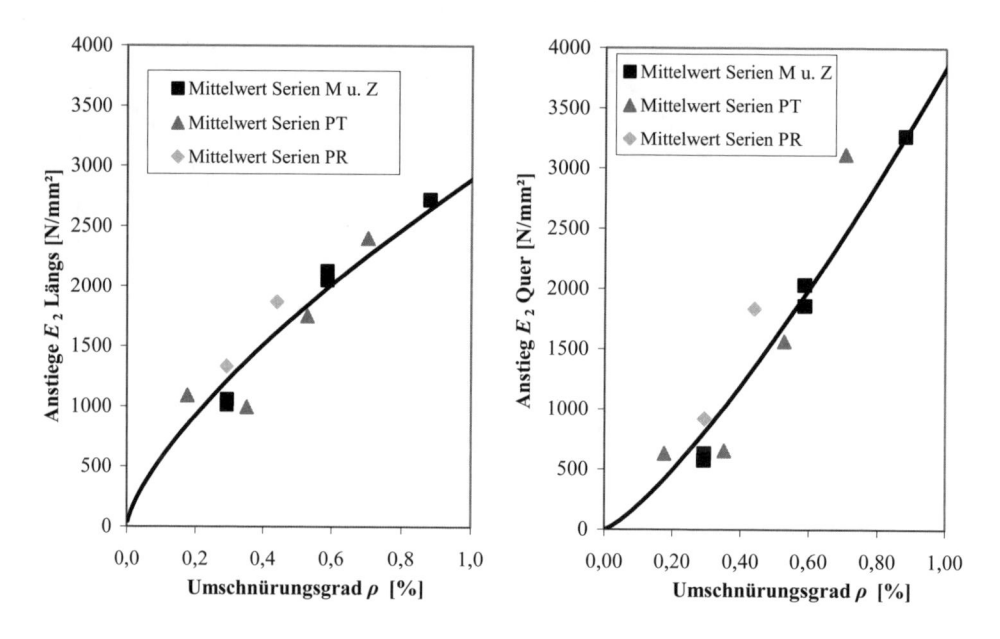

Bild 13: Gegenüberstellung der Anstiege E_2 in Quer- und Längsrichtung aller geprüften Betondruckglieder zu deren Umschnürungsgrad

Die erreichbaren Höchstdehnungen und –festigkeiten unterlagen in den Versuchen relativ großen Schwankungen, insbesondere bei niedrigen Umschnürungsgraden. Dies galt nicht für die zweiten Anstiege E_2. Diese lagen bei den Probekörpern einer Serie (jeweils drei) sehr gut zusammen. Aus diesem Grund wurden bei der Ergebnisinterpretation die Anstiege in Längs- und Querrichtung zur Untersuchung des Einflusses des Umschnürungsgrades herangezogen. Hierzu wurden die mittleren Anstiege ermittelt und dem Umschnürungsgrad gegenübergestellt, um eine Regression durchführen zu können. Für alle geprüften Betondruckglieder ist diese Auswertung in Bild 13 zu sehen.

Es ist erkennbar, dass die zweiten Anstiege stark vom Umschnürungsgrad abhängen. Eine Regression ist in Quer- und Längsrichtung möglich. Dabei genügt der Umschnürungsgrad, um eventuelle Maßstabseffekte, ausgelöst durch unterschiedliche Durchmesser der Betondruckglieder, zu beachten.

Die gewonnenen Ergebnisse sollen nun dabei helfen, ein entsprechendes Modell, in Abhängigkeit vom Umschnürungsgrad und dem E-Modul der Kohlefasern, zur Beschreibung des veränderten Materialverhaltens zu entwickeln. Dies ist aber streng genommen nur für umschnürte Betondruckglieder anwendbar.

Das Materialverhalten umschnürter Stahlbetonsäulen unterscheidet sich nochmals erheblich. Durch die innenliegende Bewehrung können deutlich höhere Anstiege E_2 in Längs- und Querrichtung verwirklicht werden. In Bild 14 ist dies für wendel- und bügelbewehrte Bauteile dargestellt.

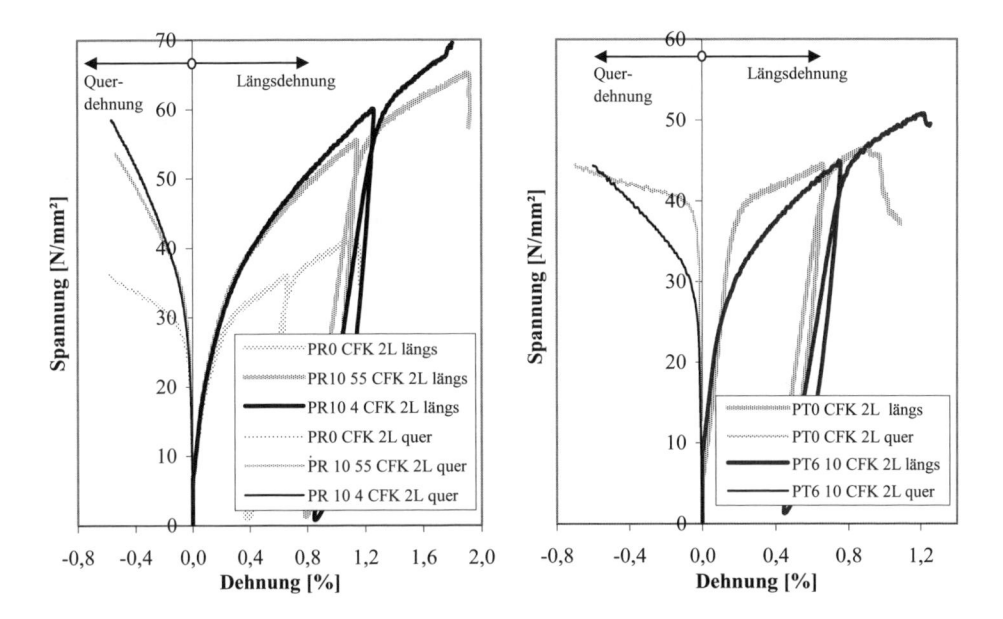

Bild 14: Spannungs-Dehnungs-Kurven von wendel- und bügelbewehrten Stahlbetondruckgliedern mit zusätzlicher CFK-Umschnürung

Im linken Bild ist die Wirkung einer zweilagigen CFK-Umschnürung am reinen Betonbauteil (PR0) und an mit Wendeln bewehrten Stahlbetonbauteilen zu sehen. Man erkennt das große Potenzial einer dualen Umschnürung. Im Gegensatz zur alleinigen Wendelbewehrung, bei der nur der Kernquerschnitt umschnürt ist, wird durch die zusätzliche CFK-Umschnürung der gesamte Querschnitt aktiviert.

Besonders in Querrichtung wird der Anstieg E_2 stark erhöht, sobald dual umschnürt wird. Somit können bereits bei geringen Faserdehnungen starke Tragfähigkeitssteigerungen erreicht werden. Diese Effekte lassen sich darüber hinaus, wenn auch in geringerem Maße, bei normaler Bügelbewehrung beobachten. Das ist auf der rechten Seite in Bild 14 zu erkennen. Trotz der unterschiedlichen Festigkeitsklassen der Betone sind die Anstiege E_2 der mit Bügeln bewehrten Drucksäule (PT6 10) deutlich größer, als bei dem reinen Betondruckglied.

Für eine wirtschaftlichere Bemessung wäre es von großem Interesse, die beschriebenen Effekte einer dualen Umschnürung in die Ansätze zu implementieren. In der Literatur findet man nur wenige Vorschläge. Interessant ist hierbei der Gedanke, durch Summation der Anteile aus Querbewehrung $f_{cc,st}$ und der CFK-Umschnürung $f_{cc,CFK}$ eine Gesamtmaximalfestigkeit f_{cc} zu bilden [13].

$$f_{cc} = f_{cc,CFK} + \Delta f_{cc,st} \tag{17}$$

Der Anteil der Querbewehrung soll hierbei z.B. gemäß fib Model Code 2010 [15] für umschnürten Beton berechnet werden. Allerdings kann mit einem solchen Vorgehen das Dehnungsverhalten nicht erklärt werden. Das Ziel müssen schlüssige Materialmodelle in Längs- und Querrichtung sein. In einem ersten Schritt wurde deshalb zunächst die Summationsthese untersucht. Hierzu wurden Stahlbetonsäulen (Serien PT8/4) mit variierenden Lagen an CF-Gelegen umschnürt und getestet. Die gewonnenen mittleren Anstiege konnten dann den Ergebnissen an reinen Betonkörpern gegenübergestellt werden. Im Bild 15 (linke Seite) ist die Auswertung zu sehen. Gut erkennbar ist das starke Anwachsen der zweiten Anstiege durch die duale Umschnürung. Der Anteil der Kohlefaserumschnürung ändert sich nicht bei steigendem Umschnürungsgrad und bleibt konstant. Eine Summation ist dementsprechend möglich.

Aufgrund der bestätigten Summationsmöglichkeit wurden erste Auswertungen zum Anteil der Querbewehrung an der dualen Umschnürung vorgenommen. Im Bild 15 auf der rechten Seite sind alle Anteile der Querbewehrungen der getesteten Serien (Bügel, Wendeln) am zweiten Anstieg E_2 in Querrichtung abgebildet. Die mittleren Anstiege wurden hierbei den rechnerischen Umschnürungsgraden der vorhandenen Querbewehrung gegenübergestellt. Auch hier ist eine Regression möglich. Deutlich ist der Einfluss der Querbewehrungsmenge erkennbar. Allerdings ist die momentane Datenbasis zu klein. Es fehlen weitere Ergebnisse, besonders bei geringen Querbewehrungsgehalten. Auch der Einfluss der vorhandenen Längsbewehrung muss besser untersucht werden. Nicht zuletzt sind auch andere Stahlgüten zu testen, um ein zuverlässiges Materialmodell für dual umschnürten Beton zu entwickeln.

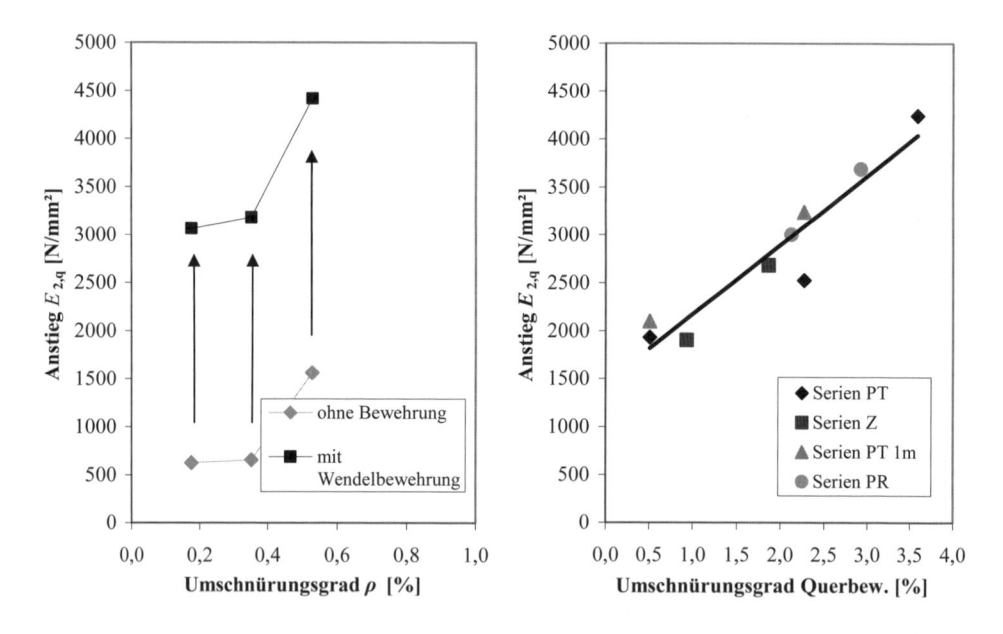

Bild 15: Summationsthese und Abhängigkeit der durch Querbewehrung erzeugten Anstiege $E_{2,q}$ vom Umschnürungsgrad der Querbewehrung

6 Fazit und Ausblick

Dieser Beitrag sollte einen Überblick über die Verstärkungsmöglichkeiten von Betontragwerken mit CFK-Systemen bieten und interessante Aspekte der Bemessung herausgreifen. Hierbei wurde jeweils auf den derzeitigen Entwicklungsstand und den normativen Rahmen eingegangen.

Im Bereich der Biegeverstärkung ist der Einsatz von CFK-Lamellen inzwischen etabliert und anerkannt. Die Forschungsbemühungen hinsichtlich des Klebeverbundes, der tatsächlichen Dehnungsverteilung im verstärkten Bauteil oder zum Langzeitverhalten sind aber noch nicht abgeschlossen. Im Hinblick auf die tatsächlichen Dehnungsverteilungen sei z.B. auf die Arbeiten von Zehetmaier [10] und Ulaga [11] verwiesen. Auch die konservative Begrenzung der Grenzdehnungen der Lamellen wird allmählich durch die Nachweise am Zwischenrisselement abgelöst werden. Aktuelle Entwicklungen werden auf diesem Gebiet zu weiteren bauteilspezifischen Effekten (z.B. Einfluss Bauteilkrümmung) durchgeführt. Es wird auf die Arbeiten von Zilch, Niedermeier und Finckh [12] verwiesen.

Der Einsatz von CFK-Gelegen zur Umschnürung von Stahlbetonsäulen ist ein weiteres interessantes Anwendungsfeld. Hier fehlen in Deutschland momentan entsprechende Zulassungen. Auch internationale Normen und Bemessungsvorschläge sind noch nicht ausgereift, da nur Modelle zur Umschnürung von reinen Betondruckgliedern verwendet werden. Eigene Forschungsergebnisse zeigen, dass sich zum Teil starke Synergieeffekte durch den Ansatz einer dualen Umschnürung, bestehend aus CFK-Verstärkung und Querbewehrung, ergeben. Erste Versuchsergebnisse und Auswertungen, auch zu Maßstabseffekten, wurden erläutert. Es zeigte sich, dass die Umschnürungsgrade als Mittel zur Interpretation und für zukünftige Materialmodelle dienen können.

Dank

Die Autoren möchten an dieser Stelle den Mitarbeitern und Studenten danken, die am Institut für Betonbau tätig sind und so die Arbeit am Werkstoff CFK erst ermöglichen. Besonderer Dank gilt den Kollegen M. Sc. Dipl.-Ing. (FH) Hubertus Kieslich sowie M.Sc. Dipl.-Ing. (FH) Torsten Müller. Weiterhin gilt unser Dank den Studenten und Absolventen Herrn René Kautzsch, Dipl.-Ing. (FH) Tabea Binder, Dipl.-Ing. (FH) Sebastian Melzig und Herrn Christoph Funke.

Literatur

[1]   ACI 440.2R-02: Guide for the Design and Construction of Externally Bonded FRP Systems for Strengthening Concrete Structures, American Concrete Institute, 2002.

[2] Allgemeine bauaufsichtliche Zulassung: Verstärkung von Stahlbetonbauteilen durch mit dem Baukleber „StoPox SK 41" schubfest aufgeklebte Kohlefaserlamellen „Sto S&P CFK Lamellen" nach DIN 1045-1: 2008-08, Deutsches Institut für Bautechnik, 2008.

[3] Allgemeine bauaufsichtliche Zulassung: Verstärken von Stahlbetonbauteilen durch in Schlitze verklebte „Sto S&P CFK Lamellen", Deutsches Institut für Bautechnik, 2010.

[4] ACI 440.2R-08: Guide for the Design and Construction of Externally Bonded FRP Systems for Strengthening Concrete Structures, American Concrete Institute, 2008.

[5] fib Task Group 9.3: Design and use of externally bonded fibre reinforced polymer reinforcement for reinforced concrete structures, Fédération internationale du béton (fib), Lausanne, 2001.

[6] SIA 166: 2004: Klebebewehrungen, Schweizerischer Ingenieur- und Architektenverein, 2004.

[7] Neubauer, U.; Verbundtragverhalten geklebter Lamellen aus Kohlenstofffaser-Verbundwerkstoff zur Verstärkung von Betonbauteilen, Dissertation, TU Braunschweig, 2000.

[8] Niedermeier, R.: Zugkraftdeckung bei klebearmierten Bauteilen, Dissertation, TU München, 2001.

[9] Blaschko, M. A.: Zum Tragverhalten von Betonbauteilen mit in Schlitze eingeklebten CFK-Lamellen, Dissertation, TU München, 2001.

[10] Zehetmaier, G.: Zusammenwirken einbetonierter Bewehrung mit Klebearmierung bei verstärkten Betonbauteilen, Dissertation, TU München, 2006.

[11] Ulaga. T.: Betonbauteile mit Stab- und Lamellenbewehrung: Verbund und Zuggliedmodellierung, Dissertation, ETH Zürich, 2003.

[12] Zilch, K.; Niedermeier, R.; Finckh, W.: Bauteilspezifische Effekte auf die Verbundkraftübertragung von mit aufgeklebten CFK-Lamellen verstärkten Betonbauteilen, Bauingenieur 85 (2010), H. 2, S. 97 – S. 104.

[13] Rousakis, T. C.; Karabinis, A. I.: Substandard reinforced concrete members subjected to compression: FRP confining effects, Materials and Structures 41 (2008), H. 9, S. 1595 – S. 1611.

[14] DIN 1045-1: 2008-08 Tragwerke aus Beton, Stahlbeton und Spannbeton- Bemessung und Konstruktion, Berlin, 2008.

[15] fib Model Code 2010: First complete draft, Fédération internationale du béton (fib), Lausanne, 2010.